Practical Naval English

실용 군사 영어

Practical Naval English

실용 군사 영어

우충환 저

북스힐

핵잠수함 Seawolf함의 진수식

Seawolf함의 Torpedo 발사장면

GOKSTADSKIBET

9세기경 바이킹의 Osberg 배이다.
배를 좋아했던 바이킹인들은 동전에도 배 문양을 새겨 사용했다.

Trident C-4 미사일 탑재를 위해 24기의 핵잠수함 미사일 hatch를 개방하고 있다.

러시아 항모 Novorossiysk. 함수에 주요 무기가 탑재되어 있다.

미 최초의 연안 전투함 Freedom(LC81)(http//www.navy.mil/navy.data/)

콜럼부스 당대(1555년)에 항해에 사용되었던 각종 계기(나침반, 분도기, 지도, 콤퍼스)

"Don't Give Up the Ship"
해양인의 전통과 기백을 나타내주는 명구이다.(Memorial Hall, USNA)

점등식

한국 최초의 Aegis함인 세종대왕 함

해군의 Harpoon미사일 발사

영국 Sea Wolf 미사일의 수직 발사

Aircraft Carrier와 Destroyer의 항진

Ticonderoga급 Aegis함

Arleigh Burke급 Aegis함

독도함 갑판 위 함명과 Hull number

항공기 탑재 독도함의 항진

Alphabet and Numeral flags

Flag	Name–Written Spoken	Flag	Name–Written Spoken	Flag	Name–Written Spoken
	A ALFA "AL · FA"		M MIKE "MIKE"		Y YANKEE "YANG · KEE"
	B BRAVO "BRAH · VOH"		N NOVEMBER "NO · VEM · BER"		Z ZULU "ZOO · LOO"
	C CHARLIE "CHAR · LEE"		O OSCAR "OSS · CAH"		ONE · 1 "WUN"
	D DELTA "DEL · TAH"		P PAPA "PAH · PAH"		TWO · 2 "TOO"
	E ECHO "ECK · OH"		Q QUEBEC "KAY · BECK"		THREE · 3 "THUH · REE"
	F FOXTROT "FOKS · TROT"		R ROMEO "ROW · ME · OH"		FOUR · 4 "FO · WER"
	G GOLF "GOLF"		S SIERRA "SEE · AIR · RAH"		FIVE · 5 "FI · YIV"
	H HOTEL "HOH · TEL"		T TANGO "TANG · GO"		SIX · 6 "SIX"
	I INDIA "IN · DEE · AH"		U UNIFORM "YOU · NEE · FORM"		SEVEN · 7 "SEVEN"
	J JULIETT "JEW · LEE · ETT"		V VICTOR "VIK · TAH"		EIGHT · 8 "ATE"
	K KILO "KEY · LOH"		W WHISKEY "WISS · KEY"		NINE · 9 "NINER"
	L LIMA "LEE · MAH"		X XRAY "ECKS · RAY"	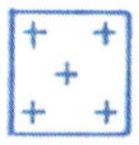	ZERO · 0 "ZERO"

Pennants and Flags

Pennant and Name	Written and Spoken	Pennant	Written and Spoken	Pennant	Written and Spoken
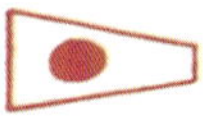 1	PENNANT ONE "WUN"		CODE or ANSWER CODE or ANS		PORT PORT
 2	PENNANT TWO "TOO"		SCREEN SCREEN		SPEED SPEED
 3	PENNANT THREE "THUH-REE"	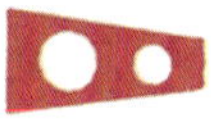	CORPEN CORPEN		SQUAD SQUAD
 4	PENNANT FOUR "FO-WER"		DESIG DESIG		STARBOARD STBD
 5	PENNANT FIVE "FI-YIV"		DIV DIV		STATION STATION
 6	PENNANT SIX "SIX"		EMERGENCY EMERG		SUBDIV SUBDIV
 7	PENNANT SEVEN "SEVEN"		FLOT FLOT		TURN TURN
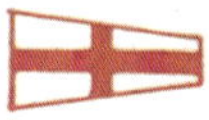 8	PENNANT EIGHT "ATE"		FORMATION FORM	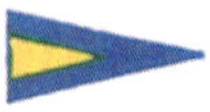	FIRST SUB 1st.
 9	PENNANT NINE "NINER"		INTER-ROGATIVE INT		SECOND SUB 2nd.
 0	PENNANT ZIRO "ZIRO"		NEGAT NEGAT		THIRD SUB 3rd.
			PREP PREP		FOURTH SUB 4th.

책 머리에

글로벌 시대에 접어들어 영어의 비중은 더욱 커지고 있으며, 특히 각 전문 분야별로 실무와 직접 관련된 영어 사용 능력이 더욱 중시되고 있다. 이러한 점을 감안하며 이 책에서는 해군 전문용어는 물론 실무 현장에서 활용할 수 있는 영어표현을 폭넓게 제시하고자 하였다.

우선 해군 전문용어로는 관련 분야 실무영어 능력을 쌓기 위한 다양한 핵심어(key words)를 다루었다. 특히 함상용어는 일반 영어와 달리 특수한 것이 많으며 신무기 체계 분야에서는 지금도 계속 새로운 용어가 생겨나고 있어 이 책에서는 이러한 용어의 정의(definition)는 물론 기원(origin)이나 용례(usage)까지도 함께 수록하였다. 내용의 구성은 해군의 전통에 기반을 두면서 특히 미래에 전개될 최신예 함정과 첨단 무기체계 관련 영어를 소개하는 데 중점을 두었다. 아울러 함정의 특수성을 반영하는 다양한 Navy Jargon(해군 특수용어)을 되짚어 봄으로써 해군문화에 대한 인식을 더 한층 높이고자 하였다.

아울러 이 책에서는 연합작전 및 군사 실무에서 핵심이 되는 내용인 각종 무기체계, 기본전술 및 함정 관련정보를 포함하였으며 해군의 관습과 전통을 반영하는 용어와 사교영어까지 제시함으로써 실무영어를 몸으로 익힐 수 있게 하였다.

이 책은 이전에 출판되었던 『해군 · 해양인을 위한 실무영어』(2001)를 대폭 보강하고 군사영어 지식뿐만 아니라 이의 습득 방법까지 포함하여 새롭게 구성하였다.

이 책을 완성하는 데에는 *Division Officer's Guide, Blue Jacket Manual, Practica / English*(CFC 발간) 외 여러 참고서적이 큰 도움이 되었음을 밝혀둔다. 해군 실무 영어의 내용이나 범위가 제대로 정해져 있지 않은 시점에서 필자의 경험과 식견의 부족으로 여전히 미진한 부분은 독자의 따뜻한 충고와 조언으로 보완될 수 있으리라 믿는다.

끝으로 이 책을 출판해 주신 조승식 사장님께 감사를 드리며 책이 나오기까지 많은 격려와 조언을 해주신 선후배, 동료 여러분께도 깊이 감사를 드린다. 항상 새로운 변화를 추구할 수 있도록 거울이 되어 주는 해군 사관생도에게도 고마운 마음을 전한다.

2008년 9월

옥포만에서 우충환

교재의 특징

- 각 장은 앞뒤 순서에 관계없이 독자가 필요한 부분을 선별적으로 찾아서 읽을 수 있도록 하였으며 본문에서 제시된 군사 용어는 영어 알파벳 순으로 구성하였다.
- 최단시간에 많은 정보를 익힐 수 있도록 핵심어(key words)를 중심으로 내용을 서술하였으며 각 내용은 전체적인 맥락 속에서 개념화하여 익힐 수 있도록 관련 분야별로 묶어서 구성하였다.
- 전문 용어나 새로 나온 단어는 별도로 사전을 찾지 않고도 이해할 수 있도록 괄호 안에 뜻을 표기하였고 이후 영어로 반복 표기하여 읽는 과정에서 문맥 속에서 자연스럽게 익힐 수 있도록 하였다.
- 주요 구문이나 개념에 대해서는 관련 사진이나 도표를 제시함으로써 연상 작용을 유도하거나 내용을 쉽게 습득할 수 있게 하였다.
- Slang이나 전문용어는 현재 영어권에서 사용되는 빈도에 따라 선별적으로 수록하였다.
- 군사 실무 영어의 범위와 학습전략에 관해 폭넓은 의견 제시를 하였다.
- 해군에서 자주 사용하는 용어나 해군 특수용어를 별도 내용으로 재구성하여 체계적으로 익힐 수 있게 하였다.

차 례

Ⅳ부 해군 서식 및 관습 Naval Writing and Customs

서론

Essence of Practical Naval English

똑같은 대상을 두고서도 우리는 상황에 따라 다르게 이해하고 표현한다. 예컨대 '승조원'이나 '화장실'을 일반 영어(general English)로는 crew와 washroom이라고 하지만, 함정에서는 이를 각각 hand나 head라고 부른다. Surprise가 보통 '놀람'을 뜻하지만 군에서는 '기습'을 의미하지 않는가? 따라서 주어진 환경에 알맞은 언어를 사용하는 것은 쌍방 간의 오해를 줄이고 올바른 의사전달을 위해 필수적이다.

실무 환경에서 법조인은 법률관계 영어를, 의사는 의료관련 영어를, 그리고 사업가는 Business English를 필요로 하듯이 군에서도 연합작전은 물론 첨단 무기체계를 다루기 위해서 Practical English가 필수적이다. 최근 Practical English과정을 이수한 통역장교들도 군사 전문 영어의 특성을 익힘으로써 모두가 영어의 유창성(fluency)은 물론 실무 환경에 적응하는 데 큰 도움이 되었다고 한다. 그러면 Practical English를 잘하기 위해서 그 특성을 살펴보자.

✻ **첫째, 간단명료한 영어를 사용한다** 작전 중 혼란과 착오를 방지하기 위해 군에서 사용하는 영어는 간단명료하다. 즉, 문장 안에 수식어나 미사여구는 거의 없으며 평이한 용어가 주를 이룬다. 일례로 함내 방송 및 함교(bridge)에서 함장과 당직사관의 대화를 살펴보자.

함교근무자 : Attention... Captain is on the bridge.(차렷, 함장님이 함교에 오십니다.)

함장 : Who's got the con?(누가 조함권을 갖고 있나?)

당직사관 : I've got the con, sir.(제가 조함을 맡고 있습니다.)

Practical English에는 중요한 요점이나 단어를 나열하는 형식이 자주 사용되며, 문장 내에도 한 단어를 줄인 말인 약어(Abbreviation)와 여러 단어의 첫 글자만 따서 만든 단어인 두문자어(Acronym) 및 약성어(Brevity code)가 자주 쓰인다. 마치 태권도의 약속 대련처럼 군에서는 쌍방 간 정해진 최소한의 언어 사용으로 최대의 정보 전달 효과를 살리고자 한다.

"This is LT Myung-whan Kim, CIC officer of Op Department, ROK Navy ship Okpo"와 같은 소개말에서 LT는 약어이며 CIC와 ROK는 두문자어에 속하는데, 추가로 해군에서 두루 사용되는 두문자어를 살펴보자.

ASW(Anti Submarine Warfare 대잠전), ICBM(Inter-Continental Ballistic Missile, 대륙간 탄도미사일), ASROC(Anti-Submarine Rocket, 대잠로켓), NTDS(Navy Tactical Data System, 해군전술자료체계), CIWS(Close-in Weapon System, 근접방어무기체계), D/C(Depth Charge, 폭뢰), PQS(Personnel Qualification Standards, 자격기준)

✲ **둘째, 명령형이나 지시형의 문장을 사용한다** 언어는 그것이 사용되는 특수한 환경을 고스란히 반영한다. 엄격한 계급사회의 영향을 받아 Practical English 역시 계급성을 띠게 되고, 이것은 명령형이나 지시형의 문장으로 나타난다. 다음에서 상 · 하급자 간의 조타명령(helms order), 구령(military command) 및 지시어를 살펴보자.

- 조타명령:
  당직사관 : Ease your rudder to 15 degrees.(타각 5도로 줄여.)
  조타수 : 복창 후, My rudder is eased to 15 degrees.
- 제식구령 : Attention!(차렷!), Hand salute(경례), Parade... rest(열중... 쉬어), About face(뒤로 돌아), Forward March(앞으로 가), Halt!(제자리에 서!)
- 지시 : Stand by to drop anchor(닻 투묘 준비), All line let go(전 홋줄 늦춰), Make all preparations for getting underway(출항준비).

✲ **셋째, 작전 통신 등 군 특성에 관련된 구문이 빈번하다** 군은 특성상 여러 가지 훈련과 연습을 하게 되며, 이를 원활하게 진행하기 위해 약속된 작전이나 통신용어들을 사용한다. 특히, 해군 함내 및 함정 간의 의사소통은 통신장비를 통해 일정한 통신절차(procedures)를 이용하여 이루어지기 때문에 이러한 구문을 익숙하게 접하여야 한다.

- 군사 작전
  "I am the directing ship."(본 함은 지휘함이다.)
  "Stand by for depth charge attack."(폭뢰 공격준비를 하라.)
  "General Quarters! General Quarters! All hands man your battle stations."(전

투배치! 전승조원 전투위치에 임할 것.)

• 함정 간 통신

A : Diving boat, bearing 080R, range 3,000 yard, this is ROK Navy warship Okpo, Channel 13/16. Over.

B : ROK Navy Warship 2007, this is Diving boat. Roger. Over.

※ **넷째, 사실과 가정에 기초한 어구를 쓴다** Practical English는 정확성과 공정성을 기하기 위해 불필요한 말을 최소화하고 정확하게 쓰여야 한다. 군에서 사용하는 근무평정표(fitness report), 개인신상기록부(personal record form), 불시점검 보고양식(spot check report form), 전보(message) 및 편지 등은 일반인들이 사용하는 것과 사뭇 다르다. 일례로 전보의 우선순위(PRECEDENCE), 일시군(DTG)과 두문부에 사용되는 양식을 보자.

• R 160905Z MAY 07 우선순위 보통, 발신일 07년5월16일9시5분
• FM USS PAUL F FOSTER 발신자
• TO COMDESRON NINE//00/N3// 수신자
• BT 구분
• UNCLAS//N03120// 평문전보

모든 언어가 대문자로 쓰여지고 군더더기 하나 없이 간결명료한 전보는 Practical English가 얼마나 경제적으로 사용되는지를 단적으로 나타내주고 있다.

※ **다섯째, 군의 전통과 관습을 나타내는 말들을 사용한다** 군에서는 실무를 직 · 간접적으로 경험하지 않고서는 쉽게 알 수 없는 어구도 많이 사용된다. 동일 환경에서 관습적으로 사용되면서 굳어진 이들 Practical English는 군의 생활양식과 문화를 반영해 주고 있다. 따라서 해군이라면 적어도 다음과 같은 jargon이나 상용문구도 익혀두어야 한다.

• "By your leave, sir."((상관 지나칠 시) 실례합니다.)
• "Aye, aye, sir."(예, 잘 알겠습니다.)
• "Captain arriving/departing."(함장 승함/하함)
• "Taps, Taps, Lights out."(순검 끝 소등)
• "I am ready to relieve you."(당직교대 준비 완료)
• "I'm off today."(오늘은 비번입니다.)

Practical English는 군 실무에서 수요자가 필요로 하는 맞춤식 영어다. 원활한 의사

소통을 하기 위해서는 단어의 선정이나 문장 및 문형의 구사에 있어서도 다분히 실무 여건을 감안해야 할 것이다. “When in the Military, do as military men do.”의 의미와 같이 실무영어 능력을 갖추기 위해서 Practical English를 적절히 구사하는 일은 이제 선택이 아니라 ‘필수’가 되었다.

I 부

함조직 및 구조
Ship's Organization and Structure

1 함조직 및 당직체계
Ship's Organization and Watch System

2 함 구조와 명칭
Ship's Structure and Name

Ship's Organization and Watch System
함조직 및 당직체계

1

해군실무용어를 이해하기 위해서는 우선 함정의 조직과 당직을 이해해야 한다. 이 장에서는 함조직, 지휘계통 및 당직에 관한 갖가지 Navy terms(해군용어)와 그 개념을 알아본다. 조직에서는 지휘계통과 계급 등의 용어를, 당직체계는 임무와 시간대까지 다양하게 파악이 되어야 한다. 편의상 Navy terms는 가능한 쉽게 풀어썼으며 이들을 자연스럽게 습득할 수 있도록 하기 위해 주요 어귀는 영어로 반복표기 하고 구체적인 설명을 덧붙였다. Navy terms는 여러 나라에서 보편적으로 쓰이는 용어를 중심으로 선별적으로 수록하였다. 또한 서방 선진국의 함정 조직과 호칭체계를 제시함으로써 우리의 현 영어표기법을 발전시킬 수 있는 계기를 삼고자 하였다.

세종대왕 함의 위용

Ship's Organization
함조직

Fight her 'til she sinks and don't give up the ship.
- Captain James Lawrence -

함정이라는 특수한 환경에서는 특수한 조직이 필요하며 이같은 조직을 유지하기 위해 각 구성원은 함 특성에 맞는 유기적인 행동이 요구된다. 여기서는 우선 함정 조직과 지휘계통, 당직에 대해서 살펴보고, 관련 용어와 그 기본개념을 살펴보고자 한다.

Standard Unit Organization

Cheng, commander, commanding officer(CO), commissioned, executive officer, division officer, line/staff officer, organization, medical corps, staff environment, staff corps

Principle of Organization(조직의 원칙)

'Organization'은 공동의 목적을 달성하기 위해 형성된 집단으로써 능률적인 구조를 만들기 위해 조직 내 인원은 업무를 분담해서 수행하게 된다. 함정 조직은 예하 승조원의 행동을 지휘 통제하는 핵심 장교(key officers)에 의해 운용되며 그 운용 원리는 다음과 같이 요약된다.

1. Every job given to your division, every duty for which your division is responsible, must be assigned to one or more of your people.(모든 분대원들은 골고루 책임과 임무를 맡는다.)

2 All the responsibilities assigned to your subordinates must be clear-cut(분명한) and fully understood by them.(하급자에게는 명확하게 책임을 부과하고 이해시킨다.)

3 No specific responsibility should be assigned to more than one person.(특정한 일을 두 사람 이상 중복해서 시키지 않는다.)

4 Each member of the organization from top to bottom should know to whom he reports and who reports to him.(조직 내에서 보고 받고 보고해야 할 사람을 파악한다.)

5 Responsibility must match by authority(권한) and accountability(책임). (책임과 권한은 균형을 이루어야 한다.)

6 Do not have too many people report to one leader.(한 지휘관에게 너무 많은 사람이 보고 하지 않게 한다.)

7 Exercise control on your proper level and do not get lost in a maze of trivialities that belong to a lower echelon(낮은 단계).(지위에 맞게 통제를 하고 사소한 일로 집중력을 잃지 않게 한다.)

8 Divide the work load fairly among your subordinates.(모든 부하에게 공평하게 업무를 분담케 한다.)

(from *Division Officer's Guide, 2004*)

Ship's Organization(함조직)

함정 조직의 최상급자는 지휘권을 행사하는 Commanding Officer(CO), 즉 함장이다. 함장 예하의 부장(Executive Officer : XO)은 부서의 일과(daily routines)를 수행하는 책임을 맡고 CO를 보좌한다. Department head(부서장) 예하에 있는 Department(부서)는 division officer 예하의 division(분대)으로 세분화되어 있다. 각 division은 Senior Petty Officer(부사관)의 통제를 받는 section으로 나뉜다.

미 함정은 보통 다섯 개의 기본 부서(basic department), 즉 작전(operation), 항해(navigation), 무기 혹은 전투체계(weapon or combat systems), 기관(engineering), 보급(supply) 부서로 구성되어 있다.

Typical ship's organization chart(전형적인 함조직도)

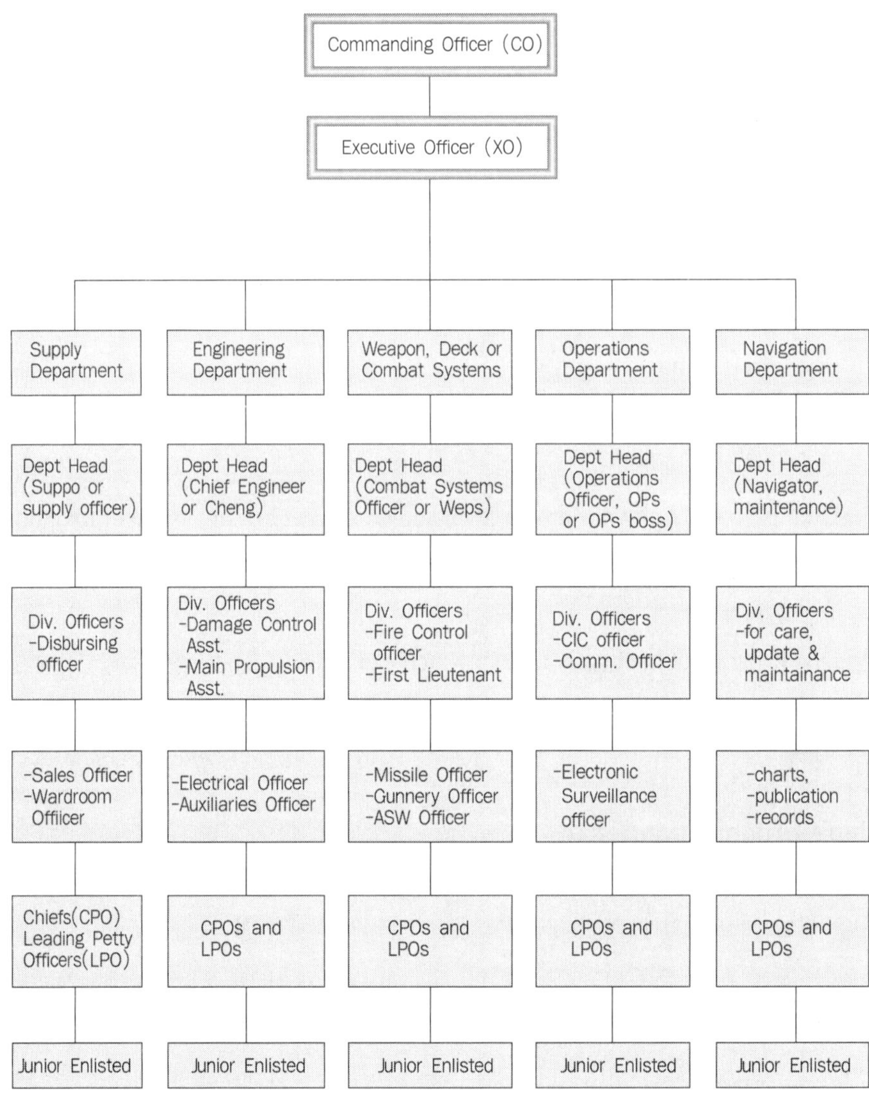

✣ 함 사정이나 규모에 따라 위의 조직도와 다르게 편성 운용될 수 있다.

현 ROK Navy Ship 장병의 직책명(Title)

Officer's Title

- 함 장 : Commanding Officer
- 부 장 : Executive Officer
- 기관장 : Engineering Officer
- 작전관 : Operation Officer
- 전투체계관 : Combat Systems Officer
- 포술장 : Weapons Officer
- 보급관 : Supply Officer
- 갑판사관 : Deck Officer
- 주기실장 : Main Propulsion Assistant(MPA)

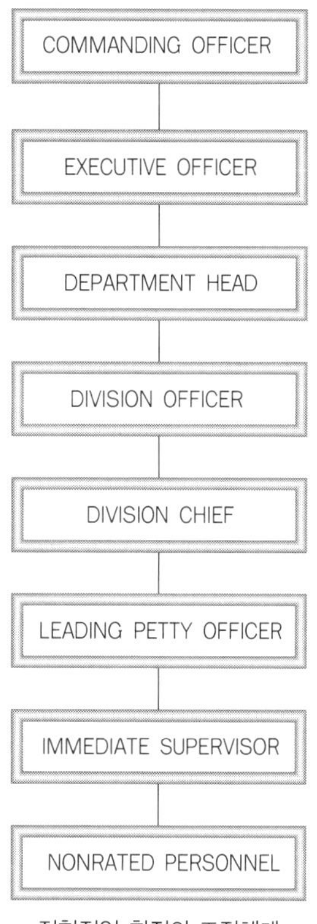

전형적인 함정의 조직체계

CPO's Title

- 갑 판 : Boatswain's Mate
- 조 타 : Quartermaster
- 병 기 : Gunner's Mate
- 음 탐 : Sonar Technician
- 통 신 : Communication
- 보 급 : Store Keeper
- 경 리 : Disbursing Clerk
- 행 정 : Yeoman
- 정 훈 : Journalist
- 사 통 : Fire Control Technician
- 기 정 : Intelligence and Security Man
- 보 수 : Damage Control Technician
- 내 기 : Gas Turbine System Technician
- 내 연 : Engine Man
- 기 관 : Boiler Man
- 조 리 : Mess Management Specialist
- 기 상 : Aerographer's Mate
- 특 전 : Demolition Technician
- 잠 수 : Diver

Division* Officer(분대장)

초급장교 시절에는 주로 분대장(Division Officer) 역할을 맡게 된다. Division Officer는 함정의 분대(division)를 관할하도록 Commanding Officer로부터 임무를 부여받으며 의무, 책임 및 권한 (duty, responsibility and authority)으로써 우선 부서장(Department Head) 휘하의 division에 부과된 의무를 수행하고 division 내의 과업을 감독(supervision)한다. 또한 분대원의 복지(welfare)와 능률을 증진하며 함정의 소란(noise), 분규(disturbance)를 없애는 등의 군기(disciplinary action)를 유지하고 규정(regulation), 명령(orders) 및 지시 위반(infraction)시 상부에 보고한다. 아울러 Division Officer는 전기/전자기구(electronic equipment)의 사용을 통제하며 장비/물자를 최적(optimum)의 상태로 유지관리할 책임이 있다.

* Division은 'to divide'의 의미를 가진 불어 'diviere'에서 나온 어휘로서 군에서는 사단이나 분대로, 정부 중앙부처나 대기업에서는 부나 과의 뜻으로 쓰인다.

Line Officer & Staff Officer(전투병과/특과 장교)

Commissioned Officer는 임관한 장교를 말한다. 장교는 전투병과 장교(Line officer)와 전문병과 장교(Staff officer)의 두 가지 타입으로 나뉘어 진다.

Line officer는 함정이나 해군기지에서 지휘권을 가질 수 있는 장교를 말하며 원칙적으로는 항공 및 항해병과 장교를 말한다. 앞의 전형적인 함조직 외에 대형함의 경우 Line Officer의 지휘계통은 다음과 같다.

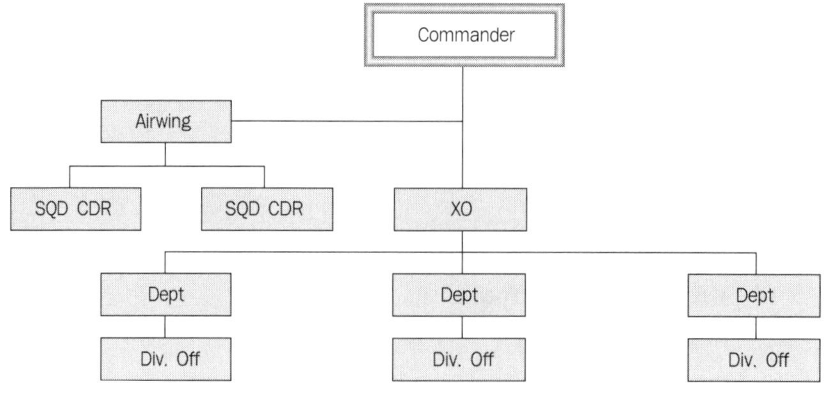

Line officer의 지휘계통도

한편, Staff officer는 보급, 의무, 군종 등 어떤 특수한 전문 분야에 종사하는 'Specialist'를 말한다. Staff Officer 병과는 일례로 "Medical corps"(의무), "Chaplain corps"(군종)라고 부른다. 현 US Navy의 Staff corps(참모 병과)는 다음 8개 분야로 분류되어 있다.

- Medical(내과 군의)
- Supply(보급)
- Chaplain(군종)
- Civil engineer(공병, 토목)
- Judge advocate(법무관)
- Dental(치과 군의)
- Medical service(의무보조)
- Nurse(간호)

Staff Officer로 조직되어 있는 Staff 조직은 다음과 같다.

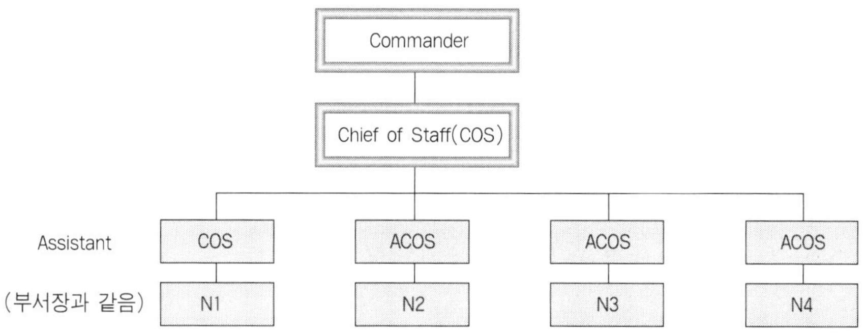

잠깐!

우리군의 병과(military occupational speciality)의 명칭이 영어권과 어떻게 다른지 비교해 보자.

- Infantry(보병)
- Artillery(포병)
- Armor(기갑)
- Engineer(공병)
- Communication(통신)
- Aviation(항공)
- Military Police(헌병)
- Ordinance(병기)
- Transportation(수송)
- Supply(보급)
- Budget(경리)
- Public Affairs(정훈)
- Judge Advocate(법무)
- Chaplain(군종)
- Medical(의무)
- Security(기무)

Chain of Command

지휘계통

"It's not the position that makes the leader ; It's leader that makes the position."
- Stanley Huffty -

지휘계통(Chain of command)은 조직의 말단에서 지휘관에 이르기까지 상하 간의 명령과 정보를 전달하는 의사소통의 체계이다. 그 목표는 각 지휘관과 구성원들에게 명확한 방향감각을 제공해 줌으로써 모든 구성원들이 그들의 임무와 책임을 다할 수 있도록 하기 위한 것이다. Chain of command는 또한 상급자가 보고나 권고를 받아 그들의 부하를 배려해줄 수 있는 기회를 제공한다.

지휘 및 명령체계는 나라마다 차이가 있을 수 있으므로 여기서는 한미해군의 지휘체계 및 영문 직책 명을 살펴보고 개념정립을 하고자 한다.

Commanders and Staffs(지휘관과 참모)

대통령 : President
비서실장 : Presidential Secretary
국무총리 : Prime Minister
도지사 : Provincial Governor
시 장 : Mayor(Mayor of Seoul City)
국방부 : Ministry of National Defense
국방부장관 : Minister of National Defense
합동참모본부 : Joint Chiefs of Staff(JCS)
합참의장 : Chairman of JCS
합참 2차장 : Second Vice Chairman JCS
제1야전군 사령부 : First ROK Field Army(FROKA)
제2군 사령부 : Second ROK Field Army(SROKA)

제3야전군 사령부 : Third ROK Field Army(TROKA)
육군본부 : Headquarters Republic of Korea Army
해군본부 : Headquarters Republic of Korea Navy(HQs, ROKN)
공군본부 : Headquarters Republic of Korea Air Force
수도방위사령부 : Capital Defense Command(CDC)
특수전 사령부 : Special Warfare Command(SWC)
국군정보 사령부 : Defense Intelligence Command(INTEL CMD)
국방 참모대학 : National War College(NWC)
국방 대학원 : National Defense University(NDU)
한미 연합군 : ROK/US Combined Forces Command(CFC)
지상군 구성군 사령부 : Ground Component Command(GCC)
해군 구성군 사령부 : Naval Component Command(NCC)
공군 구성군 사령부 : Air Component Command(ACC)
연합해병 사령부 : Combined Marine Forces Command(CMFC)
연합특수전사령부 : Combined Unconventional Warfare Task Force
미 태평양 해병사령부 : United States Marine Forces Pacific
태평양 함대 사령관 : Commander, Pacific Fleet
대서양함대 사령관 : Commander, Atlantic Ocean
미 7함대사령부 : United Stated Seventh Fleet Command
미 태평양 사령부 : United States Pacific Command(USPACOM)
미 합동 군사지원단 : Joint US Military Assistant GP-Korea(JUSMAG-K)

✣ 주요부서의 영문명칭에는 다음과 같이 각 단위별로 일정한 영문표기법이 있으니, 이러한 원칙을 잘 활용할 필요가 있다.

단위	일반참모부	실		단	처	과
		일반 참모부	기타			
부서	G-숫자	G-숫자	Office	Group	Division	Branch
부서장	DCS, 부서명	Chief, 부서명		Director, 부서명	Chief, 부서명	

아울러 위의 원칙 외에도 ~본부(Headquarters), ~국(Bureau), ~청(Office of ~), ~소(Agency, Center), ~(단,제)대(Unit) 및 ~반(Section, Element) 등에 대한 영문 명칭도 있으니 알아두자.

ROK Navy and Staffs(해군직책 영문호칭)

해군 참모총장 : Chief of Naval Operations(CNO)

✣ 미국에는 CNO 외에 CNP(Chief of Naval Personnel : 중장급)가 있음.

참모 차장 : Vice Chief of Naval Operations(VCNO)
해군 작전 사령부 : Fleet Command(FLTCOM)
작전사령관 : Commander in Chief, ROK Fleets(CINC ROK Fleets)
교육사령관 : Commander, Educational Command
함대사령관 : ROKN Fleet Commander(CDR)
해병대 사령관 : Commandant of ROK Marine Corps(CMC)
참모장 : Chief of Staff(COS)
사령관(지휘관) : Commander
사단장 : Division Commander / Commanding General
연대장 : Regiment Commander
대대장 : Battalion Commander
중대장 : Company Commander
소대장 : Platoon Leader
분대장 : Division Officer, Squad leader
반 장 : Section leader
팀 장 : Team Leader
비서실장 : Flag Secretary(SECY)
함대사령관 비서실장 : ROKN Fleet CDR Secretary
특별보좌관 : Special Assistant
보좌관 : Aide of Flag Lieutenant
공보관 : Public Affairs Officer
인사관 : Personnel Officer
인사관리 : Personnel Management
부 관 : Flag Lieutenant
행정담당 : Administration Officer(ADMIN's Officer)
보좌관 : Aide

주임원사 : Command Master Chief : CMC
주임상사 : Master-Chief Petty Officer
담 당 : Action Officer, Point of Contact
공 관 : Admiral's Quarter
위병소 : Guard's House
후 문 : Back Gate
행정관 : Admin Officer
행정보좌 : Admin Asst
행정병 : Admin Seaman
기 획 : Planning
지 원 : Support
작전관 : Operations Officer
훈련관 : Training Officer
행정과장 : Personnel Officer
경리담당 : Disbursing Officer
보 급 : Supply
의전과장 : Action Officer
계획과장 : Plans Officer

작전분석 담당 : Operations Analyst
군수기획관 : Logistics Plans Officer

Graduation and Commissioning Ceremony

의무병 : Draftsman
군수관리 지원 : Logistics Management Support
작전계획 : Operations Plans
우발계획 : Contingency Plans
시 설 : Construction
교육처 : Education Branch
기획예산처 : Program and Budget Division
인력 발전처 : Human Resource Development Division
지상작전관 : Ground Operations Officer
지원부대 : Support Service
동원전력실 : Force Integration Branch

정훈 공보실 : Public Affairs Office
공보과장 : Chief, Public Office
- 기획보도 담당 : Planning and Reporting
- 보도 계획 담당 : Report and Planning
- 보도 운영 담당 : Report and Operation

문화홍보과장 : Chief, Cultural and Advertisement

기획관리참모부 : Department, Planning and Management
정책기획 : Policy Planning
정책운영 : Policy Management
정책 분석 : Strategy Analysis
전략 기획 : War Strategy & Planning
무기체계 : Weapon System
대내정책 : Domestic Policy
대외정책 : Foreign Policy
전략정책관 : Strategic Policy Officer

인사운영처 : Division, Personnel and Management
장교 인사과장 : Head, Officer Personnel Department
- 지원병 : Volunteer

사병 인사 : Enlisted Man Personnel
군무원 인사과장 : Head, Civilian Personnel
- 기록관리 : Recording and Management
- 진급관리과장 : Head, Promotion Management
- 진급행정 : Promotion Administration

자료 관리 : Data Base Management
인사근무처 : Personnel and Working Division
근무과장 : First Lieutenant/Boatswain's Mate

작전지원 본부 : Headquarter, Operational Support
인 사 : Personnel
정 보 : Information
작전지휘통제 : Operational Command and Control
군 수 : Logistics
기획관리 : Planning and Management
통 신 : Communication

계획편제처 : Division, Planning and Management
동원 예비군처 : Division, Reserved Personnel
예비군 : Reserved Forces

군사연구실 : Military Studies Office
편찬과장 : Head, Publishing Branch
부대사 담당 : Service History
전투사 담당 : Combat History

규모에 따른 3군의 부대명칭 비교

해 군	육 군	공 군
함대 Fleet	군 Army	방공포사령부 Air Defense Artillery Command
전단 Flotilla	군단 Corps	전투비행단 Fighter Wing
전대 Squadron	사단 Division	대대 Squadron

ROK Naval Academy(해군사관학교)

COMMANDS/SECRETARY(지휘부)

교　장 : Superintendent
부교장/생도대장 : Vice Superintendent / Commandant of midshipman
부　관 : Flag Lieutenant
비서실장 : Flag Secretary
주임원사 : Master CPO
감찰실장 : Inspector General
평가관리실 : Evaluation and Management
- 입시홍보과 : Admission and Recruiting Department
- 평가과 : Evaluation Department

전산실 : Computer Room
정보통신실 : Information and Communication Office

STAFF(참모부)

행정부 : Administration Division
부　장 : Chief of Administration Division
인사행정 : Personnel and Administration
행정봉사실 : Administration and Services Office
보안관 : Security Officer
교무처 : Academic Affairs Division
운용처 : Operational Division
군수관리 : Supply and Management
정　훈 : Public Affairs
학술정보 : Academic Information
박물관 : Museum
해사교회 : Naval Academy Chapel
해사성당 : Naval Academy Cathedral
의무대 : Medical Clinic

간호장교 : Nurse Corps Officer

당직군위관 : Duty Medical Officer

FACULTY(교수부)

교수부장 : Chief of Faculty

교학처 : Academic ADMINS Division

교 수 : Professor

부교수 : Associate Professor

조교수 : Assistant Professor

전임강사 : Full-time Instructor

시간강사 : Part-time Instructor

교 관 : Instructor

이학처 : Science Division

사회인문학처 : Division of Humanities and Social Science

공학처 : Engineering Division

군사학처 : Military Science Division

체육처 : Division of Physical Education

명예중대(Honor Company) 임명식

Facilities & Service Unit(부속시설 및 지원부서)

사관후보생대 : OCS(Officer Candidate School)

근무지원단 : Support Services

- 본부대 : Maintenance Corp
- 의무대 : Medical Clinic Corp
- 시설대 : Facility Corp
- 수송대 : Transportation Corp

참모식당 : Staff Restaurant(Wardroom)

생도식당 : Mess Hall

매 점 : Commissary Store

✣ 위의 직책 및 부대명은 한국어와 영어의 차이, 부대사정에 따라 다소 다르게 표기될 수가 있다.

마지막으로 함대 단위에서 분대 단위까지의 영문 호칭과 생도대 근무자들의 직책 명칭을 살펴보자.

부대의 영문 호칭 및 약어

구 분	영 어	축 약 어
함 대	Fleet	FLT
전 단	Flotilla	미사용
전 대	Squadron	SQD
기동 함대	Task Force	TF
기동 전대	Task Group	TG
기동 부대	Task Unit	TU
기동 단대	Task Element	TE
여 단	Brigade	BDE
연 대	Regiment	RGMT
대 대	Battalion	BN
중 대	Company	COM
소 대	Platoon	PLT
분 대	Squad	SQD

Titles of Midshipmen's Regiment Personnel

한국어	영어	한국어	영어
교장	Superintendent	연대장생도	Regimental commander midshipmen
부교장	Vice superintendent	부연대장생도	Vice Regimental commander midshipmen
생도대장	Commandant of MIDS*	인사참모생도	Admin officer MIDS
생도연대장	Regiment commander	정보참모생도	Information officer MIDS
생도대대장	Battalion commander	작전참모생도	Operations officer MIDS
제0중대훈육관	_th company officer	군수참모생도	Logistics officer MIDS
당직훈육관	Command Duty officer	대대장생도	Battalion Commander MIDS
대대훈련관	Regiment Training officer	부대대장생도	Vice battalion CDR MIDS
여훈육관	Female Company officer	인사관생도	Admin Personnel

한국어	영어	한국어	영어
제0대대 여훈련관	_battalion female training officer	정보관생도	MIDS information
교훈과장	Instruction officer	작전관생도	MIDS operation
행정과장	Chief admin officer	군수관생도	MIDS logistics
행정관	Administration officer	갑판사관생도	1st LT MIDS
군수과장	Chief logistics officer	중대장생도	Company commander MIDS
생활교육과장	Conduct officer	부중대장생도	Vice company CDR MIDS
심리활동지도관	Counseling officer	소대장생도	Platoon leader
당직훈련관	Duty training officer	분대장생도	Squad leader
장교후보생 대대장	Commander, OCS Battalion	중대기수생도	Flag carrier
당직사령생도	Command duty midshipmen	군수보좌관생도	Assistant Logistic MIDS
당직사관생도	Duty midshipmen	갑판보좌관생도	Assistant 1st LT
당직소대장생도	Duty platoon leader	행정보좌관생도	Assistant admin MIDS
갑판당직생도	Duty MIDS of the deck	청소책임자생도	Cleaning duty MIDS
전령생도	Messenger midshipmen	학년책임자생도	Class representative
동초/정초	Sentry	명예위원장생도	Chairman, Honor committee
불침반장생도	Head, night Sentry	명예 부위원장생도	Vice chairman, Honor committee
불침부반장생도	Assist, head night watch	(학년/기생) 명예위원	(Year/Class) Honor committee
졸업반생도	Graduate class MIDS	동기회 회장생도	Class president
특별대대	Special battalion	00동기회 총무생도	Chief of staff class

* MIDS : Midshipmen

ROK NA 및 USNA 생도들

Sample : US Navy 지휘계통도

●National Defense Command Structure(국방 지휘구조)

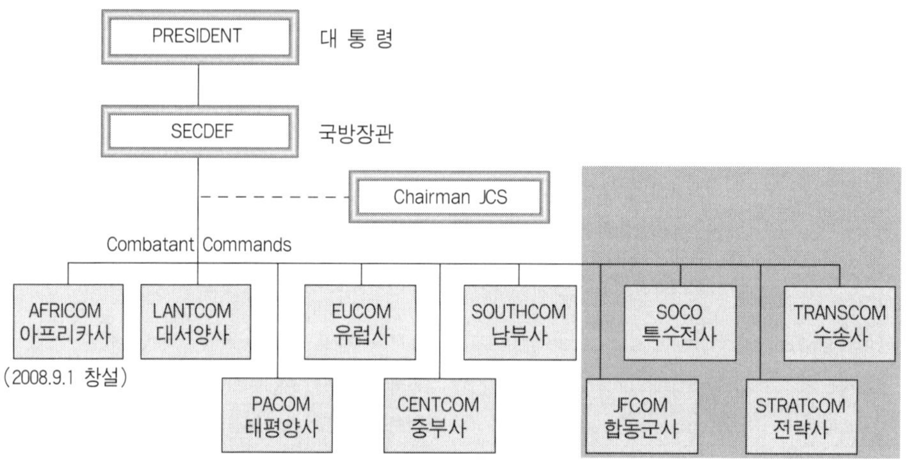

미 통합군사령부의 지역별 책임구역

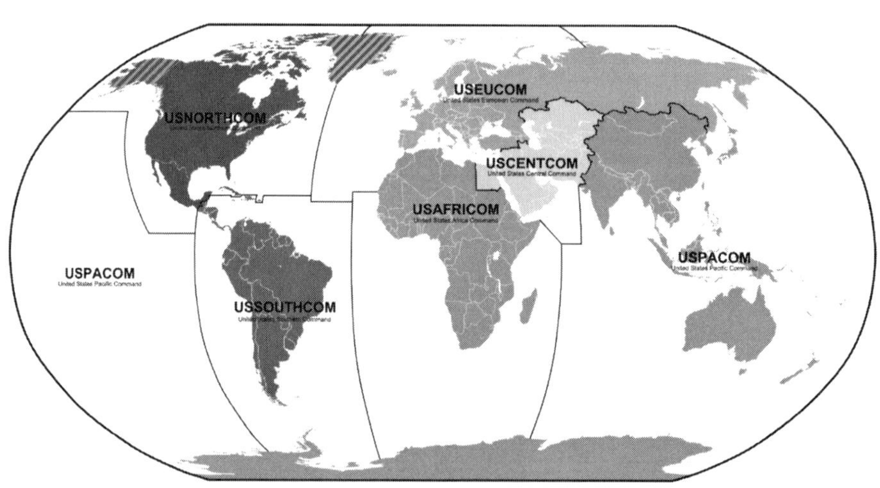

(www.navy.mil/navydata/organization/orgoptor-asp)

●US Adminstration Chain of Command(미 해군 행정지휘계통)

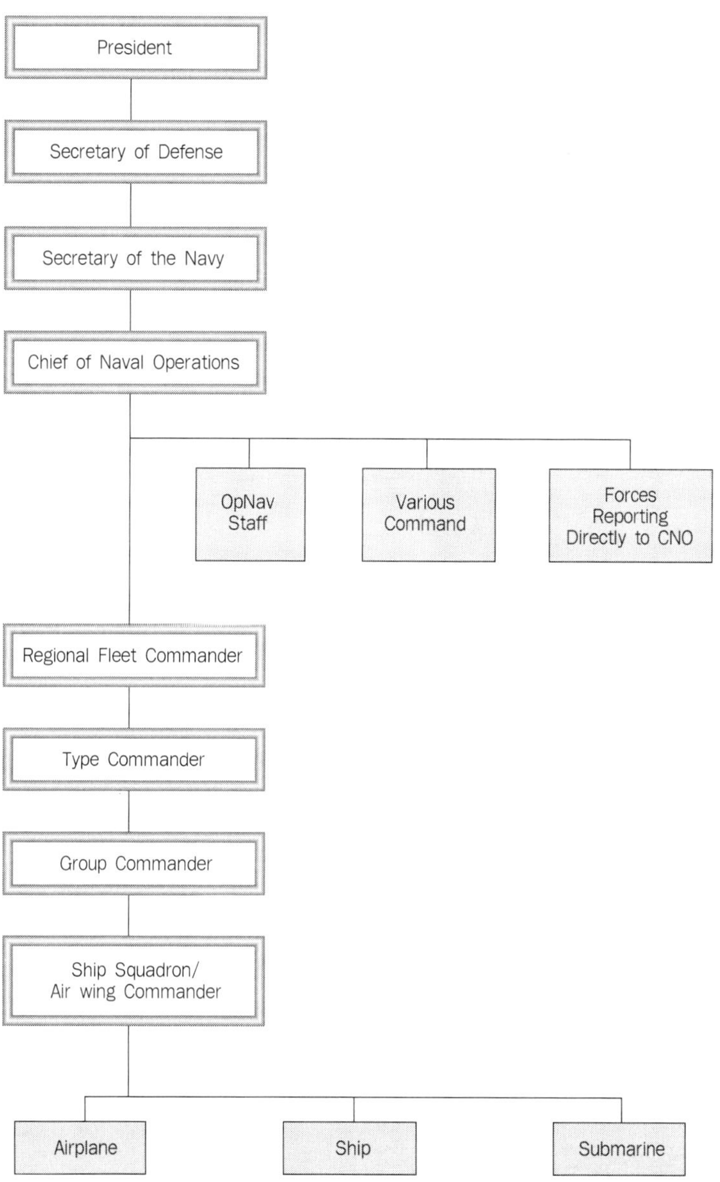

✣ Type Commander : 유형지휘관, Group Commander : 전단장, Squadron Commander : 전대장.

●US Operational Chain of Command(미 해군 작전지휘 계통)

* The JCS are in the operational chain of command as advisers and as military staff with respect to the unified and specified commands ; however, the JCS do not exercise operational command or control of forces, except as directed by the President or Secretary of Defense.

The US PACIFIC COMMAND(미 태평양 사령부)

PACOM(Pacific Command)(미 태평양 지구 사령부)

The United States Pacific Command (USPACOM) is a Unified Combatant Command of the armed forces of the United States, led by the Commander, Pacific Command (CDRUSPACOM), is the supreme military authority for the various branches of the Armed Forces of the United States serving within its area of responsibility (AOR).

The main combat power of USPACOM is formed by U.S. Army Pacific, Marine Forces Pacific, U.S. Pacific Fleet, and Pacific Air Forces, all headquartered in Honolulu with component forces stationed throughout the region.

PACFLT(Pacific Fleet)(미 태평양 함대)

The United States Pacific Fleet (USPACFLT) is a Pacific Ocean Navy theater-level component command of the United States Navy, under the operational control of the United States Pacific Command. Its homeport is at Pearl Harbor Naval Base, Hawaii, commanded by Commander Pacific Fleet (COMPACFLT), a full (four-star) admiral. (The term, also used during World War II, was often shown as COMPACFLT as Navy typewriters in the ship's message centers at the time contained only capital letters to lessen the chance for typing or reading errors.) Prior to 24 October 2002, the commander was titled Commander-in-Chief, Pacific Fleet (CINCPACFLT).

A Pacific Fleet was created in 1907 when the Asiatic Squadron and the Pacific Squadron were joined. In 1910, the ships of the First Squadron, were organized back into a separate Asiatic Fleet. The General Order of 6 December 1922 organized the United States Fleet, with the Battle Fleet as the Pacific presence.

7th FLT(Seventh fleet)(제7함대)

The Seventh Fleet is the United States Navy's permanent forward projection force based in Yokosuka, Japan, with units positioned near South Korea and Japan. It is a component fleet force under the U.S. Pacific Fleet. At present it is the largest of the forward-deployed U.S. fleets, with 50 to 60 ships, 350 aircraft and 60,000 Navy and Marine Corps personnel. With the support of its Task Force Commanders, it has three major assignments.

Unified Commands(통합군 사령부)

대서양 사령부 : Atlantic Command(LANTCOM)
유럽 사령부 : European Command(USEUCOM)
태평양 사령부 : Pacific Command(PACOM)
남부 사령부 : Southern Command(SOUTHCOM)
중부 사령부 : Central Command(CENTCOM)
아프리카 사령부 : Africa Command(AFRICOM)
특수전 사령부 : US Special Operation Command(USSOCOM)
합동군 사령부 : Aerospace Defense Command(ADC)
전략 사령부 : Strategic Air Command(SAC)
수송 사령부 : Military Airlift Command(MAC)

ROK/US Combined Forces Command(한미 연합사)

지휘부 : Command Group
사령관(연사) : CINC, Combined Forces Command(CFCC)
부사령관(연사부) : DCINC, Combined Forces Command(CFDC)
참모장(연참) : C of S, Combined Forces Command(CFCS)
부참모장(연참부) : DC of S, Combined Forces Command(CFDS)

Navy Rank & Title
해군계급 및 직책

"The real leader holds the power, not just position"
- J. Maxwell -

Key Words
blue jacket, enlisted men, First Lieutenant, immediate supervis, junior & senior, junior officer & senior officer, oil king, orange force, Rear Admiral, Skipper, subordinate & superior

Commanding Officer, CO(지휘관, 함장)

해군의 최고 지휘관(Commanding Officer)은 참모총장(Chief of Naval Operations, CNO)이다. CNO는 Chief of Naval Staffs와 구분해서 알아두자. 단위 부대에는 지휘관(Commanding Officer)이 있으며, 규모에 따라 다른 직함(title)이 주어진다. 일례로 해사교장은 Superintendent라고 부르며, 함장(Commanding Officer)은 CO로 표시하고 "Charlie Oscar"나 "Captain", "Skipper"로 부른다. Skipper는 원래 '뱃사람'을 의미하는 화란어 'Schipper'에서 나온 용어이다. 함정에서건 육상에서건 CO에 대한 예의는 각별하게 지켜지고 있다. XO(Executive Officer)는 계급에 관계없이 함내 지휘계통상 두 번째 서열을 말한다. Cheng은 CHief ENGineer에서 나온 기관장을 말하며 'chang'으로 발음한다.

Superior & Subordinate(상관과 부하)

Superior는 지휘계통(Chain of command)에서 상위 계급자를, Subordinate는 Chain of command 상 하위 계급자를 말하는 것이다. 간혹 Senior, Junior의 의미와

혼동을 하는 경우가 있어 구분하는 데 주의를 요한다. Superior/Subordinate는 Senior/Junior와 달리 Chain of command의 직속예하에 있는 사람들을 일컫는다. 다른 사람보다 계급이 높은 Senior가 항상 그 사람의 Superior가 될 수는 없음을 염두에 두어야겠다.

Immediate supervisor(직속상관)는 Chain of command 내에서 보고해야 할 맨 첫번째 Senior(상관)를 말한다. 군에서는 제안이나 보고를 할 때 항상 지휘계통을 밟아야 하는데 이는 보고자가 최종 결재권자에게 닿기까지 건너뛰지(jump) 않고 우선 일계급 위나 한 단계 위의 사람에게 보고한다는 말이다.

Senior & Junior(상급자와 하급자)

계급 구조에서 상급자를 Senior, 하급자를 Junior라고 부른다. 이것은 두 사람 혹은 두 집단을 비교하는 데 쓰이는 말이다. 아울러 대학 3학년을 Junior, 4학년을 Senior라고 하며(참고로, 1학년은 Freshman, 2학년은 Sophomore라고 한다), 일반적으로 연장자(elder person)를 Senior, 연소자를 Junior로 부르기도 한다. 한편 계급 구조에서 Senior officer는 중령 이상, Junior officer는 소령 이상의 계급자를 일컫는다. 서구문화의 직장에서 나이보다는 계급을 우선해서 예우를 하는 경향은 대인관계에서 나이를 우선시하는 우리의 정서와는 다소 차이가 있다.

Title(직함)

Senior officer나 Superior의 직함(title)이 있으면 꼭 직함을 부르는 것이 예의이다. 직함을 잘 모를 때에는 물론 계급을 부르는 것이 예의이다. 이는 그 사람에 대한 존중을 표현하는 말이 된다. 우리말의 "○○○함장님"에 해당하는 영어는 "Captain ○○○"이다.

"Sir"나 "Ma'am"은 앞에서 보통 일반인들이 이름을 잘 모르는 경우 제한적으로 사용하고 있는 말이다. 그러나 군에서는 여전히 상관을 특히 사병(Enlisted man)이 Officer를 호칭하는데 자주 쓰이는 말이다.

관함식에 초대받은 외국군 제독 내외

• “Good Morning, sir/ma’am.”

• “Aye, aye. sir.”

Navy Ranks(해군 계급)

해군의 계급 명칭은 육 · 공군과 아주 다르다. 예를 들어서 해군의 Captain은 대령이지만 육 · 공군에서는 대위에 해당한다. 해군의 장성급은 보통 Admiral로 부르지만 육군에서는 General로 부른다. 해군의 계급과 관련된 용어를 계급, 호봉 순으로 살펴보자(세부적인 계급장 모양은 뒤에 나오는 그림을 참조 바람).

Senior officer

Senior officer는 ‘고급장교’로서 중령이상 계급의 장교를 말한다. 즉 Commander(CDR, 중령 0–5), Captain(대령) 및 Flag Officer(장성급장교)가 Senior Officer에 해당된다. Flag Officer는 다음의 준장에서 원수까지의 장성급 장교를 말한다.

원 수 : **Fleet Admiral**(0–11)

대 장 : **Admiral*(ADM,** 0–10)

중 장 : **Vice Admiral(VADM :** 11–9)

소 장 : **Rear* Admiral, Upper Half(*RADM(U) :** 0–8)

준 장 : **Rear Admiral, Lower Half(RADM(L) :** 0–7)

* 요즘은 RDML이란 호칭을 쓰기도 함(미군)

* 범선 시대에는 함대를 Van(전방), Main(주력), Rear(후군)으로 나누어 운용하는 것이 기본작전 개념이었다. ‘Rear’는 무적함대와 싸울 당시 헨리 세이모아 공작의 직책이 ‘후방의 제독’, 즉 ‘Rear Admiral’이었던 데에서 기원이 되었다. 1652년 네덜란드 전쟁에서 해군제독이 부족하자 제독의 대체 직책인 Commodore가 생기게 되었다. 현재 미국에서는 Commodore라는 직책은 전대장급 대령을 예우차원에서 부르며 제독에게 이 호칭은 사용 않는다.

* 중세영어에서 Admiral은 Anglo-French amiral(commander)와 아랍어 amir-al-bahr(commander of the sea)에서 유래되었다. 11세기 초기 십자군들이 아랍인들을 만나면서 이 용어를 배우게 되었던 것이다.

대 령 : **Captain(CAPT : 0–6)**은 Latin어의 ‘최상급자’를 나타내는 ‘caput’, ‘capitaneus’에서 유래되었다. 미 해군에서는 1862년까지 Captain이 가장 높은 계급으로 통했다. 현재 해군계급으로는 대령이지만 전통적으로 계급에 관계없이 ‘함장(혹은 선장)’을 칭하는 말이다.

중 령 : **Commander(CDR : 0–5)**의 원래 명칭은 Commandeur였다. Commander

는 Captain보다 한단계 낮은 계급의 함장으로 소형함정을 지휘하던 Master and commander에서 나왔다.

Junior officer

Junior officer는 '초급장교'로서 주로 소위(Ensign), 중위(Lieutenant J.G)를 말하지만 원칙적으로는 소령 이하의 장교를 포함한다. Midshipmen을 포함하여 Junior officer는 Mister 혹은 Miss라는 타이틀을 붙여 부른다. Junior officer를 살펴보면,

소 령 : **Lieutenant Commander(LCDR :** 0−4)

대 위 : **Lieutenant(LT :** 0−3)*

중 위 : **Lieutenant Junior Grade(LTJG :** 0−2)

소 위 : **Ensign(ENS :** 0−1)*

* Lieutenant는 불어의 '대리자' 나 '교체자' 가 의미 하듯이 상급자가 부재중에 임무를 대리하는 자이다. First Lieutenant는 함정의 갑판부 소속 장교나 일반 항해 및 갑판운용을 책임지는 장교를 말한다. 대형 갑판 부서가 있는 함정에서, 항모나 상륙함등 갑판 일을 책임지는 부서장이 된다. 영해군에서는 소령 이하의 계급일 경우, 함정의 XO를 지칭하기도 한다.
* Ensign은 노르만어 enseigne에서 유래된 어휘이다. Anglo-Saxon에서는 segne로 변해 '기' 를 의미한다. Latin어로는 emblem이나 baner를 의미하는데 주군의 배너나 기를 드는 전사는 기수로 알려졌고 Ensigh이 되었다. 계급으로는 프랑스 육군에서 '초급장교' 로 사용되다가 이 후 해군에서도 '최하급장교' 의 의미로 사용되었다.

Warrant officer

해군 준위로서 해병에서는 'Gunner'라고 한다. Warrant officer는 "Mr"로 불린다. 미 해군은 우리 해군에는 없는 W−2에서 W−4까지의 고유한 준위 계급이 있다.

일등준위 : **Chief Warrant Officer** 4**(CWO4 : W−**4)

이등준위 : **Chief Warrant Officer** 3**(CWO3 : W−**3)

삼등준위 : **Chief Warrant Officer** 2**(CWO2 : W−**2)

Enlisted Man

부사관과 수병을 포함하는 '사병'을 일컫는 말이다. 미 부사관 계급은 좀 더 세분화되어 있어서 우리 계급명칭과 정확히 일치되지 않는다.

해군주임원사 : **Master Chief Petty Officer of Navy(MCPON :** E−9)

원　사 : **Master Chief Petty Office(MCPO : E-9)**

상　사 : **Senior Chief Petty Officer(SCPO : E-8),**

중　사 : **Chief Petty Officer(CPO : E-7)**

하　사 : **Petty Officer First Class(PO 1 : E-6)**

병　장 : **Petty Officer Second Class(PO 1 : E-6)**

상　병 : **Petty Officer Third Class(PO 3 : E-4),**

Blue Jacket

'수병'을 일컫는 말로써 다음과 같은 계급이 Blue Jacket에 해당된다.

일　병 : **Seaman(SN : E-3)**

이　병 : **Seaman Apprentice(SA, E-2)**

훈　병 : **Seaman Recruit(SR, E-1)**

해군 장병의 계급에서 보았듯이 한 · 미 계급 간의 비교에서 장교는 어느 정도 일치되지만, 부사관과 수병의 계급은 1:1로 일치가 되지 않음으로써 영역 및 한역에 있어서 다소 혼동이 유발될 수 있다. 마지막으로 3군 사관생도와 대학생을 각각 어떻게 부르는지 살펴보자.

사관생도의 각 학년별 호칭

구 분	일 반 대 학	통 칭	해 사	공 사
4학년	Senior	1st Classman	Senior	First classman
3학년	Junior	2nd Classman	Junior	Second classman
2학년	Sophomore	3rd Classman	Youngster	Third classman
1학년	Freshman	4th Classman	Plebes	Fourth class/ Doolie

Officer's Rank(Warrent officer-CDR)

NAVY	MARINE CORPS	COAST GUARD	ARMY	AIR FORCE
W-1 WARRANT OFFICER; W-2 CHIEF WARRANT OFFICER	GOLD SCARLET, GOLD SCARLET; W-1 WARRANT OFFICER; CWO-2 CHIEF WARRANT OFFICER	W-1 WARRANT OFFICER; W-2 CHIEF WARRANT OFFICER	SILVER BLACK, SILVER BLACK; W1 WARRANT OFFICER; CWO-2 CHIEF WARRANT OFFICER	NONE
W-3 CHIEF WARRANT OFFICER; W-4 CHIEF WARRANT OFFICER	SILVER SCARLET, SILVER SCARLET; CWO-3 CHIEF WARRANT OFFICER; CWO-4 CHIEF WARRANT OFFICER	W-3 CHIEF WARRANT OFFICER; W-4 CHIEF WARRANT OFFICER	SILVER BLACK, SILVER BLACK; CWO-3 CHIEF WARRANT OFFICER; CWO-4 CHIEF WARRANT OFFICER	NONE
ENSIGN	(GOLD) SECOND LIEUTENANT	ENSIGN	(GOLD) SECOND LIEUTENANT	(GOLD) SECOND LIEUTENANT
LIEUTENANT JUNIOR GRADE	(SILVER) FIRST LIEUTENANT	LIEUTENANT JUNIOR GRADE	(SILVER) FIRST LIEUTENANT	(SILVER) FIRST LIEUTENANT
LIEUTENANT	(SILVER) CAPTAIN	LIEUTENANT	(SILVER) CAPTAIN	(SILVER) CAPTAIN
LIEUTENANT COMMANDER	(GOLD) MAJOR	LIEUTENANT COMMANDER	(GOLD) MAJOR	(GOLD) MAJOR
COMMANDER	(SILVER) LIEUTENANT COLONEL	COMMANDER	(SILVER) LIEUTENANT COLONEL	(SILVER) LIEUTENANT COLONEL

Officer's Rank(Captain-Fleet Admiral)

NAVY	MARINE CORPS	COAST GUARD	ARMY	AIR FORCE
CAPTAIN	COLONEL	CAPTAIN	COLONEL	COLONEL
REAR ADMIRAL (Lower Half)	BRIGADIER GENERAL	REAR ADMIRAL (Lower Half)	BRIGADIER GENERAL	BRIGADIER GENERAL
REAR ADMIRAL (Upper Half)	MAJOR GENERAL	REAR ADMIRAL (Upper Half)	MAJOR GENERAL	MAJOR GENERAL
VICE ADMIRAL	LIEUTENANT GENERAL	VICE ADMIRAL	LIEUTENANT GENERAL	LIEUTENANT GENERAL
ADMIRAL	GENERAL	ADMIRAL	GENERAL	GENERAL
FLEET ADMIRAL	NONE	NONE	GENERAL OF THE ARMY	GENERAL OF THE AIR FORCE

계급관련약어 PV : Private / PVT : Private(해병대) / SR : Seaman Recruit / AB : Airman Basic
SA : Seaman Apprentice / Amn : Airman / LCPL : Lance Corporal
AIC : Airman 1st Class / PO3 : Petty Off 3 Class / SrA : Sr. Airmen
GySGT : Gunnery SGT / CPO : Chief Petty Off / Tsgt : Technical Sergeant
SCPO : Senior CPO / MCPO : Master CPO / ENS : Ensign (Junior Lieutenant)
COMO : Rear Admiral(Lower) / RADM : Rear Admiral(Upper)
VADM : Vice Admiral / ADM : Admiral

Enlisted Personnel's Rank(Seaman Reeruit-MCPO)

NAVY	MARINES	ARMY	AIR FORCE	
MASTER CHIEF P.O.	SGT. MAJOR / MASTER GUNNERY SGT.	SERGEANT MAJOR / COMMAND SERGEANT MAJOR	CHIEF MASTER SGT.	E-9
SENIOR CHIEF P.O.	1ST SGT. / MASTER SGT.	FIRST SERGEANT / MASTER SERGEANT	SENIOR MASTER SGT.	E-8
CHIEF P.O.	GUNNERY SGT	SGT. 1ST CLASS	MASTER SGT.	E-7
P.O. 1ST CLASS	STAFF SGT.	STAFF SGT. / SPEC. 6	TECHNICAL SGT.	E-6
P.O. 2ND CLASS	SGT.	SGT. / SPEC. 5	STAFF SGT.	E-5
P.O. 3RD CLASS	CORPORAL	CORPORAL / SPEC. 4	SENIOR AIRMAN	E-4
SEAMAN	LANCE CORPORAL	PRIVATE 1ST CLASS	AIRMAN 1ST CLASS	E-3
SEAMAN APPRENTICE	PRIVATE 1ST CLASS	PRIVATE	AIRMAN	E-2
SEAMAN RECRUIT	PRIVATE	PRIVATE	BASIC AIRMAN	E-1

잠깐!

★ **단어의 의미와 아주 다르게 쓰이는 호칭을 살펴보자.**

Oil King : 여러 가지 형태의 유류 목록을 작성하고 시험하며 함정에 적재하는 책임을 맡은 자.

Orange force(or Red force) : War game에서 적대 세력(opposing force)을 나타내는 말로서 '황군'으로 불린다.

Paybob : Supply officer, 특히 경리(accounts)책임 장교를 말함.

Ping jockey : Sonar 작동수.

Red shirt : 항공 병기 장교. 빨간 셔츠를 입으며 항공기로부터 무기를 탑재하고 제거하는 책임을 맡은 자.

Ring Knocker : 미 해사 졸업자.

★ **Selected(S)와 Promotable(P)의 차이점은?**

보통 진급예정자를 계급(P)로 표시할 경우에는 현 계급을 사용하고(주로 미 육군), 계급(S)로 표시할 경우에는 향후 진급예정인 계급을 사용한다(미 해군, 공군, 해병대). 따라서 현재 대위로서 소령 진급예정자인(소령(진))은 LT(P) 또는 LCDR(S)로 표기한다.

※ 참고사항

계급은 일반적인 명칭 외에 E-3(E: Enlisted)나 O-3(O: Officer) 등 호봉(Pay grade)을 사용하여 지칭하기도 한다. 예를 들어서 "O-6"는 대령을 지칭하는 말이다. 또한 G.I.(Government Issue)는 미군 병사를, G.I. Jane은 여군병사를, G.I. Joe는 남자병사를 지칭한다. 한편, 해사 생도는 MIDDY나 MID로 부르며 공사 생도는 ZOOMY로 부르며, 학년별로도 사관생도들은 각각 다른 호칭을 사용한다.

Speaking Exercise

- How is your command organized?
  귀하의 부대 편성은 어떻게 구성되어 있습니까?
- On our ship we have 5 departments consisting of 47 officers and 220 enlisted men.
  우리 함정에는 5개 department의 장교 47명, 사병 220명이 타고 있습니다.
- How many personnel serve aboard your ship?
  얼마나 많은 인원이 당신 함정에 근무하고 있습니까?
- How long have you been serving as captain?
  함장 직책을 맡으신지 얼마나 오래됩니까?
- It is my understanding that you are busy with work in your command.
  요사이 부대 업무로 대단히 바쁘실 줄로 알고 있습니다.
- I will surely visit your office next time.
  다음에 당신 사무실로 꼭 들리겠습니다.
- I have an appointment with my senior.
  상사와 약속이 있습니다.
- What are your duties, responsibilities, and what kind of authority do you have?
  당신의 의무, 책임, 권한은 무엇입니까?
- It would be helpful if you could tell us your title.
  당신의 직책을 말해주시면 고맙겠습니다.
- Unlike the army, we call flag officer an admiral.
  육군과 달리, 해군장성을 제독이라고 호칭합니다.
- The word commander originated from master and commander who commanded small vessels. In 1827, the British Navy appointed the first commander.
  중령은 소형함정을 지휘하던 master and commander에서 유래하였으며 1827년 영국 해군에서 최초로 commander를 임명하였습니다.

Watch Organization
당직 조직

POD, casualty procedure, Deck Log, In port & Underway watch, vigilance, Material condition, Midwatch, Dog Watch, Officer of the deck, On-coming report, watch relief, watch station, standard Watches

Watch와 Watchstanders

함정의 당직(watch)은 정박당직(In port watch)과 항해당직(Underway watch)으로 나뉜다. 정박 중에 CO는 일과를 진행하는 In port watch의 임무를 부여한다. 당직자는 Watchstanders이며 당직사관은 OOD(Officer of the Deck)라고 한다(Officer on duty가 아님에 주의!). 대형함에는 당직사령인 CDO(Command Duty Officer)가 있어 OOD의 보좌를 받아 일과를 집행한다. Watchstanders는 충분한 경계심(vigilance)을 갖고 위기 처리절차(casualty procedure)를 자주 점검하여 위기 상황 시 즉각 조치할 수 있도록 대비한다. 또한 당직 근무지(watch station)를 이탈하지 않으며 고유의 당직 기능(watch function)을 저해하는 의무는 떠맡지 않는다.

Standard watches(함 기본 당직)

함정에서는 하루 24시간을 일곱 개의 시간대로 나누어서 돌아가면서 당직을 서며(주로 3직제) 항해시 각 당직 시간대에 따른 명칭은 다음과 같다.

• 당직 명칭

0000−0400 MIDWATCH 자정당직(ROK Navy, 1직)

0400−0800 MORNING WATCH 아침당직(2직)

Plan of the Day

COMMANDING OFFICER
CAPT L. W. CAPELLO

COMMAND MASTER CHIEF
OSCM(SW) A. D. WILLIAMS

COMMAND CAREER COUNSELOR
NC1(SW) R. HILERIO

UNIFORM OF THE DAY
OFFICERS/CPOS
COVERALLS
E-6 AND BELOW
COVERALLS

EXECUTIVE OFFICER
LCDR J. W. AILES

OMBUDSMEN
MRS. LEA DOMINICI

DAPA
GMC(SW) K. E. BROWN

FINANCIAL COUNSELOR
GSMC(SW) M. D. WASNOCK

CMEO
SMC(SW) R. A. GILLIATT

HONOR, COURAGE, COMMITMENT
HAVE FUN AND BE SAFE

SAILOR OF THE YEAR
FCC(SW) S. C. MCMILLAN

SAILOR OF THE QUARTER
HM2(SW) J. D. BATEMAN

JUNIOR SAILOR OF THE YEAR
TM2(SW) J. T. DILL

JUNIOR SAILOR OF THE QUARTER
AT3 A. G. TEPEN

THE PLAN OF THE DAY IS NOT TO BE REMOVED FROM THE SHIP.
ALL HANDS ARE RESPONSIBLE FOR STANDARD ROUTINE OF THE DAY,
PLAN OF THE DAY AND OBEYING ALL APPLICABLE ORDERS.

FIRDAY 8 OCTOBER 1999 - RETURN OFF WESTPAC 70 DAYS AND A WAKE-UP!!!

SUNRISE 0533 SUNSET: 1718

0030	DCPO Meeting/Training - Messdecks
0200	ESWS Training - Classroom
0300-0500	Engineering Evolutions
0500-0630	Morning Meal
0630	Sweepers
0700	RAS/VERTREP with USS SACRAMENTO
0900	Professional Development Board - CPO Mess
0900	Repair Locker Training - Messdecks
1100-1230	Afternoon Meal
1300	Stretcher Bearer Training - Medical
1300	OPS/Intel/NAV Brief - Wardroom
1530	Sweepers
1400	XO's Inspection of Messing and Berthing
1700-1830	Evening Meal
1900	ESWS Training - Classroom
1900	Sweepers
1900-2100	Engineering Evolutions
2100	Repair Locker Training - Messdecks
2300-0030	Night Meal

"DON'T GIVE UP THE SHIP!"

0800–1200　FORENOON WATCH 오전당직(3직)

1200–1600　AFTERNOON WATCH 오후당직(1직)

1600–1800　FIRST DOG WATCH * (2직)

1800–2000　SECOND DOG WATCH(2직)

2000–2400　EVENING WATCH 저녁당직(3직)

* 함 사정에 따라서 watch시간대를 다소 변경할 수도 있다.

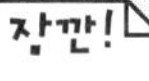

★ **왜 Dog Watch인가?**

Dog watch는 "Dock watch"가 변해서 된 말이다. Dock watch는 "짧게 서는 당직"이다. 또다른 견해로는 dodge가 잘못 변해서 dog가 되었으며, 그 과정에서 "dogging the watch" 혹은 "dog watch"로 나타나게 되었다. Dog watch는 다른 watch와 달리 두 시간씩 나누어져 있다. 이는 당직자가 제때 저녁식사를 하고, 각 당직 시간대가 고정되지 않고 원활하게 바뀔 수 있게 해준다.

★ **POD에는 어떤 사항이 기록되어 있는가?**

함정의 모든 승조원(all hands)들이 날마다 해야할 과업은 the Plan of the Day(혹은 POD)에 기록되어 있다. POD는 일일 행사 계획이다. POD에는 그날의 당직사관과 다양한 watches의 이름이 나와 있고, 식사시간, 점검 및 그날 일어날 수 있는 모든 일들이 나타나 있기 때문에 아주 중요하게 취급된다. POD에는 또한 추후 계획이나 변경된 임무도 나와 있다.

Relieving the watch(당직교대)

Principle(당직교대 규칙)

당직교대는 엄격하고 정확하게 행해져야 한다. 당직임무 교대시간에는 재난에 대처하거나 전문적인 결정을 하기 위한 능력이 현저히 떨어지므로 다음과 같은 규칙이 적용된다.

우선 후임당직자는(relieving watch)는 장비 상태와 전반적인 상황에 익숙하도록 당직근무 전에 미리 당직위치를 둘러보는 prewatch tour를 실시한다. 또한 relieving watch는 watch 교대전 CO가 요구한대로 함정의 모든 장소와 장비에 대해 점검을 한다. 아울러 각 위치별 장비(equipment)상태를 파악하고 이전 당직 근무 때와 비교해서 특별히 어떤 변화가 있는지를 확인한다.

Eight O'clock report(0800시 보고)

Eight o'clock report는 모든 부서장이 XO에게 하는 보고로써 이후 XO는 CO에게 보고를 하게 된다. 장비보고, 함위치나 당일사건 혹은 예정된 주요 일과를 보고한다. 한편 Twelve o'clock report는 연료 및 청수, 탄약고 온도, 위치에 관한 보고이다. 12시에 각 기관장교, 포술장은 OOD에게 보고하고 OOD는 CO에게 보고한다.

OOD 당직 교대보고

- 후임당직자(relieving watch 혹은 on-coming watch)이 CO로부터 당직 교대 허가를 받는다.
- 후임당직 교대보고 (on-coming report) : 후임당직자가 당직교대 15분 전에 선임당직자에게
  "I'm ready to relieve you, sir."(당직교대 받을 준비 완료)라고 한다.
- 선임당직 교대보고(off-going report) : 선임당직자는 후임당직자에게
  "I'm ready to be relieved"(당직교대 할 준비 완료)라고 대답한다.
- **On-coming watch**(후임당직자)가 당직실에 관한 정보교환 후 준비가 되면
  "I relieve you, sir"(당직교대)라고 말하고
- **Off-going watch**(선임당직자)는 최종적으로 후임자에게
  "I stand relieved."(당직인계)로 보고하고 인계한다.
- 선임당직자는 Deck Log*에 사인을 하고 당직장소를 다시 둘러본 후 함장에게

당직교대 완료 보고를 한다.

* Deck Log(항박일지) : 당직 중 일을 일어난 순서대로 기록한 공식기록을 말한다. 항해/정박중 함정의 주요업무 상황(주요 과업, 훈련/행사, 물건의 반입/반출, 승무원, 작전, 함 안전이나 기타 특기할 만한 일을 OOD가 검은 잉크를 사용한 볼펜으로 기록한다. Deck Log은 반드시 당직 장교가 직접 기록하며 최종 당직자가 CO와 XO의 결재를 받는다.

당직 교대(Relieving the watch)

잠깐!

Material Condition(기재 태세)은 어떻게 유지해야 하는가?

Material Condition Xray-'X'로 표시된 부분(hatches, watertight doors, valves, flappers, etc.)을 폐쇄해야 한다. 일반적으로 정박 시 수상함에서만 볼 수 있는 태세이다.

Material Condition Yoke-'X'와 'Y'로 표시된 부분만 폐쇄하는 것이다. 이것은 항해 중 주간의 정상적인 상황에 적용된다.

Material Condition Zebra-'X', 'Y' 및 'Z'로 표시된 부분을 폐쇄하는 태세이다. "Set Condition Zebra"는 함정의 모든 수밀문과 hatch를 폐쇄하라는 명령이다. 보통 전투배치(GQ)에 이은 조치이다.

Speaking Exercise

⚓ LT. Benson, do you know of the procedures while on watch?
벤슨 대위는 당직근무 수칙에 대해서 알고 있는가?

⚓ Where is it that you are assigned?
당신이 근무하고 있는 장소는 어디입니까?

⚓ When are the watch shifts?
당직교대 시간은 언제입니까?

⚓ Today I'm on watch duty.
오늘은 당직근무를 서는 날입니다.

⚓ I'm off today.
오늘은 비번입니다.

⚓ 항박일지 기재 영어 표현

- Clear of habor(항을 빠져 나옴)
- Pilot on board(도선사 승함)
- Anchor aweigh(닻이 해저에서 떨어짐)
- Made ship's stern fast to pier(부두에 함미계류)
- Visibility good, sky overcast, traffic heavy, sea and swell moderating (시정은 좋으나 구름이 잔뜩 끼이고 선박왕래가 많음, 파도와 너울은 약해짐)
- Practiced man-overboard station drill(익수자 인명구조 훈련 실시)
- Turned to, hands scrubbing weather deck(과업시작, 노천갑판 스크러빙 실시)

특강 Practical English 학습전략

What's special about Navy Rank?

최근 업무의 전문화, 과학화에 따라 특수한 목적으로 사용되는 영어(English for Specific Purpose)에 대한 관심이 커지고 있다. 즉, 회사에서는 Business English가, 군 실무에서는 Military English가 중시되고 있다. Military English 중에서도 계급 용어는 약방의 감초 격인데 오늘은 해군의 영문 계급 용어의 특성에 대해서 알아보고자 한다.

✲ **첫째, 해군 계급은 육 · 공군 계급과 구별되는 특이성을 지닌다** 육 · 공군에서는 장성급 장교를 'General(장군)'이라고 하지만 해군에서는 'Admiral(제독)'이라고 한다. 아울러 육군소위는 First Lieutenant이지만 해군소위는 Ensign이라고 하고, 해군에서는 First Lieutenant를 계급이 아닌 '갑판사관'이라는 직책 명칭으로 사용하고 있다. 그 밖에도 Captain은 육 · 공군에서는 대위이지만, 해군에서는 '으뜸 지휘관'이라는 어원을 살려 '함장(선장)'이나 '대령'을 지칭하는 용어로 사용하고 있다. 아울러 이병이나 일병을 육군에서는 'Private'라고 하지만 해군에서는 'Seaman'이라고 하며 육 · 공군의 'Sergeant'에 상응하는 부사관 계급용어로 해군에서는 'Petty officer(PO)'를 사용한다.

✲ **둘째, 해군 계급은 국제성을 띤다** 흔히 해군을 지칭하여 "International Gentlemen"이라고 하는데 이 뜻처럼 해군의 계급명칭도 영어권 외에 여러 국가의 언어가 유입되어 형성되었다. 다음 계급 용어의 기원만 보더라도 해군계급이 얼마나 국제적인지 알 수 있다.

계급용어	기원	계급용어	기원
Ensign	Latin어 'insigna(기)'	Captain	Latin어 'caput(으뜸 지휘관)'
Lieutenant	프랑스어 'lieu' + 'tenant' ('위치'를 '유지'하는 자)	Admiral	아랍어 'Amir-al-bahr (해상의 지휘관)'
Commander	Latin어 'mandare(책임지게 하다)'	Skipper	화란어 'Schipper(바닷사람)'

※ **셋째, 해군 계급은 상징성이 강하다** 해군 계급의 상징성은 계급장 표식에서도 잘 나타난다. 일례로 해군장교의 정복은 소매나 견장의 '금선(gold stripes)'로 계급을 표시한다. 다음 그림에서 보듯이 소매의 금선(sleeve line)이 하나이면 소위이고 거기에 절반을 덧붙이면 중위가 되며, 굵은 선 하나는 준장(Rear Admiral(lower-Half))을 의미한다.

또한 부사관(Chief Petty Officer)의 계급표식은 닻(anchor) 모양으로 함정의 장비를 형상화하고 있는데, 특히 옷깃(collar)에 붙이는 계급장은 해군계급

미해군 계급	계급 (호봉)	계급장	소매금선
Admiral [ADM]	대장 (O-10)	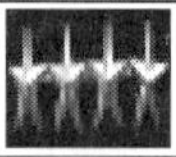	
Rear Admiral (upper half)	소장 (O-8)		
Captain [CAPT]	대령 (O-6)		
Commander [CDR]	중령 (O-5)		
Lieutenant [LT]	대위 (O-3)		
Lieutenant Junior Grade	중위 (O-2)		
Ensign [ENS]	소위 (O-1)		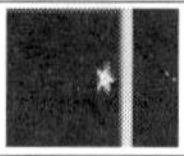
Master Chief Petty Officer	원사 (E-9)		
Chief Petty Officer[CPO]	중사 (E-7)		
Petty Officer 1st Class [PO1]	하사 (E-6)		
Petty Officer 2nd Class [PO2]	병장 (E-5)		
Petty Officer 3rd Class [PO3]	상병 (E-4)		
Seaman [SN]	일병 (E-3)		

의 위상을 상징적으로 잘 나타내준다. 즉, 소위 계급장은 금색 막대(gold bar), 중위 계급장은 은색 막대(silver bar)인데 그 이유는 은은 금보다 강하여 형태 보존이 쉽고 연마작업이 적게 필요한 것처럼 중위는 소위계급에서 단련을 거친 후 비로소 소위보다 더욱 강하고, 군 체계를 잘 이해하며 상관으로부터 질책을 덜 듣는 장교가 된다는 의미를 담고 있다. 중위는 대위(Lieutenant : LT)보다 낮기 때문에 LT에 Junior Grade라는 용어를 덧붙여 표기한다.

아울러 두 개의 막대 모양의 대위 계급장은 중위 두 사람의 몫을 감당한다는 의미이며, 참나무(Oak tree) 잎 모양의 소령과 중령 계급장은 예전에 선박을 '참나무'로 제작했던 데서 유래되었다. 제독의 계급은 별(star)로써 상징된다. 별은 만물 중 가장 높이 위치하여 모두에게 빛을 주는 존재인 것처럼 제독은 예하 부대원을 잘 보살필 수 있는 높은 곳에 있을 필요가 있다는 것을 의미한다.

✻ **넷째, 해군 계급은 관용성이 크다** 넓은 바다를 무대로 해온 해군은 바다를 닮은 마음으로 상대를 배려하고 관대하게 대하는 측면에도 소홀하지 않다. 보통 준위를 포함한 위관급 장교들은 Mr.라는 타이틀(title)을 붙여서 호칭하고, 소령 계급 이하 장교를 합해서 Junior officer, 중령 이상 계급의 장교를 Senior Officer로 부른다. 또 소개할 때에는 정확한 계급명칭을 사용하더라도, 호칭 시에는 다음과 같이 융통성 있게 부르는 것을 용인함으로써 언어의 간략화를 꾀하고 상대방을 받들어주는 효과도 살리고 있다.

• 소개 시 : "I'm Lieutenant Junior Grade Minho Jung"
• 호칭 시 : "Nice to meet you, Lieutenant Jung"

소개할 때	호칭할 때
Lieutenant Junior Grade	Lieutenant
Lieutenant Commander	Commander
Rear/Vice Admiral	Admiral

✻ **다섯째, 해군 계급은 다의적이다** 해군 계급 용어는 한 단어지만 다양한 의미를 갖는 데서 그 특징을 찾을 수 있다. 즉, Captain은 해군대령 계급이지만 함장의 의미로도 사용되고, Commander는 중령 계급 외에 '사령관' 및 '지휘관'이라는 의미도 담고 있다. 대위를 지칭하는 용어인 Lieutenant는 경찰계급이

나 '보좌관'의 의미로도 사용된다. 소위계급인 Ensign은 일반적으로 '기'나 '기수'의 의미로 잘 알려져 있다. 직책용어로 '함장'에 해당하는 영문 호칭에는 Captain 외에도 Commanding Officer나 CO, 혹은 Charlie Oscar가 있으며, 작은 배의 함장은 Skipper로도 부른다. 함장에 대한 다양한 호칭은 해군에서 함장의 역할이 그만큼 중요하다는 사실을 시사하는 것으로 볼 수 있다.

이와 같이 해군 계급은 오랜 기간에 걸쳐 해군의 전통과 관습에 뿌리를 두고 발전해 왔다. 해군의 계급용어를 통해 우리는 함정생활의 고유한 특성을 이해하는 것은 물론, 드넓은 바다에서 체득한 포용력으로 다른 나라의 언어와 문화를 받아들이고 이를 생활 속에서 폭넓게 사용해온 바다사람들의 지혜를 엿볼 수 있다.

Ship's Structure and Name
함 구조와 명칭

2

누구나 해군이라면 해군용어를 자유자재로 구사할 수 있어야 한다. 함정에 타고 있으면서도 일상용어를 사용하는 사람을 가리켜 "Landlubber"라고 하는데 이 말은 함상용어에 대한 무지를 빗대어 조소적으로 표현한 것이다.

이 장에서는 해군 · 해양인으로서 알아두어야 할 함정의 주요 구조에 관련된 기본 용어와 개념을 살펴본다. 아울러 여러 형태의 함정 이름과 그 함정의 이름이 어떻게 정해지는지를 알아보고자 한다.

첨단무기와 디자인을 갖춘 함정 모형도

Ship's Structure

함정의 구조

The ship is built to fight. You had better know how.
- Admiral Arleigh Burke -

함정의 구조는 크게 Hull(선체), Deck(갑판), Bridge(함교) 및 Mast(마스트)로 나누어 살펴 볼 수 있다(ALC-9600 참조). 이들 각 부분에 대한 명칭과 구조를 익히는 것은 Navy terms를 공부하는 데 기본이 되는 사항이다.

Hull(선체)

Key Words

compartments, watertight compartment, bulkhead, frame, outside skin, keel, stern, sternpost, frame, shell plating, armored, unarmored, deck, porthole, hatch, scuttle, waterline, freeboard, draft, in trim, out of trim, list

Hull(선체)은 선박에서 가장 큰 동체 부분을 말한다. Hull 내에는 수많은 생활 공간(Military Quarter)이 위치해 있다. Hull은 안쪽의 골격을 형성하는 framework와 바깥쪽의 외판인 outside skin이 있다. Framework를 구성하는 각 부분을 frame이라고 한다. frame은 우리 몸에 비유해서 갈빗대에 해당하는 것이며 함정의 shell plating을 지지해 준다. Shell plating은 함정의 외판을 형성하는 철제로 구성이 되어 있다.

Hull은 compartment(격실)로 나누어져 있다. Compartment는 건물의 방과 같은 것이다. 어떤 격실은 room 이라는 단어를 쓰지만(wardroom, stateroom, engineroom), 보통 room이라는 단어는 쓰지 않는다. 침실(bedroom)은 berthing compartment라고 하며 식당(dining room)은 mess deck이라고 한다. 함정에서 침대는 bed라고 부르지 않고 bunk나 sack이라고 한다. Bunk는 격벽 및 갑판이나 바닥에 붙여서 만든 침대를 말한다. 격실 중에서 방수 설계된 격실을 watertight compartment(수밀격실)라고 부른다. Watertight doors나 watertight hatch는 모든 격벽과 갑판으로 연결되어 있다. 함정에서는 계단(stairway)을 Ladder라고 하며 윗층이라는 뜻으로는 일반용어인 upstairs대신 topside라는 용어로 표현한다.

Hatch는 갑판상의 개구부와 뚜껑이다. 가끔은 부정확하게 격벽에 수직으로 설치된 수밀문(watertight door)을 의미하는 말로도 쓰인다. Scuttle은 hatch나 격벽에 있는 수밀 개구부으로써 의도적으로 배나 물건을 가라앉게 하거나 구멍을 뚫는다는 뜻으로도 쓰인다.

대형함은 바닥이 이중으로 된 double bottom으로 구성되어 있다. 함정의 벽은 bulkhead(격벽)로 부른다. 함수미 맨 끝에 있는 tanks는 각각 forward peak(혹은 fore-peak) tank, after peak(혹은 aftpeak)라고 한다. forepeak tank 뒷편의 강한 수밀 격벽은 collision bulkhead(충돌격벽)라고 한다.

선체(hull)구조에서 가장 중요한 부분은 keel(용골)이다. keel(용골)은 함정의 앞쪽에서 뒤쪽까지 함정 바닥의 정 중앙을 따라서 설치된 철물구조이다. 함정의 앞에서 keel이 hull과 만나는 부뷰을 stem이라고 하며, 용골과 후미에서 만나는 부분을 sternpost라고 한다. 군에서는 함정의 앞부분을 bow로, 뒤부분은 stern이라고 부르며 선체의 상부 구조물들을 hamper라고 한다. 적의 로케트나 어뢰공격에 대비해서 추가로 강판을 부착한 선체를 armored hull, 공격에 대비하여 특별히 보호장치가 되어 있지 않은 선체를 unarmored hull이라고 한다.

함정이 중량에 의해 물에 떠있는 수면상의 흘수선은 waterline(수선)이라고 한다.

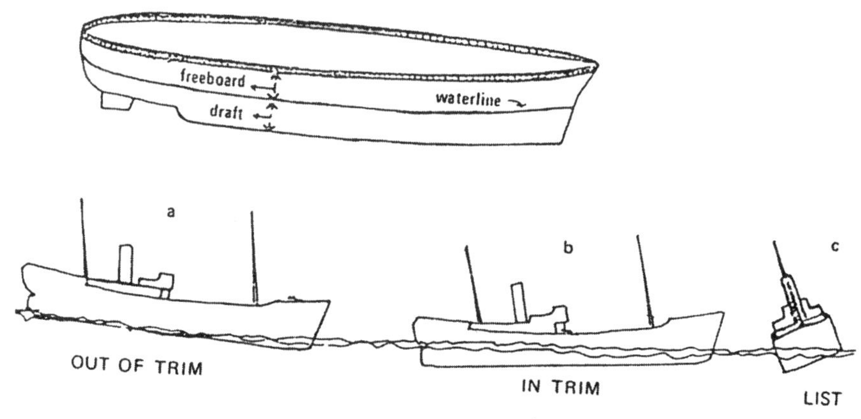

waterline, freeboard, draft 및 trim

Waterline(수선)에서 가장 낮은 외갑판 모서리부분까지의 수직거리는 freeboard(건현)이다. 한편 waterline에서 함정바닥의 가장 낮은 부분까지의 길이는 draft(흘수)라고 한다. waterline, freeboard나 draft는 함정의 적재량에 따라서 수시로 변하는 것이다. draft 깊이와 함수미 관계는 trim으로 나타낸다. 함정이 수평을 유지하고 있는 상태를 'in trim'이라고 하며, 함수미가 원래보다 낮으면 'out of trim'이라고 한다. 함정의 좌우의 균형이 잘 맞지 않으면 그 함정은 list(경사)가 있다고 한다.

잠깐!

Ship과 Boat의 차이는 무엇인가?

Ship과 boat의 차이는 우선 크기(size)와 기관(engine)의 유무에서 살펴볼 수 있다. 즉 ship은 boat보다 크며, engine이 있기 때문에 보다 더 먼 거리를 항해할 수 있고 넓은 독립작전이 가능한 선박을 말한다. 이에 비해 boat는 ship보다 작고 engine이 없기 때문에 비교적 짧은 거리를 항해하는 선박을 말한다. Landing craft는 상륙용 주정이지만 Landing ship은 상륙군이 해안에 직접 상륙군이 군 장비를 운반할 수 있도록 만들어진 대형의 상륙함을 말한다.

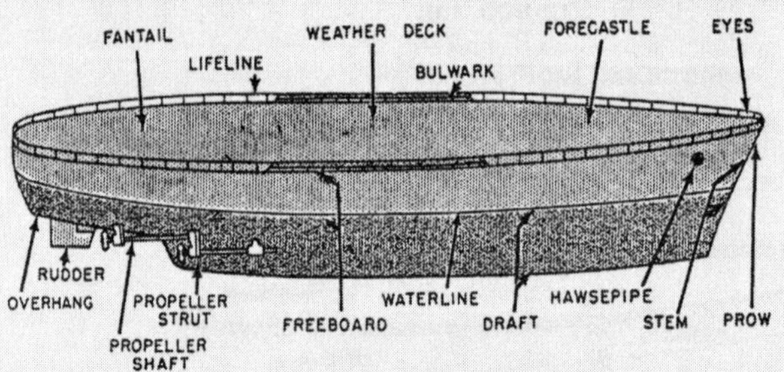

Boat의 Hull 구조 및 각부 명칭

그러나 이와 같은 기본적인 차이에도 불구하고 현재 우리는 boat로 불리는 배가 engine을 장착하고 있거나 멀리 항해할 수 있는 장치를 갖춘 것을 자주 보게 된다. 또한 잠수함은 크기에 관계없이 항상 "boat"로 부르는 것도 해군의 상식이다.

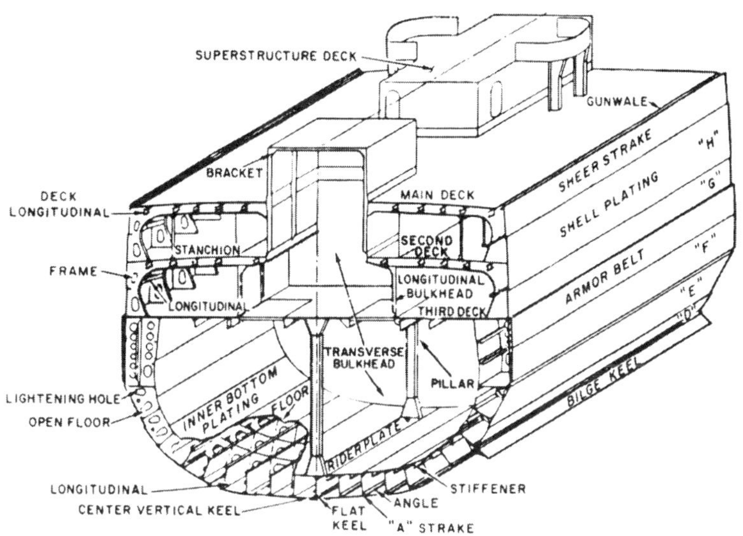

순양함의 Hull 구조 및 각부 명칭

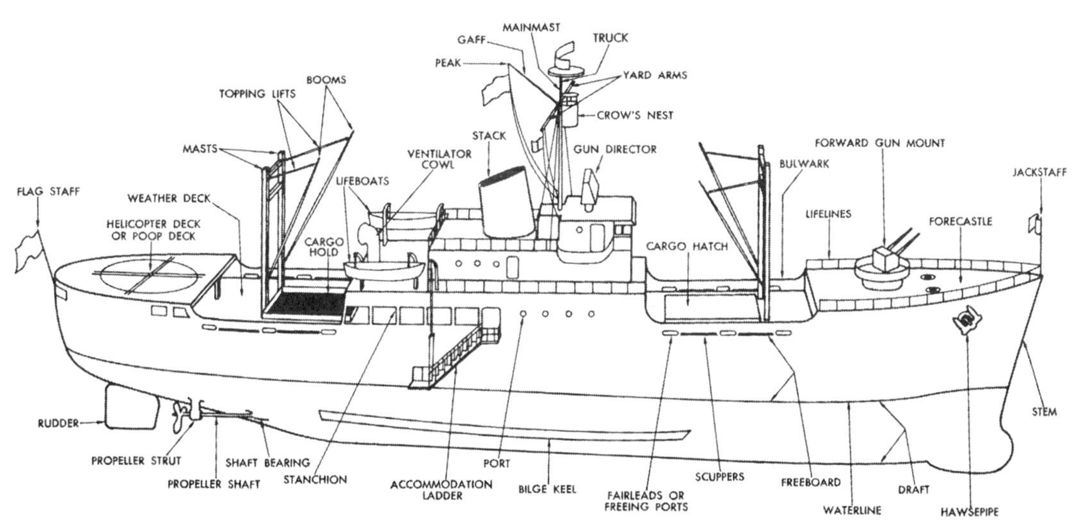

Auxiliary Ship의 Hull 구조 및 각부 명칭(from *Blue Jacket's Manual*)

Deck(갑판)

Key Words
forecastle deck, fourth deck, main deck, part deck, platform deck, poop deck, protective deck, quarterdeck, second deck splinter deck, superstructure, third deck, upper deck, level weather deck, flat, partial deck, half deck, flight deck, stanchions

Hull의 윗부분과 안쪽에는 deck(갑판)이 있다. Deck을 지지하는 것은 deck beam(갑판보)이며, 격벽을 지지하는 것은 stanchion(격벽보)이다. Deck beam은 수직보이며 stanchion은 수평보이다. 갑판상의 개구부를 hatch라고 부르며, 함정의 창문에 해당하는 것은 바로 porthole(현창)이다.

Deck은 여러 유형이 있다. Main deck(주갑판)은 함수에서 함미까지 쭉 뻗쳐 있는 가장 큰 갑판을 말한다. Second deck(제2갑판), third deck(제3갑판) 등은 main deck에서부터 아래로 함수미까지 쭉 뻗쳐있는 갑판을 말한다. Main deck 위에 있는 갑판에는 0100, 0200, 0300 등의 숫자로 표시하며 각각 01 level(오원 레블), 02 level(오투 레블), 03 level(오트리 레블)으로 부른다. 함수에서 함미 끝까지 죽 연결되지 않은 갑판은 part deck으로 부른다. Main deck 위에 위치한 part deck은 위치에 따라서 다르게 부른다. 함수에 있는 part deck은 forecastle deck(함수갑판)이라고 한다. 이는 초창기 배의 앞(fore) 부분에 성(castle)과 같은 방패막이를 한 데서 유래된 용어이다. 함 중앙에 있는 갑판은 upper deck이라고 하며, 배의 후미에서 제사지내던 전통을 따라서 함미갑판은 poop deck이라고 한다. 주갑판, 함수미 갑판 및 함미갑판은 기후에 노출되어 있으므로 weather deck(노천갑판)으로 부른다. 노천갑판은 비가 오거나 눈이 오면 그대로 젖거나 쌓이는 부분이다. 함정의 최후미 노천갑판은 Fantail이라고 한다.

함수에서 함미까지 뻗어있는 갑판 중 가장 아랫부분의 갑판을 platform deck으로 부른다. 적의 무기 공격에 대비해서 보호 강판을 덧붙인 갑판을 protective deck 혹은 splinter deck이라고 한다. 이 두가지 갑판을 비교할 때, 좀더 무거운 갑판은 protective deck이고 가벼운 갑판은 splinter deck으로 부른다. 갑판사이에 있는 부분(partial deck)은 half deck라고 한다. Bilge는 갑판 하에 있는 함정의 가장 아래 공간으로서 물질, 특히 액체가 고여 있는 곳이다. Flat은 bilge 위의 갑판으로써 작업이나 걸어다

닐 수 있는 공간이다. 주갑판, 함수미갑판 위에 있는 모든 갑판은 level이라고 부른다(ex. 01 level, 02 level). 항모의 상갑판(top deck)은 flight deck(비행갑판)이라고 부르며 항공기를 격납하고 정비하는 곳은 hangar deck이다.

주갑판, 함수미 갑판 위의 모든 갑판은 통틀어서 superstructure deck(상갑판)이라고 한다. Superstructure(상부구조)는 노천 갑판상의 모든 구조물을 말한다. 함정의 구조물에 유일한 속하지 않은 유일한 갑판은 바로 quarterdeck(후갑판, 예식갑판)이다. Quarterdeck은 특별한 행사장소나 당직사관의 근무처로 사용되는데 주갑판 위아래 어느 곳이건 지정될 수 있다. Quarterdeck은 함장이 정하는데 보통 함미 갑판을 예식갑판으로 사용한다.

✣ Bilge는 실패하거나 잘못하는 것을 의미하기도 한다.
예) "Poor John bilged the quiz" : "존이 시험에 실패했어"

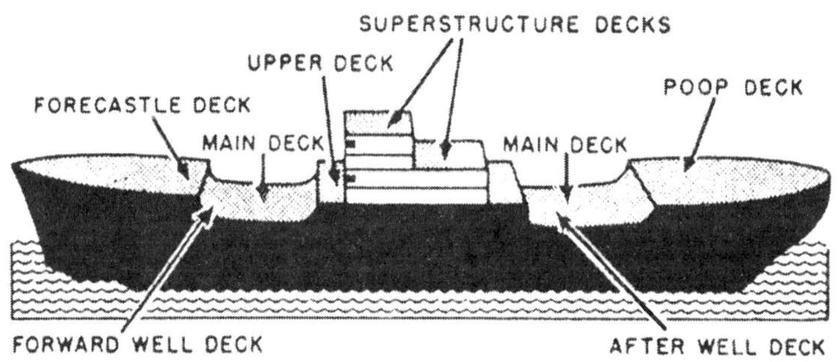

노천갑판(the weather deck)

갑판 명칭과 격실 번호 체계

❖ 갑판은 위치와 기능에 따라 이름이 정해진다.

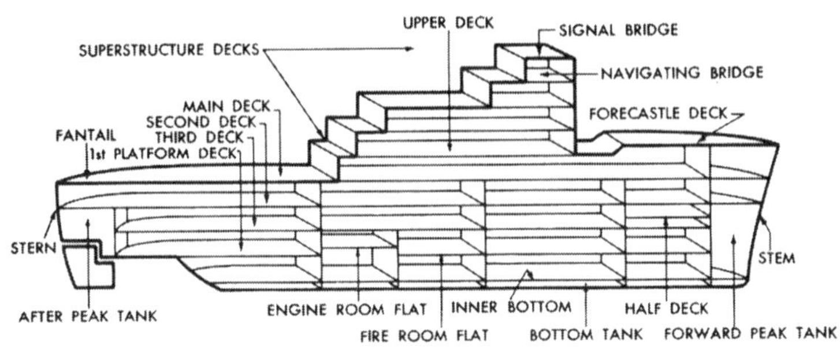

갑판과 함정 구조

함정격실의 숫자부여 체계(numbering system)는 공간의 위치를 파악하고 적합하게 활용하기 위해서 만들어진 것이다.

함정의 각 격실의 호실번호는 다음과 같은 순으로 부여된다.

Deck−Frame−Rel. to centerline−Function

Ex 2 −102 − 2 − L

위에서 격실의 기능(Function)을 나타내는 기호로 A는 Stowage, C는 Control Center(조정실), E는 Engine Room(기관실), L은 Living Space(거주 공간), M은 Ammunition Spaces(탄약고)를 의미한다. 격실번호가 2−212−1−L인 공간의 위치와 용도가 무엇인지를 살펴보자.

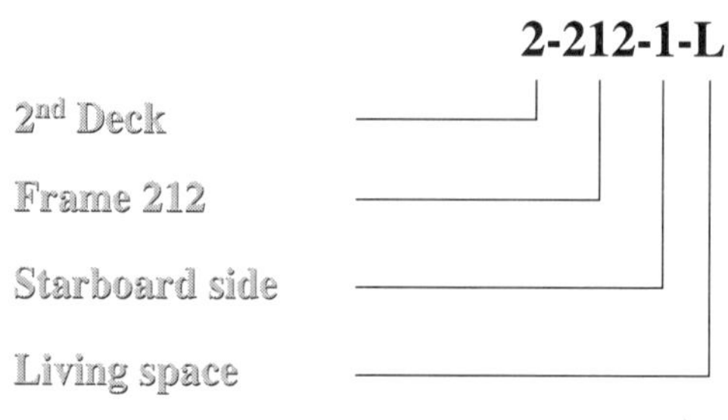

함정의 Numbering System

격실과 갑판명은 주갑판(main deck)서부터 시작되며 상부층은 01 Level, 02 Level… 등으로 부르고 하부층은 2nd deck, 3rd deck…으로 부른다.

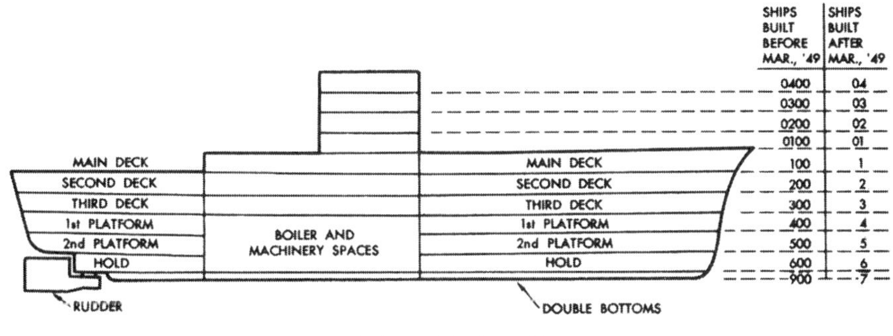

갑판(deck)의 각부 명칭

한편 함정의 Frame번호는 함수에서 함미 방향으로 지정되어 있다. 다음 그림은 함정을 측면과 위에서 본 도면으로서 격실명칭이 함정의 중앙선을 중심으로 어떻게 정해지는지를 잘 보여주고 있다.

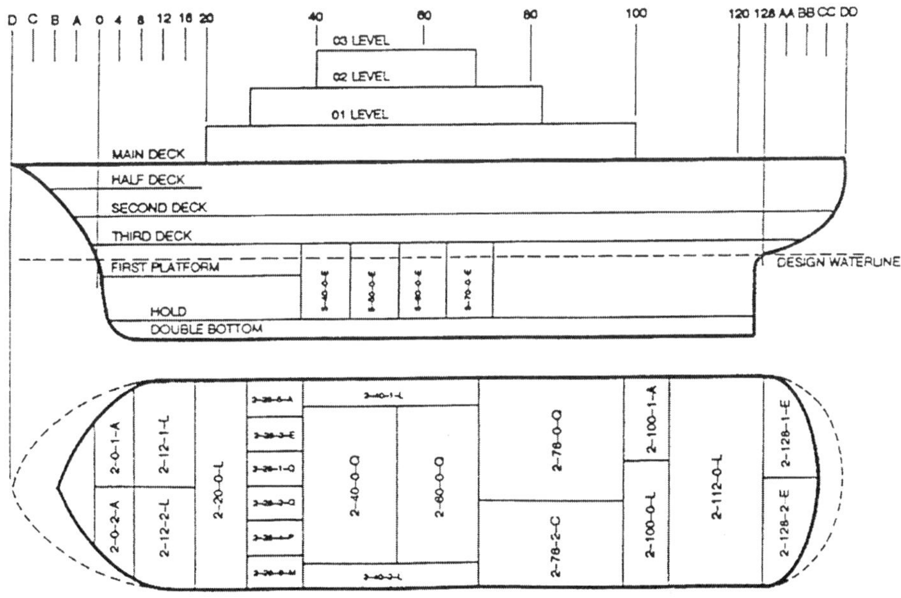

Bridge(함교)

conn, engine order telegraph, fathometer, station, helm, gyrocompass, gyroscope, gyrorepeater, lookout, tachometerintercommunication, navigation, repeater, platform, wing bridge.

Bridge(함교)는 조함 장소로서 함정의 중심이 되는 부분이다. Bridge에서 함장은 지휘를 하게 된다. 항해도중 모든 명령과 지휘는 bridge에서 나오게 된다. 함장과 부장이 함교에 출입할 경우 처음 본 대원은 "Attention(차렷)" 구령을 걸고 다음과 같이 말을 한다.

"Captain is on the bridge"
(함장님께서 함교에 오십니다.)

당직사관은 항해(underway) 도중 항상 bridge에 위치한다. 함장은 전투배치(General Quarters) 시, 특이상황이 발생하거나 출입항(entering and leaving port) 할 때 항상 함교에 위치한다. 전투배치 위치(GQ Station)에 있는 부장은 secondary conn(제 2 조종실)에서 함을 운용할 수 있으므로 Bridge가 파괴되었거나 함장이 전투에 참가할 수 없을 때에는 부장이 임무를 인계 받는다.

당직사관은 당직시간 동안 bridge에 위치해서 조함을 책임지게 된다. 함장과 당직사관(OOD : Officer of the deck)이 임무를 수행하는 장소는 바로 bridge로서 여기서 함정의 conn('control' 즉 조함한다는 뜻)을 하게 된다.

Who's got the conn? (누가 조함을 맡고 있는가?)
I have the conn, sir. (제가 조함을 맡고 있습니다.)

Bridge에는 helm이 있는데 helm은 항해에 필요한 wheel(키 조정장치)을 지칭하는 말이다. Bridge에서 행하는 주요 임무는 navigation(항해)이다. 항해를 위해서는 위치(position)와 방향(direction) 및 항해거리(distance)를 측정해야 한다. 이를 위해서 bridge에는 자기방향을 가리키는 마그네틱 콤퍼스를 갖춘 gyrocompass(나침함)가 있다. 또한 주갑판 아래 gyrocompass에 연결된 gyrorepeater는 진방위(true bearing)를 나타낸다. Gyrocompass는 한두 개의 축 주위를 자유자재로 분리해서 돌아가는 gyroscopes에 의해서 작동된다. 대형함정에서는 navigation bridge외에 flag bridge가 있어 전대장(Squadron commander), 장성 및 참모들이 사용한다. 한편 Bridge와 해도실에는 다음과 같은 항해용 기구가 있다.

- Rudder indicator : 타지시기
- Ship-control console : 함정의 속도와 방향을 조종하는 기구
- Steering-control console : 함정의 방향 유지 지시기. Steering wheel(helm)은 helmsman(타수)이 작동한다.
- Tachometer : 스포츠카에서 사용하는 것과 같은 shaft rpm(축 회전)을 보여주는 기기이다.

이외에도 Bridge에는 함정 외부의 사물을 탐색하기 위해 레이더 체계로부터 나온 data를 나타내는 radar repeater가 있다. Bridge에는 통신기구로서 기관 명령을 기관실에 전달하기 위한 engine order telegraph가있다. 아울러 상호 통신을 가능하게 하는 장치로서 intercommunication sets가 구비되어 있으며 수심을 재는 fathometer가 있다. 밀폐된 bridge 주위에는 보통 넓은 공간인 wing bridge가 있는데 여기에는 lookout(견시)와 당직사관이 위치한다.

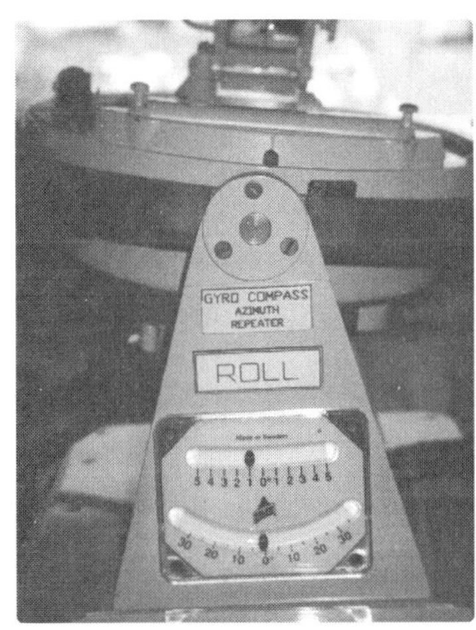

Gyrocompass

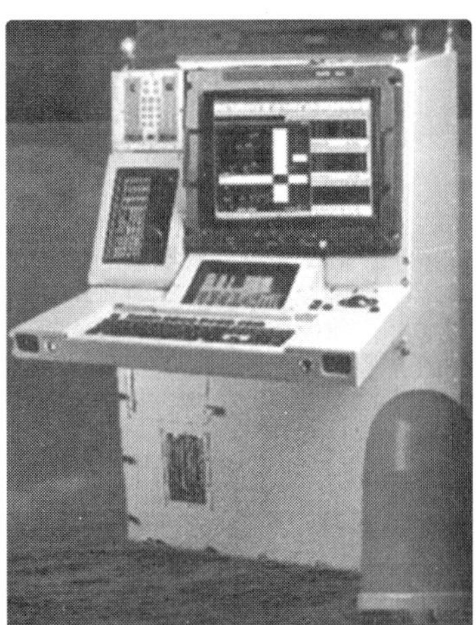
함정의 ESM 체계 CS-3701

Mast(마스트)

Key Words backstay, commissioned pennant, ensign, flagstaff, foremast forestay, fore truck, gaff, jackstaff, mainmast, main truck pigstick, spar, stay, truck, yard, yardarm, fore mast

해군 함정에는 보통 한두 개의 mast가 있다. 마스트는 수평방향의 yard(활대)와 안테나 등을 지지하는 수직방향의 spar로 구성되어 있다. 마스트가 두 개이면 앞의 마스트는 foremast, 뒤의 것은 mainmast라고 부른다. 마스트의 yard는 flag(기)와 다른 신호용구를 거는 데 사용한다. Yard의 양쪽에는 yardarm이 있다. 마스트는 와이어나 로프를 지지하는 stay로써 고정되는데 stay가 마스트 앞에 있으면 forestay라고 하고, 뒤에 있으면 backstay라고 한다.

일본 해상자위대 소속 DD 함정의 마스트

마스트 끝의 모자같이 생긴 부분은 truck이라고 한다. 만약 truck이 foremast에 있으면 foretruck이라고 하고 mainmast에 있으면 maintruck이라고 한다. Maintruck 위에는 pigstick으로 부르는 mast의 연장지주가 있다. pigstick에는 commissioned pennant(취역기)를 달게 되어 있다. US Navy에서는 함정이 공식적인 임무중이라는 표시로 길고 가는 7개의 별이 그려져 있는 기를 달게 되어 있다. 제독의 personal flag(개인기)도 이곳에 단다. Mainmast 뒤에 붙어 있는 작은 깃대는 gaff라고 부르는데 이곳에 ensign(국기)을 단다. 함수(bow)에 있는 깃대는 jackstaff, 함미(stern)에 있는 깃대는 flagstaff으로 부른다.

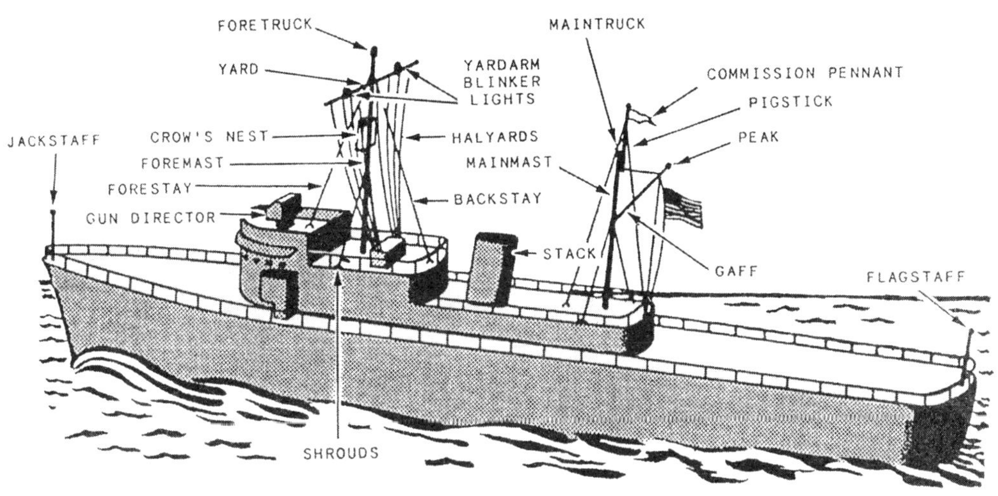

상부 구조물(Top Hamper)

잠깐!

★ 마스트(Mast)와 재판소는 어떠한 관계가 있나?

Mast는 "Captain's Mast"라고도 불려진다. 이 용어는 초기 범선시절 배의 Mainmast 가까이 있는 노천갑판에서 함상 재판소가 설치된 데에서 유래되었다.

★ 함정에서 Aback의 의미는?

'backing a sail'은 '맞바람을 받는다'는 의미로 변해 배가 천천히 갈 수밖에 없게 되는 것을 말한다. 맞바람을 받는 sail(돛)은 'aback'이라고 한다. 한편 혼란스럽거나 놀란 사람을 'all aback'이라고 부르기도 한다.

Ship's Compartments
함정의 격실

boatswain's locker, captain's cabin, chart house (room), CPO's country, dormitory galley, head, magazine, mess, officer's country, quarter, scullery, sickbay, state-room, wardroom

Officer's Country/CPO's Country

함정의 생활공간인 쿼터(quarter)는 크게 장교구역(Officer's country)과 하사관(CPO's country 혹은 Goat locker)구역으로 나눌 수 있다. 장교구역은 함교(Bridge)와 사관실(Wardroom)에 가까운 곳으로서 주로 함정의 전부에 위치해 있으며 장교들의 침실(Stateroom)도 대부분 이곳에 위치해 있다. 장교 구역과 부사관구역 사이는 원래 교육 훈련생(Midshipmen)들의 생활공간으로 활용되었다.

영국 함정의 사관구역 표시

Goat Locker는 부사관(Chiefs) 구역 및 식당으로서, 사병의 거주 공간은 함정 전체에 걸쳐 있다. 이 말은 목선 시대로 거슬러 올라 당시 Chiefs가 선박 내에서 우유 염소(Goat)를 책임지던 사람인 데서 유래가 되었다. 지금은 이 용어가 상대의 나이를 존중한다는 의미로 더욱 많이 쓰이고 있다.

Wardroom(사관실)

원래 Wardroom은 함정의 장교침실 옆에서 쓰이던 "Wardrobe"(양복장)이 변형된 말이다. Wardroom은 장교구역으로서 회의를 하거나 식사나 휴식을 취하는 곳이다. 위급 환자가 발생했을 때에는 수술실로도 이용된다. Wardroom에서는 손님을 대접하기도 하며 이 때 책임자는 부장이다. 정박시 당직사관은 이곳에서 근무한다. 함장의 지휘권을 존중하여 함장의 좌석에는 절대 다른 사람이 앉지 않는 것이 관습이다.

보통 식사 시 사관은 Wardroom에서 단정한 복장으로 식사시간 15분 전까지 도착하여 함장을 서서 기다린다. 일단 함장이 사관실 가까이 오면 부장은 "Stand by"(우리말의 '총원 차렷'에 해당)라는 구령을 내린다. 함장은 이에 대해 "At Ease"(쉬어)로 답변을 한다. 선임자가 앉은 후 의자에 착석한다. 식사 중인 사람의 옆자리에 앉을 때나 통로에서 서로 마주칠 때에는 "Excuse me"(실례합니다)라고 한다. 식사 도중에는 여자, 정치, 종교 등에 관한 화제는 삼간다. 자칫 의견의 불일치로 논쟁이 야기될 수 있기 때문이다.

Wardroom 출입 시에는 항상 단정한 복장(정복이나 근무복)을 해야 하며 운동복으로 출입해서도 안 된다. Wardroom에는 당번을 제외하고 Enlisted man은 특별한 일이 아니면 출입하지 않는 것이 원칙이다. 아울러 Wardroom에서 사행성 놀음(Gambling)은 하지 않는다.

Head(함정의 화장실)

원래 변기시설은 함수 우현 전방('Head')에 설치하여 냄새가 바람에 날려 배안쪽으로 날아오지 않도록 배려를 하였다. 변기시설이 있던 장소가 배의 '앞부분'이었던 데에서 "Head"가 화장실로 불려지게 되었다. 아울러 초기 선박에서 가장 앞부분은 "beak-head"라고 알려져 있었으며 이 말은 세월이 흐르면서 "head"라는 말로 변화되었다. 그러면 일반적으로 쓰이는 '화장실'의 다양한 표현을 보자.

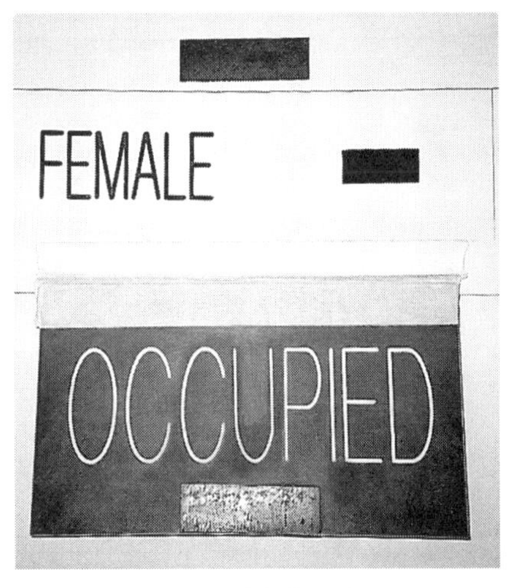

함정의 화장실(head)

• Washroom, WC(Water Closet), Lavatory(비행기 내 화장실)
• Toilet, Men/Women, Powder Room, Lactrine(육군막사 화장실)
• Comfortable Place, Restroom, Bathroom, John(가장 흔한 이름에서 따옴)

Sickbay(의무실)

범선시대에 죽어가는 사람과 죽은 사람에 대한 예우로 Sickbay에 들어갈 때에는 모자를 벗는 것이 상례로 되어 있었다. 현대의학에 있어서 Sickbay는 사람의 병을 고치고 치료하는 곳으로 의미가 변화 되었으며 지금까지도 그 전통이 남아있다. 다른 모든 병원에서와 마찬가지로 Sickbay에서는 정숙을 기해야만 한다.

기타 함정 격실

함정의 취사실은 Galley, 식기 세척실은 Scullery라고 하며 식당은 Mess hall로 부른다. 함장의 거주 공간은 Cabin으로써 함장실은 Captain's cabin이라고 한다. 장교들의 구역인 Officer's country에서 주로 거주하는 공간은 State Room이라고 한다. 함교 옆에 위치해 있는 해도실은 Chart house 혹은 Chart room이라고 한다. 그 밖에 창고를 지칭하는 용어로 탄약창고는 Magazine이며 갑판창고는 Boatswain's locker[보즌즈 라커, 발음에 유의!]로 부른다.

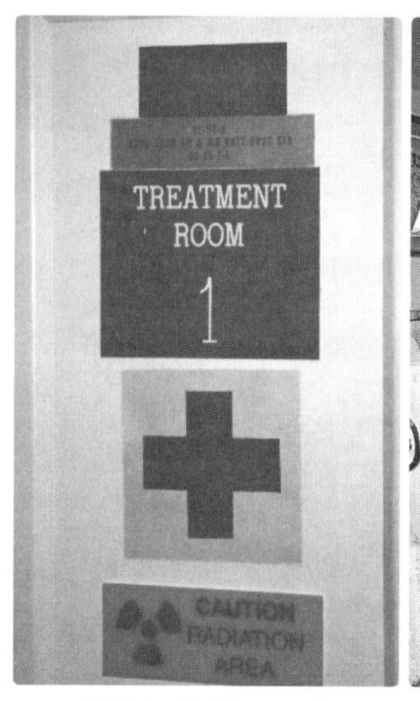

함정의 의무실(sickbay)

함장실(Captain's cabin)

Ship's Name
함정의 이름

해군은 살아 있는 사람의 이름을 따서 함정이름을 정하지 않는 예에서처럼 몇몇 특수한 경우를 제외하고 함정을 호칭하는 데 있어서 기본 규칙을 따르고 있다. 해군 함정은 이름(name)과 지정(designation)으로 되어있다.

Designation(함정의 지정)

모든 함정을 지정하는 데에는 최소한 알파벳 2자는 들어가는데 첫 글자는 함형(type)을 나타낸다. 함정의 역할이나 기능적인 측면을 나타내는 함형으로 전투함정은 문두의 글자로 B(battleship : 전투함), C(cruiser or carrier : 순양함 및 항모), D(destroyer : 구축함), S(submarine : 잠수함), P(patrol : 초계함)로 지정된다. 상륙함은 L(landing)을 사용하며 기뢰함은 M(mine-sweeping)으로 지정 되어있다. 또한 첫 글자 A는 유류함이나 예인선과 같은 보조함(auxiliary ship)에 쓰인다(이외에 F : Fighter, H : Helicopter, T : Trainer, U : Utility). 함정의 지정에서 두 번째 글자는 세부 함형(subtype)을 나타낸다. 따라서 PC는 Partol Coastal(연안초계함)이며 CG는 Guided Missile Cruiser를 의미한다. 하지만 DD, FF 처럼 가끔 첫자가 반복되는 경우도 있어 이때는 셋째 글자가 subtype을 나타낸다(예, DDG, FFG, SSBN). 맨 나중 글자에서 N은 항상 핵 추진(nuclear propulsion)함정임을 나타내며 X는 새로 고안된 함정에 비공식적으로 사용한다. 일례로 USS Forrestal(CV 50)이라는 이름의 구성요소를 살펴보면 다음과 같다.

- USS는 United States Ship의 약자, Forrestal은 이름
- CV는 지정(designation)
- CV 다음의 숫자는 함정의 hull number(선체번호)이다. (함수부분 hull에 써 있는 hull number는 건조되는 순서로 함형에 따라 붙여지는 숫자이다.)

이렇게 볼 때 이순신함은 ROKNS Yi, Soon-shin으로 표기하며 "Republic of Korea Navy Ship Yi, Soon-shin"으로 발음하면 될 것이다.

Class(급)와 Type(형)의 구별

일단의 함정이 같은 디자인으로 건조될 때는 같은 class(급)로 간주된다. class는 같은 디자인으로 건조된 최초의 함정명을 따른다. 예를 들어서 Forrestal 항모가 건조되면 그 항모는 그와 같은 디자인으로 만든 최초의 항모를 의미한다. 그 다음 건조되는 3대의 항모도 같은 디자인으로 건조됨으로써 결국 모두가 Forrestal class가 되는 것이다. 나중에 다른 디자인의 항모로 건조되면 다른 class가 된다. 한편 type은 함정의 기능이나 종류에 따른 '함형'을 말하는 것으로 전투함, 구조함, 상륙함 등으로 구분되는 것이다.

USS Kitty Hawk (CV 63)

Ash load (LSD-60)

해군함정의 분류

해군함정은 크게 combatant ships(전투함), combatant craft(전투정), auxiliary ships(보조함), 그리고 service craft(서비스함)의 네 가지로 구분되며 각각은 다음과 같은 기능이 있다.

Combatant ships과 combatant craft는 적과의 실제 전투용으로 디자인 된 함정을 말한다. Combatant ships에는 warships, amphibious warfare ships, mine warfare ship의 세 가지 타입으로 나누어진다.

- Warships는 미사일이나 포 및 기타 무기로 적을 공격하기 위해 건조된 함정이다. 오늘날 가장 중요한 warships로는 aircraft carriers(항모), cruisers(순양함), destroyers(구축함) 및 submarines(잠수함)로 볼 수 있다.
- Amphibious warfare ships는 상륙 작전을 위해 인원, 장비 및 물자를 육상으로 이송하기 위한 함정이다. 상륙작전은 육상과 해상에서 동시에 행해지는 작전을 포함한다.
- Mine warfare ships는 적의 기뢰를 발견해서 분쇄하는 데 사용되는 함정이다. 이 기뢰함은 기뢰 부설에도 사용된다. Auxiliary ships는 해상을 통해 다른 함정에 물자, 장비, 식량 및 연료를 운반하는 데 사용되는 함정을 말한다. 수리(repair)를 목적으로 사용되는 함정도 이에 포함된다. Service craft는 쓰레기를 수거한다던가 함정이 부두에 계류하거나 이탈하는 데 보조해주는 함정을 말한다.

Porthole(현)에서 본 수상함정

Ship's Name

Warship(전투함정)

@ 항모(Aircraft Carriers)

Aircraft Carriers CV

Aircraft Carriers(핵 추진 항모) CVN

@ 잠수함(Submarines)

Submarine SS

Attack Submarine(핵 추진 잠수함) SSN

Ballistic Missile Submarine(핵 추진 탄도유도탄 잠수함) SSBN

@ 수상함(Surface Combatants)

Destroyer(구축함) DD

Auxiliary Submarine AGSS

Guided Missile Cruiser(순양함) CG

Guided Missile Frigate(유도탄 호위함) FFG

Guided Missile Destroyer(유도탄 구축함) DDG

Guided Missile Cruiser(핵 추진 순양함) CGN

@ 초계함(Patrol Combatants)

Patrol Combatants PC

Amphibious Warfare Ships(상륙함)

@ 상륙 헬기/항공기 모함(Amphibious Helicopter/Landing Craft Carriers)

Amphibious Assault Ship(다목적 헬기 모함) LHD

Amphibious Assault Ship(상륙함) LHA

Amphibious Transport Dock(상륙수송선거함) LPD

Amphibious Assault Ship(헬기탑재) LPH

@ 상륙이동함(Landing Craft Carriers)

Amphibious Cargo Ship LKA

Dock Landing Ship(상륙선거함) LSD

Tank Landing Ship(대형 상륙함) LST

Amphibious Command Ship(상륙지휘함) LCC

Mine Warfare Ships(기뢰함)

Minesweeper(소해함 : 비자기) MSO

Mine Hunter Coastal(연안소해함) MHC

Mine Countermeasure Ship(기뢰대항전함) MCM

Auxiliary Ships(보조함)

@ 이동보급함(Mobile Logistics)

Ammunition Ship(탄약운반함) AE

Frigate Research Ship AGFF

Store Ship(보급함) AF

Cargo Ship(화물선) AK

Missile Range Instrumentation Ship AGM

Repair Ship(수리함) AR

Oceanographic Research Ship AGOR

Auxiliary Submarine AGSS

Surveying Ship AGS

Hospital Ship(병원선) AH

Support Ship(지원함)

✣ A : Auxiliary 실전용이 아닌 예비, 지원용을 의미

Salvage Ship(구난함) ARS

Aviation Logistic Support Ship AVB

Fleet Ocean Tug ATF

Gasoline Tanker AOG

Salvage and Rescue Ship(해난구조함) ARS

Submarine Rescue Ship(잠수함구조함) ASR

Training Aircraft Carrier(훈련항모) AVT

Fleet Oiler(함대급유용 유조함) AO

Combatant Craft(전투정)

@ 초계(Patrol)

Patrol Gunboat(Hydrofoil) PGH

Patrol Boat(초계정) PB

Fast Patrol Craft(고속 초계함) PTF

Patrol Craft(초계함) PCF

Mini-Armored Troop Carrier ATC

Patrol Craft(Hydrofoil) PCH

River Patrol Boat PBR

@ 상륙전(Amphibious Warfare)

Amphibious Warping Tug LWT

Landing Craft, Air Cushion(공기부양정) LCAC

Landing Craft, Mechanized LCM

Light Seal Support Craft LSSC

Landing Craft, Personnel Large LCPL

Landing Craft, Vehicle Personnel LCVP

Names of ROK Navy Ships and Aircrafts

분 류	함 종	함 형	분 류	함 종	함 형
구 축 함	구축함	DDG	대잠기	초계기	P-3C
	헬기탑재	DDH		헬 기	ALT-III
	호위함	FF			LYNX
경 비 함	초계전투함	PCC	헬기	일 반	UH-60
고 속 정	중형고속정	PKMM, PKM			UH-1H
	유도탄고속함	PKG		교육훈련	OH-58
상 륙 함	대 형	LPH, LST			
	소 형	LCM. LCU			
기뢰전함	기뢰부설함	MLS			
	소해함	MSC			
		MHC, MSH			
구 조 함	구조함	ARS			
	잠수함구조함	ASR			
군수지원함	고속군수지원함	AOE			

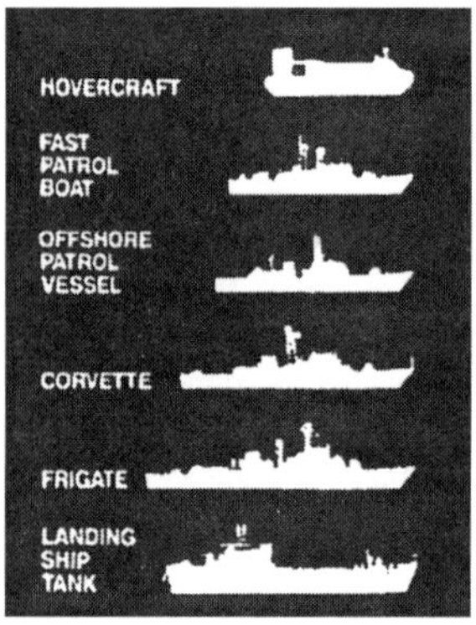

Surface Ship(수상함)

- CA(Gun Cruiser)

  순양함. 대양을 순항하며 장시간 장거리 작전을 펼칠 수 있다는 데서 생긴 이름.

- CG(Guided Missile Cruiser)

  사거리 20km 이상의 미사일을 탑재한 순양함.

- DD(Destroyer)

  구축함. 잠수함을 찾아 '쫓아다닌다(구축)'는 의미에서 붙여진 이름. 2차대전 때에는 Torpedo 및 폭뢰와 같은 대잠무기를 주로 탑재하였으며 2,000~4,000톤급의 함정이 많았으나 현재 일반적으로 DD라고 부르는 함정은 4,000~8,000톤급을 가르킨다. 2005년 9월 21일 마지막 Sprunce급 DD Cushing함이 퇴역함에 따라 현재 Arleigh Burke가 유일한 구축함 Class의 함정이다.

❖ DDG(Guided Missile Destroyer), DDH(Destroyer, Helicopter), DE(Escort Destroyer)

• DX/DDX(Destroyer, Experimental)

차세대 구축함. X는 차세대 실전배치를 위하여 실행중인 장비에 붙는 약호이다. KDX도 이러한 개념에서 이해할 수 있다.

• FF(Frigate)

호위함. 프리깃함으로 부르기도 한다. Frigate는 2차대전 중 맨 처음 Destroyer escort(DE)로 출현했으나 이후 Escort vessel로 불려졌고 1975년에 되어서야 Frigate(FF)로 지정되었다. Oliver Hazard Perry(FFG 7)가 최초의 새로운 missile frigate급으로 1977년 취역했다. 2차 대전까지의 호위함은 구축함보다 작은 1,000~2,000톤급의 함정을, 현재는 약 2,000톤급 이상의 함정을 일컫는다.

✣ FFG(Guided Missile Frigate)

• FAC(Fast Attack Craft)

소형 전투함을 말한다. 무장에 따라서 FAC-missile(미사일 고속 정), FAC-Gun(포정), FAC-Torpedo(어뢰정)로 나누어진다. FAC 종류를 통칭하여 FPB(Fast Patrol Boat)라고 부르기도 한다. 미국에서는 미사일 고속정을 "Missile Boat"로 부른다. FAC은 길이 30~60m, 속력 30kts 이상, 4~6발의 대함 미사일과 76mm 이하의 함포를 주무장으로 한다.

✣ PB(Patrol Boat), PT(Torpedo Boat), PTG(Guided Missile Patrol Boat)

USS Rodney M. Davis(FFG-60)

Landing Ship(상륙함정)

- LST(Landing Ship Tanks)

  LST는 이름 그대로 Tank(전차)를 싣는 상륙함이다. 함수에 대형의 상륙용 도어를 장착함으로써 함의 고속화를 방해하여 속력은 14~17Kts에 불과하다.

  ✣ LSM(Medium Amphibious Assult Landing Ship)

- LPH(Landing Platform, Helicopter)

  헬기 상륙함으로 1958년 이오지마 급으로부터 시작되었다. 단순히 헬기만을 상륙함으로 전차와 같은 중장비의 상륙은 불가하다.

- LHA(Landing Helicopter, Assault)

  공격헬기 모함으로 LSD(도크형 상륙함)와 LPH의 능력을 하나로 통합하려는 계획에 따라 건조된 함정이다. 함미에 LCU를 발진시킬 수 있는 대형의 문과 발진 시설을 갖추고 있다.

- LSD(Landing Ship, Dock)

  함수에 대형 구조물이 있고 함미 부분에 헬기용 갑판을 가지고 있어서 LHA, LHD와는 한눈에 구분이 된다. 병력과 상륙정 수송 외에 화물수송, 하역 임무를 수행하는 LKA(Amphibious Cargo Ship)의 능력을 가진 함이다.

LSD 1

• LPD(Landing Platform, Dock)

상륙정 및 LCAC의 도크 수납, 공격병력 수송 및 장비의 탑재, 화물의 하역임무를 동시에 수송하기 위한 목적으로 건조된 함정이다. 후갑판에 3~4대의 대형 헬기의 이착함이 가능하다. LPD-17은 여기에 강력한 기함 능력과 스텔스 능력을 고루 갖춘 함이 될 것이다. LPD-17은 Total Ship System 개념으로 건조되는 최초의 함정으로써 통합된 함정체계의 중추가 되는 광섬유 케이블을 함정 전체에 깔고 Stealth 함으로 설계되었다.

✣ LCC(Amphibious Command Ship)

Mine Ship(기뢰전함)

- MHC(Mine Hunter Coastal, 기뢰 탐색함) 전장이 80~120feet
- MSC(Mine Sweeper Coastal, 소해함) 배수톤수 500ton 이하
- MCS(Mine Countermeasure Support Ship, 기뢰대항 지원함)

Major Auxiliary Ships(주요 지원함)

- AK(Cargo Ship, 화물 수송함)
- AO(Oiler, 유조선)
- AOE(Fast Combat Support Ship, 고속군수지원함)
- ASL(Submarine Tender, 잠수함 모함)
- ARS(Salvage and Rescue Ship, 해난구조함)
- ASR(Submarine Rescue Ship, 잠수함 구조함)

Aircraft Carrier(항모)

• Nimitz Class

최신 최강의 항모, 현재 9척 취항중, 기준 배수량 81,000톤, 길이 332.9m, 폭 40.8m, 승무원 6,000여 명

• Enterprise Class

1961년에 취역한 세계 최초의 원자력항모. 기준배수량 75,000톤, 길이 331.6m, 폭 40.6m, 승무원 6,000여 명

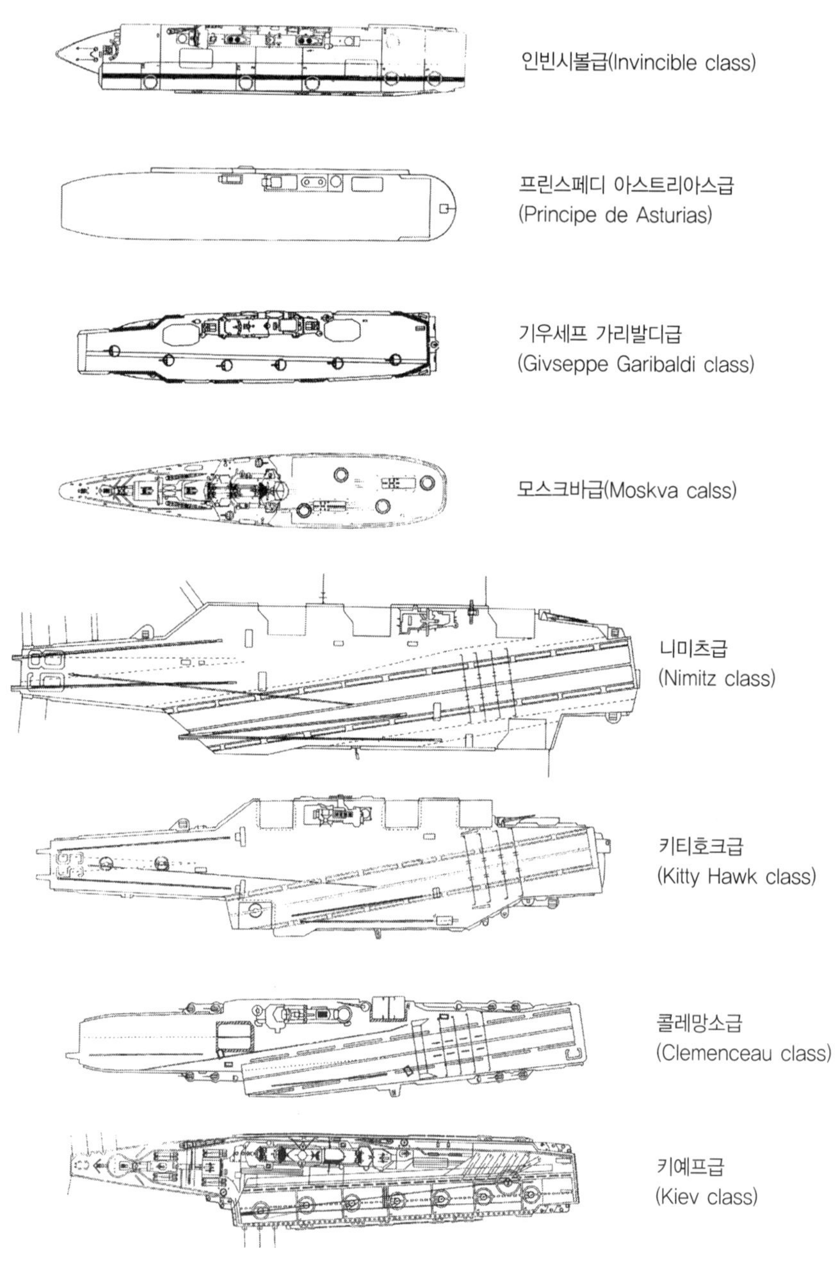

항공모함의 비행갑판 비교

• Kitty Hawk Class

기준배수량 60,100톤, 길이 318.8m, 폭 39.6m, 승무원 5,300여 명

• Forrestal Class

1955년 취역한 Independence 함이 유일함. 기준배수량 59,060톤, 승무원 5,500여 명

✣ CBG(Carrier Battle Group) : 항공모함 전투단. 항모 한 척에 순양함 1~2척, 구축함 4~6척, 해상보급함 1~2척을 포함한다.

Submarine

• Ohio Class(18척) : 16,600톤(수상), 길이 170.7m, 속력 20kts

원래 SSBN*으로써 다양한 임무가 있다(Attacked Submarine).

* SSBN(Nuclear Ballistic Missile Submarine) : 핵추진 탄도 미사일 잠수함. 보통 "Boomer"(부머)라는 별칭을 사용한다.

• Seawolf Class : 7460톤, 107m, 수중속도 35kts. 승무원 133명

• Sturgeon Class : 4250톤, 92.1m, 수중 30kts, 107명

• Los Angeles Class : 6080톤, 110.3m, 수중 32kts, 133명

• Benjamin Franklin Class : 7330톤, 129.5m, 수중25kts, 120명

✣ Fast attack : 해상교통로 보호, 대수상함 작전, 대잠전 및 정보전을 주요 임무로 하는 잠수함을 말한다. Hunter-killer는 2차대전 때 생긴 어휘로서 ASW를 주임무로 하는 자를 의미하거나 Fast attack submarine을 지칭한다.

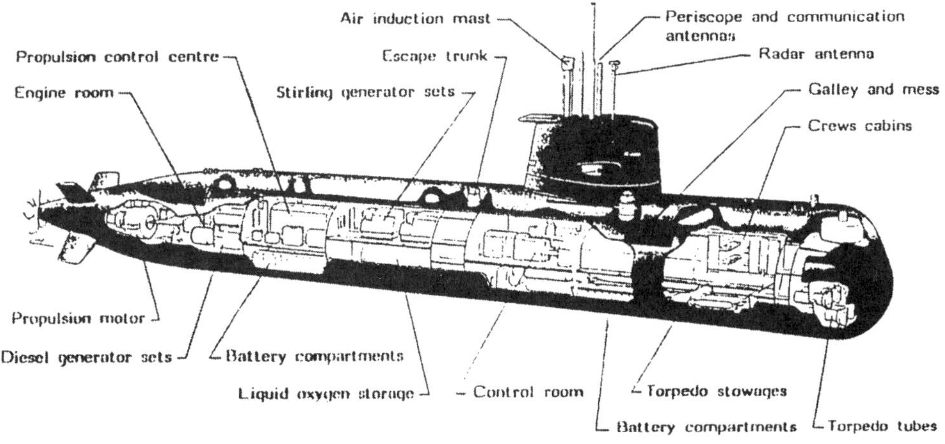

Goatland급 잠수함(Kockums)의 일반제원

특강 Practical English 학습전략

Ship Opens the New World!

인생은 항해(sailing)와 같다고 한다. 거꾸로 항해의 주체가 되는 배를 알면 세상을 제대로 보는 안목도 키울 수 있다. 배는 하나의 소세계(microcosm)로서, 이 안에는 인간의 애환과 갖가지 삶의 모습이 다 담겨 있다. 이 속에서 해양인들은 배를 중심으로 한 독특한 세계관을 갖고 의사소통을 해왔다. 따라서 해양용어를 잘 모르고서는 해양인들의 세계를 제대로 이해할 수 없을 것이다. 일반적으로 해양인이면서 함상용어를 모르는 사람을 'landlubber'라고 하였는데 이는 그만큼 해양인들이 자긍심을 갖고 있음을 말해주고 있다. 사람들은 생활근거지를 육지에 두면서도 끊임없이 바다를 염원해왔다. 일찍이 Magellan은 바다를 통해 세계를 일주하였고 Columbus는 인도로 가려하다가 신대륙을 발견하였다. Mahan은 "바다를 제패하면 세계를 제패한다"고 하였으며 17세기 항해술(navigation)은 과학 발달의 근간이 되었다. 다시 말해 바다는 세계로 도약하는 발판(springboard)이 되기도 한다.

✻ 배가 만들어낸 독특한 말들 배를 알기 위한 첫 단계로 배의 구조 용어부터 살펴보자.

배의 바닥은 floor(마루)라고 하지 않고, deck라고 하며 우리말로도 '갑판'이라고 한다. 아울러 건물에서의 room(방), wall(벽), ceiling(천정), corridor(복도), 계단(step), 문(door)에 해당하는 용어도 배에서는 어느새 다음의 표와 같이 둔갑하게 된다.

또한 배의 조함 원리나 유래를 모르면 짐작만으로는 알 수 없는 용어들도 많다. 일례로, 배의 화장실은 Head라고 부르는데, 그 이유는 범선 시대에 뒤쪽에 화장실을 만들 경우 배 속도보다 빠른 바람으로 인해 냄새가 앞으로 이동하게 될 것이므로 화장실을 배의 앞부분, 즉 head 부분에 만들었기 때문이다.

갑판의 명칭도 일반인들이 보기에 특이하기 이를 데 없다. 초기 해양인들

함상용어	일반용어	한국어 표현
Deck	Floor	갑판
Bulkhead	Wall	격벽
Overhead	Ceiling	천정
Compartment	Room	격실
Captain's cabin	Captain's room	함장실
Stateroom	Officer's room	장교침실
Mess Hall	Dinning room	승조원식당
Crew's Berthing	Bedroom	승조원침실
Hatch	Door	해치
Gangway	Gate	현문
Passageway	Corridor	통로
Sickbay	Clinic	의무실

은 적의 공격을 방어하기 위해서 함수 부분에 일종의 막을 설치하였다. 이 막은 배의 앞부분에 해당하는 fore라는 접두사와 방어용으로 쓰인 castle이 합해져서 Forecastle, 즉 함수 갑판이 된 것이다. 그들은 또한 함미갑판에서 해신 Poseidon에게 안전항해를 기원하며 제사를 지냈었는데 당시 제사를 집전하는 자를 의미하는 poop(puppy)을 따와서 함미갑판을 Poop deck으로 지칭하게 되었다.

견시대를 지칭하는 용어인 Crow's nest가 생긴 유래도 재미있다. 까마귀(crow)는 항상 육지를 향해 날아간다고 한다. 항해기구가 발달되지 않았던 시대에 해양인들은 이와 같은 crow의 습성을 이용하여 배에 싣고 다니며 견시의 역할을 하게 한 데서 이 이름이 붙여졌다.

비록 좁은 배 안이지만 상하간의 군기는 잘 지켜져야 한다. 보통 배의 앞부분은 사관 구역으로 Officer's country로, 뒷부분을 사병 구역인 CPO's quarter로 나누고, 함장실은 성역으로 지정하여 Captain's Cabin으로 부른다. 장교들이 식사나 회의를 하는 공간인 wardroom(사관실)은 장교들이 옷을 맡겨두는 wardrobe에서 나온 말이다. 간혹 배의 규율을 어긴 사람에게는 Mast 근처에서 선상재판을 했는데, 마스트는 바로 재판을 의미하는 marshall이라는 말이 변해서 된 것이다. 한편, 좁은 공간에서 지루한 항해를 마치고 육지에 닿게 되면 날아갈 듯한 해방감을 느끼게 되는 것은 당연한 일. 따라서 외출이나 외박을 상륙 liberty로 부르는 데에는 함상 생활의 어려움이 내포되어 있다. 당시 선원이 상륙하면 시름을 달래기 위해 술을 많이 먹기도 했는데, 영어 숙어로 "Mind P's and Q's"는 곤드레만드레가 된 바다사람이 술값 계산에 착오가 없도록 "정신 똑바로 차리라"라는 의미로, 이 말은 이미 일상어로도 자주 쓰인다.

✲ 배가 만들어낸 일상어들 "강한 파도가 강한 어부를 만든다"는 말이 의미하듯이 전통적으로 해군은 거친 자연의 악조건을 극복해온 자들이다. 아울러 좌초의 위기에도 승객의 안전을 먼저 돌보고 배를 저버리지 않는 도덕규범으로 무장하여 "Don't give up the ship!(배를 버리지 마라!)"이라는 말을 신조로 삼는다. 어려움을 이겨내고 고결한 성품을 지닌 해군은 일반인들에게도 "Navy is an international gentlemen(해군은 국제신사다)", "Once marine, always marine(한 번 해병은 영원한 해병)"이라는 말로 익히 알려져 있으며, 일상에서도 해군의 멋과 기상을 나타내는 예를 쉽게 찾아볼 수 있다.

배 안에서는 함장에서 갑판병에 이르기까지 한 사람의 작은 실수가 배 전체의 안전을 위협할 수도 있는 운명의 공동체이다. 이러한 특성을 감안하여 일반사회에서도 동고동락하는 사람들은 "We took the same boat(우리는 한 배에 탄 사람)"이라는 말로 유대감을 나타낸다. 우리말에 "사공이 많으면 배가 산으로 간다"는 말은 "Too many cooks spoils the broth"도 있지만, 영어권에서 "Two captains sink the ship"이라는 말로 비유하고 있다.

의복을 보더라도 해군의 자취는 쉽게 찾아볼 수 있다. 멋을 아는 이들이라면 누구나 한번쯤 입었던 '세라복'도 실은 해군을 지칭하는 영어의 'sailor'에서 나온 말이다. 아울러 종을 엎어놓은 듯한 모양의 나팔바지인 bell-bottom도 또한 배에서 바지를 걷어 작업을 용이하게 할 수 있도록 만들어진 해군 복장으로 6·70년대에 전 세계적으로 유행하던 복장이기도 하다. 일반적으로 사용되는 골프장의 Fairway도 실은 '배가 나아가는 길', 즉 항로를 의미하는 것으로서 항해용어에서 나온 것이다.

Aegis는 그리스 신화에 나오는 Zeus신이 Athena여신에게 선물했던 '무적의 방패'에서 따온 말이며, 함정의 Launching ceremony(진수식)에서

launching은 바로 '(활이) 시위를 떠난다'는 의미로서, 이제 배가 건조회사의 dock을 떠나 시운전 단계에 이르렀음을 나타내는 말이다. 이처럼 배는 전통과 신화, 바닷사람의 기상 그리고 앞날의 미래가 함께 숨 쉬고 있는 하나의 소세계이며, 이는 오늘날 우리에게 전해지고 있는 언어 사용에서도 잘 반영되고 있다.

Ⅱ부 해군 작전 및 전술

Naval Operations and Tactics

Naval Weapon Systems
해군 무기체계

3

언어는 끊임없이 생성되고 변하는 것이다. 군사전문 분야 중 특히 무기체계는 하루가 다르게 새로운 개념과 용어가 계속 생겨나 표현이 낯설게 느껴지기 쉬운 분야라고 할 수 있다. 신형무기에 관련된 용어를 익히기 위해 이 장에서는 우선 현대 무기체계의 총아라고 할 수 있는 Aegis 체계를 파악하고 각종 Missile의 종류와 기능 및 CIWS 관련 용어를 중점적으로 살펴본다.

30mm Goalkeeper 시스템

Aegis System
이지스 체계

Hit hard, hit fast, hit often.
- Admiral Bull Halsey -

Aegis는 그리스 신화에 나오는 제우스가 그의 딸 아테네(Athena)에게 준 '무적의 방패(Shield of Zeus)' 이름에서 유래한다. 대함미사일 시대에 함대 방공체계에서 창에 해당하는 것이 Tomahawk Missile이라면 Aegis(이지스)체계는 방패에 해당한다. Ticonderoga(타이콘데로가 : CG47)급은 1983년 최초로 Aegis System을 탑재한 함이다.

Aegis System은 항공기, Missile 공격으로부터 함정방어를 위한 AAW 체계를 중심으로 SSW, ASW, 전자전, 지상공격지원을 수행하는 것을 목적으로 한다. Aegis System이 노리는 것은 레이더, Missile Launcher 등 발달된 체계로 복수목표 동시처리 능력을 비약적으로 향상시키는 것이다.

우선 함대방공체계는 다음과 같이 3중으로 나누어진다.

무적의 창과 방패를 의미하는 Aegis

- Outer Defense Zone(외곽방어구역) : 항공모함 함재기 담당구역
- Area Defense Zone(지역방어구역) : 항모가 놓친 항공기나 미사일을 함대 차원에서 요격하는 구역
- Point Defense Zone(국지방어구역) : ADZ를 뚫고 들어온 미사일을 개별함 차원에서 격추하는 구역

✣ Aegis system은 이 중에서 Area Defense Zone을 담당한다.

Ticonderoga급 및 Arleigh Burke급 함정

Ticonderoga급 함정

Lake Champlain(CG 57)함

Ticonderoga급은 전 세계에서 가장 값비싼 27대의 순양함과 가장 강력한 수상함 전투인력으로 구성되어 있다. 10억 달러 정도의 고비용이 소요되는 이유는 가장 정밀한 방어 체계인 Aegis 전투체계를 갖추고 있기 때문이다. 이 함정들은 광범위한 전투력을 자랑하며 주요 무장은 수직발사시스템(VLS)으로 장거리 Tomahawk 함대함 순항미사일과 표준 함대공 미사일 모두 사용 가능하다. 상당수의 Tomahawk 정밀타격 순항미사일들을 적 지역 깊숙한 곳의 주요 표적을 향해 운반하고 발사 가능하게 하는 Aegis 전투시스템과 수직발사시스템(VLS)이 Standard 미사일과 연결되

어 나타난 기술적 진전은 본 함정들을 세계에서 가장 강력한 수상전투부대로 만든다. 이들 다용도 함정들은 어떠한 대공, 대잠, 대수상함 그리고 강습전 환경 속에서 지속적인 작전을 펼칠 수 있다. 이들은 항모전투단, 상륙강습단을 지원하고 차단 및 호위 작전을 할 수 있게 제작되었다. Ticonderoga급 순양함의 이름은 Thomas S. Gates함만 제외하고 미국에서 유명한 전투가 있었던 장소로 명명된다. Ticonderoga급 함정의 일반 제원은 다음과 같다.

Builders : Ingalls Shipbuilding, West Bank, Pascagoula, Miss.:CG-47-50, CG 52-57, 59,62, 65-66, 68-69, 71-73Bath Iron Works, Bath, Maine:CG-51,58,60-61,63-64,67,70
(시공자 : 미 Mississippi 주 Ingalls 조선소:CG-47-50, CG 52-57, 59,62, 65-66, 68-69, 71-73미 Maine 주 Bath Iron Works사:CG-51,58,60-61,63-64,67,70)

Power Plant : 4 General Electric LM-2500 Gas Turbine Engines(80,000 Shaft Horsepower)2 Controllable-Reversible Pitch Propellers, 2 Rudders
(추진 장치 : General Electric LM-2500 가스터빈 엔진 4기(80,000 축마력)제어 가능한 가역 프로펠러 2기, 타 2기)

Length : 567 feet(173 meters) (전장 : 527 피트(173m))

Beam : 55 feet(16.8 meters) (전폭 : 55 피트(16.8m))

Draft : 34 feet(10.2 meters) (흘수 : 34 피트(10.2m))

Displacement : approx. 9,600 tons full load (배수량 : 약 9,600톤(만재))

Speed : 30+ knots (속력 : 최대 30노트)

Range : 6,000 nautical miles(20 knots) (항속거리 : 6,000해리(20노트 유지 시))

Crew : 33 Officers, 27 Chief Petty Officers, approx. 340 enlisted
(승조원 : 장교 33명, 부사관 27명, 병 약 340명(총 400명))

Sensors : (감지기)
Later Ships : (신형)
1 AN/SPY-1B Multi-Function Radar (CG 59 - CG 64)
1 AN/SPY-1B(V) Multi-Function Radar (CG 65 - CG 73)
1 AN/SPS-49(V)8 Air Search Radar
1 AN/SPS-55 Surface Search Radar
1 AN/SPS-64(V)9 Navigation Radar
1 AN/SPQ-9 Gun Fire Control Radar
4 AN/SPG-62 Illuminators
1 AN/SQS-53C Hull Mounted SONAR (CG 65 - CG 73)
1 AN/SQQ-89 ASW System (CG 56 - CG 73)
1 AN/SQR-19B Towed Array SONAR (TACTAS)
1 AN/SLQ-32A(V)3 Electronic Warfare Suite

Weapons Systems : (무기체계)
1 MK 7 MOD 4 AEGIS Weapons System (__이지스 무기체계)
2 MK 45 5"/54-Caliber Lightweight Gun Mounts (__구경 경포 2기)
2 MK 41 Vertical Launching Systems (VLS) (__수직 발사체계 2기)
2 Harpoon Missile Quad-Canister Launchers (__ 발사대 2기)
2 MK 32 MOD 14 Torpedo Tubes (__어뢰관 2기)
2 MK 15 MOD 3 Close-In-Weapons System (CIWS) (_근접방어무기체계)
1 MK 36 MOD 2 Super Rapid-Blooming Off-Board Chaff System
3 50-Caliber Machine Guns (__구경 기관총 3기)

Command and Control : MK 1 MOD 0 AEGIS Display Group
(지휘 및 통제 : MK 1 MOD 0 AEGIS Display Group)

Aircraft : 2 LAMPS MK III (SH-60) (CG 49 - CG 73)
(항공기 탑재 : 2대의 LAMPS MK III (SH-60) (CG 49 - CG 73))

Annual Average Unit Operating Cost : $28,000,000
(평균 연간 부대 운영비 : 2,800만 달러)

Date deployed : January 22, 1983 (USS Ticonderoga) (전개 일자 : 1983년 1월 22일)

(http://navysite.de/cg/cg47class.htm, http://en.wikipedia.org/wiki)

Arleigh Burke급 함정

DDG, Arleigh Burke Class

Arleigh Burke급 함정은 적 무기체계와 탐지 장치를 무력화시키기 위해 레이더

횡단면을 줄이는 복합 기술을 도입하여 설계된 최초의 미해군 함정이었다. 이 함정은 대접전이 예상되는 지역에서 대공, 대잠, 대함, 대지 강습 작전상황에 따라 여러 용도로 이용된다. 알레이버크급의 모든 함정은 SPY-1D 위상배열레이더가 장착된 이지스 대공방어 시스템을 구비하고 있다. Arleigh Burke급 함정은 스탠다드, 토마호크, 수직발사(VLA) 대잠 미사일을 탑재하고 이를 즉각 발사할 수 있는 90셀 수직발사 시스템을 장착하고 있다. 다른 무장들로는 Harpoon 대함미사일, 이지스 무기체계와 통합되어 향상된 성능을 발휘하는 127mm(5인치)포, 팰랭스 근접방어무기체계를 포함한다. 이지스 체계는 현재 그리고 발생될 수 있는 모든 미사일의 위협에 대응하기 위해 설계되었다. 기계적으로 선회하는 레이더는 안테나가 매 360° 회전하는 동안 한 번씩, 레이더가 목표물에 접촉할 때 목표물을 인지한다. 이어서 분리(단독)된 추적레이더가 각 목표물을 조준(추적)하도록 요구된다. 이와는 대조적으로 이지스 시스템에서는, 컴퓨터에 의해 제어되는 AN/SPY-1D 위상배열 레이더가 이러한 모든 기능(기계식레이더+분리추적레이더)을 제공한다. 네 개의 고정된 배열(레이더) 면은 전 방향에 대해 동시에 수백 개의 목표물을 즉각적이고 계속적으로 탐색과 추적능력을 제공하는 전자기 에너지 빔을 방사한다. Arleigh Burke(DDG 51)급 함정의 일반 제원은 다음과 같다.

Keel Laid : December 6, 1988 (용골 거치식 일자 : 1988년 12월 6일)

Launched : September 16, 1989 (진수일 : 1989년 9월 16일)

Commissioned : July 4, 1991 (취역일 : 1991년 7월 4일)

Builder : Bath Iron Works, Bath, Maine (시공자 : 미 Maine 주 Bath Iron Works사)

Propulsion system : four General Electric LM 2500 gas turbine engines
(추진체계 : General Electric LM 2500 가스터빈 엔진 4기)

Propellers : two (프로펠러 2기)

Blades on each Propeller : five (프로펠러 날 : 각각 5개)

Length : 505.25 feet(154 meters) (전장 : 505.25피트(154m))

Beam : 67 feet(20.4 meters) (전폭 : 67피트(20.4m))

Draft : 30.5 feet(9.3 meters) (흘수 : 30.5피트(9.3m))

Displacement : approx. 8,300 tons full load (만재 배수량 : 약 8,300톤)

Speed : 30+ knots (속력 : 최대 30노트)

Aircraft : None. But LAMPS 3 electronics installed on landing deck for coordinated DDG/helicopter ASW operations.
(항공기 : 탑재 않음. 그러나 함미 갑판에 DDG/헬기 대잠 연합 작전을 위해 LAMPS 3 electronics 설치)

Armament : two MK 41 VLS for Standard missiles, Tomahawk; Harpoon missile launchers, one Mk 45 5-inch/54 caliber lightweight gun, two Phalanx CIWS, Mk 46 torpedoes (from two triple tube mounts)
(무장 : Standard 미사일 MK41 수직발사대 2기, 토마호크; 하픈 미사일 발사대, MK45 5인치/54구경 포 1기, 팰랭스 근접방어무기체계 2기, (2기의 3쌍관에서 발사되는) MK46 어뢰)

Homeport : Norfolk, Va. (소속항 : 미 Virginia 주 Norfolk)
(모항 : 버지니어 노폭)

Crew : 23 Officers, 24 Chief Petty Officers and 291 Enlisted
(승조원 : 장교 23명, 중사 24명, 병 291명(총 338명))

(http://navysite.de/dd/ddg51.htm)

Aegis Weapon System MK7 MOD6의 구성과 성능

Aegis 무기체계의 핵심인 MK7 MOD6의 구성과 성능을 구체적으로 살펴보자.

- SPY-1A(위상배열 레이더 : Phased Array Radar)

전파의 진행방향을 기계적인 힘에 의존하지 않고 평판에 배열된 다수의 안테나 소자로 바꾸는 레이더. 평면 안테나 1면에 상하좌우 120도 범위의 주사가 가능하다. 회전식 레이더의 약점이던 사각이 없어지고 수평선 멀리에서부터 꼭대기에 이르는 반구형의 전 방향을 감시하여 동시에 154개의 목표를 탐지한다. 탐지된 정보는 지휘결정체계 MK1과 무기체계 MK1으로 보내지고 목표물을 식별, 추적한다.

- Standard SM-2 대공미사일

발사 후 잠시동안은 미사일 지휘장치에 의존하지 않고 관성유도로 목표를 향해 날아간다. 관성유도는 발사전 목표의 미래위치를 미사일에 입력해두면 미사일이 그대로 결정된 경로로 날아가는 유도방식이다.

- 미사일 발사기 MK41

미사일을 담은 격납 겸 발사통의 집합체로써 미사일을 격납 위치에서 직접 발사할 수 있다. 발사속도가 매우 빠르고 캐니스터의 크기에 여유가 있으므로 ASROC 대잠로켓이나 토마호크 순항미사일도 발사할 수 있다.

- Illumination or radar

무기 유도를 목적으로 레이더를 사용하여 사물을 추적하기. PAINT는 일반적으로 탐지 및 추적에 이용되지만, illumination은 보통 무기를 유도하는 데 이용된다.

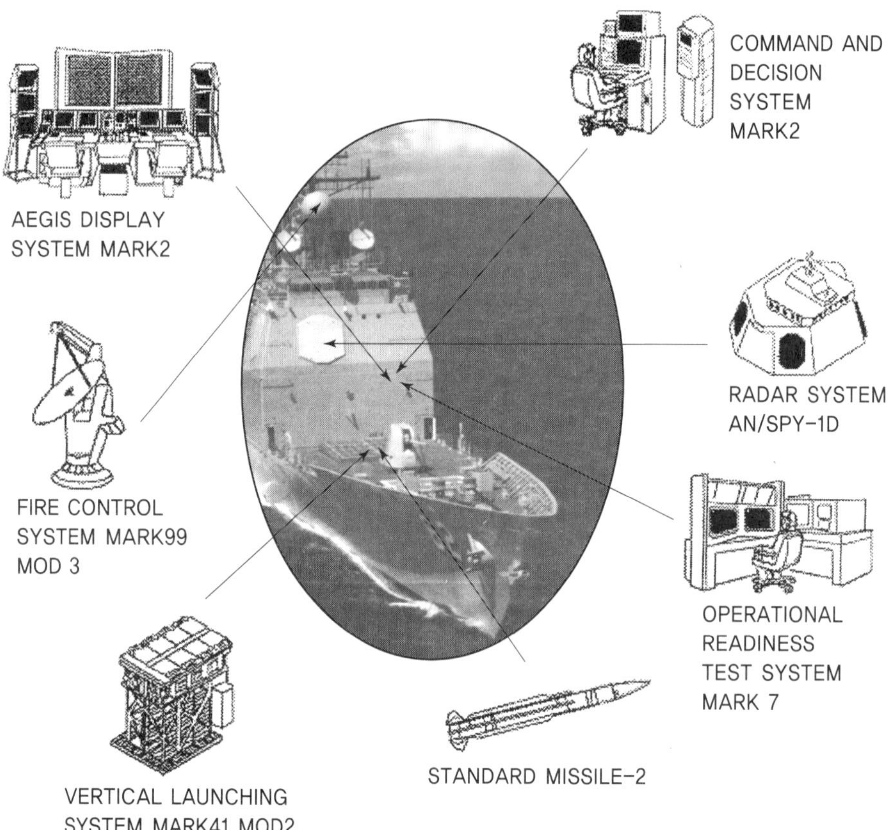

Aegis Weapon System MK7 MOD6의 구성도

Aegis related Terms

- CIC(Combat Information Center) : 전투정보 상황실. 전투시스템의 집결지로 이곳에서 모든 센서와 병기가 통제된다.
- C&D System(Command and Decision System) : 의사결정 시스템
- CPU(Central Processing unit) : 중앙전산 처리장치
- ECCM(Electronic Counter Counter-Measure) : 대 전파 방해 장치
- FCS(Firing Control System) : 원격 통제 체계
- GPS(Global Positioning System) : 위성 위치 수신장치
- JTIDS(Joint Tactical Information Distribution System) : 합동 전술정보분배체계
- LAMPS(Light Airborne Multi-Purpose System) : 다목적 경항공기 시스템. 대잠, 대함, 조기경보 등의 능력을 부여한 다목적 헬기 체제
- MFCC(Multi-function Control Console) : 분산식 다기능 콘솔
- SSCS(Surface Ship Command System) : 분산형 전투체계
- SEWACO(Sensor, Weapon Control and Command System) : 센서, 무장통제, 지휘체계

미 Aegis 함의 무기체계

• TASM(Tomahawk Anti-Ship Missile) : 토마호크 미사일 대함공격형
• TGC(Tactical Graphic Capability) : 전술 그래픽 기능
• TLAM(Tomahawk Land Attack Missile) : 토마호크 미사일 대지공격형
• TOA(Time of Arrival) : 미사일의 도달시간
• TWS(Tomahawk Weapon System) : 토마호크 무기체계
• VLS(Vertical Launching System) : 미사일 수직발사 장치

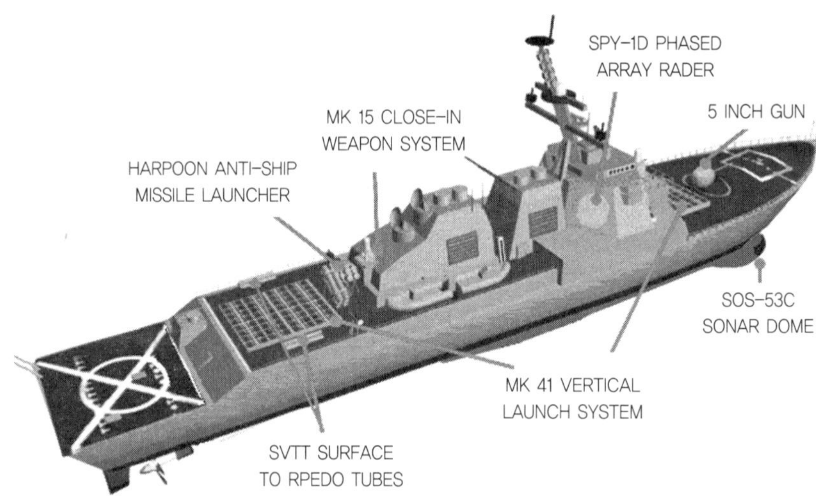

Aegis함에 탑재된 무기체계

Missiles
미사일

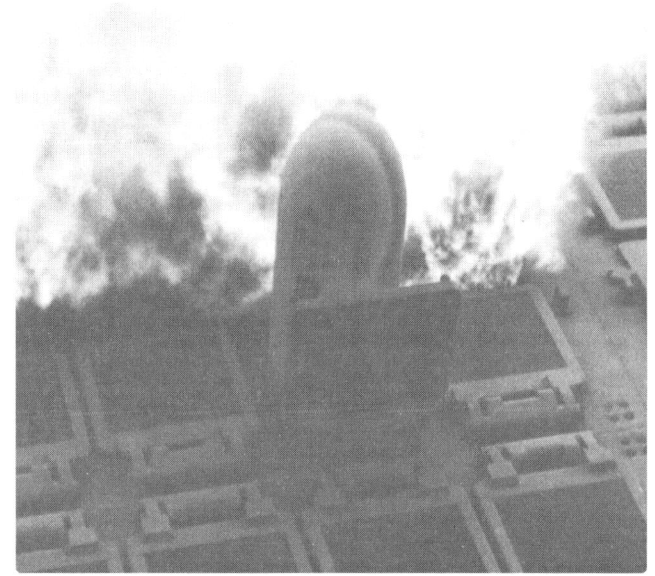

Tomahawk 미사일 발사장면

이 장에서는 각종 missile의 종류와 작동원리, 성능을 요약해 보고자 한다.

Strategic Missile(전략미사일)

- SLBM(Submarine Launched Ballistic Missile, 탄도유도탄) Trident SLBM은 해신 Poseidon이 사용하는 삼지창(Trident)에서 따온 용어이다. 미국의 SLBM은 Polaris, Poseidon에서 Trident의 순으로 발전되어 왔다. Ohio급 핵잠수함에 1989년부터 탑재한 잠수함 발사탄도탄 Trident II는 최대사정거리가 12,000km인 핵탄두를 12기 탑재하고 있으며 명중 반경은 90m이다.
- ICBM(Inter-continental Ballistic Missile, 대륙간 탄도미사일)

: Range 6,000Km 이상, 100kt 이상의 핵탄두 장착

- IRBM(Intermediate Range Ballistic Missile, 중거리탄도 미사일)
- SLCM(Ship Launch Cruise Missile, 수상/잠수함 발사 순항미사일)
- Tomahawk BGM-109A(전략 순항 미사일) : 잠수함의 어뢰발사관 및 수직발사장치(VLS)에서 발사된다. 고성능 관성유도 장치의 유도를 받으며 저공을 비행하여 정확하게 목표로 돌입하기 때문에 발견이나 방어가 어렵다.

Ballistic Missile(탄도 미사일)

다단계 Rocket에 의해서 호를 그리면서 비행하며 우주공간에서 관성유도방식으로 미사일을 제어한다.

Cruise Missile(순항미사일)

저고도 비행으로 적지 침입이 용이하며 관성유도방식과 Active Radar Homing 방식을 사용한다.

대공 Missile 발사장면

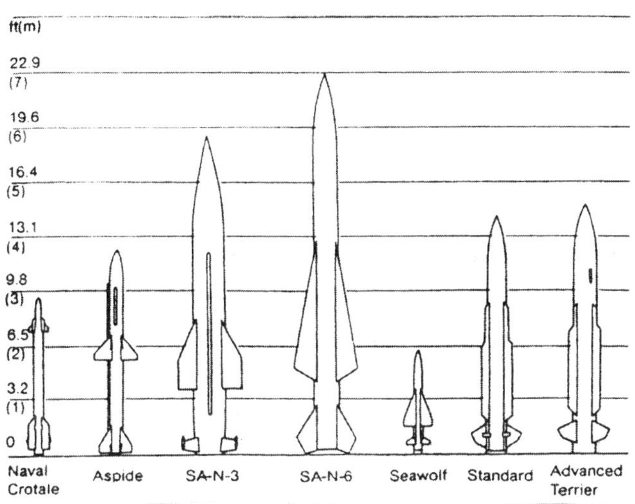

중,단거리 함대공 미사일의 크기 비교

SSM(Surface to Surface Missile, 대함미사일)

- Tomahawk BGM-1099B(장거리 순항미사일) : 잠수함이나 수상함에 탑재하는 미사일로서 사정거리는 450km이다.
- Sea Wolf : 함대공 미사일로서 대함미사일 요격능력을 갖추고 있다. 마하 2.0 이상이며 사정거리는 최대 6.4km, 고도는 약 5m~3km 이다.
- RAM(Rolling Airframe Missile) : 미국과 독일이 대함 미사일 방어용으로 공동개발한 미사일로서 포탄처럼 회전하며 탄도를 안정시킨다.
- 중거리 대함 미사일 : Harpoon, Gabriel, Automat, Exocet 계열로서 사정거리는 40~90km이다.

SAM(Surface to Air Missile, 대공미사일)

- Standard Missile : 사정거리가 30km 이상인 ER, 10km 이상인 MR이 있다. 추진동력은 2단식 고체연료이다.
- Sea Sparrow(Rim−7M) : 공대공 반능동식 미사일. 기존의 Rim−7E의 개량형. 마하 3.0 이상이고 22Km 이내의 거리에서 고도 약 8m부터 15.3Km 내의 표적을 요격할 수 있다.

ASM(Air to Surface Missile)

AAM(Air to Air Missile)

ATM(Anti Tank Missile)

USM(Underwater to Surface Missile)

UAM(Underwater to Air Missile)

✣ 미사일 부호지정

Ex RGM - 84D Harpoon(함대함)

R : 발사환경 부호(함정)	A(공중),	B(다수)
G : 임무부호(표면공격)	E(특수전자),	U(수중공격)
M : 운반체 종류(유도 Missile)	N(탐사),	R(로켓)

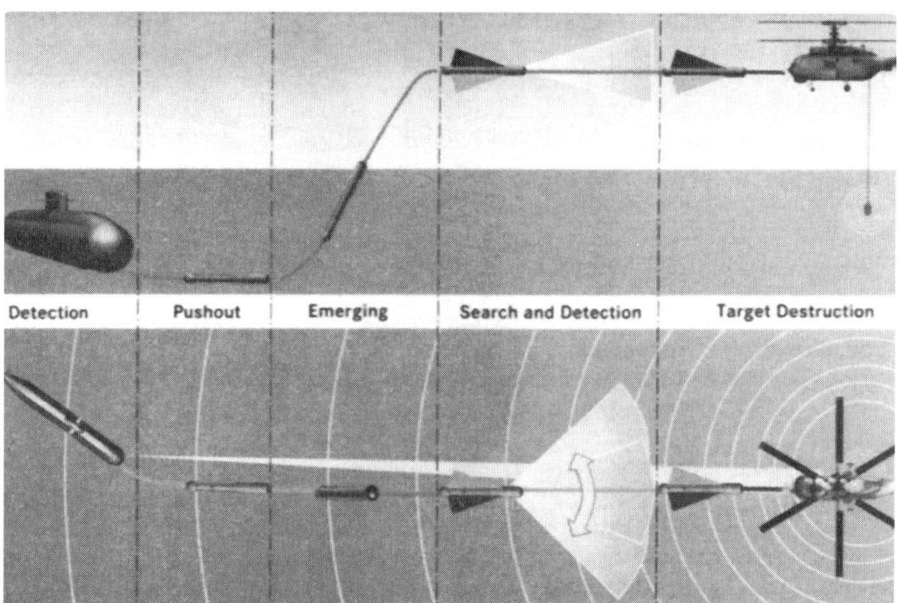

Triton미사일의 목표물 탐지 및 파괴과정

Speaking Exercise

⚓ ROK and US ships will continue to provide naval surface fire support as requested.
한 · 미 해군 함정은 함포 지원 요청 시 함포 지원을 계속 실시할 예정입니다.

⚓ What is the disposition of ___ defensive belts and coastal defenses?
___ 방어지대 및 해안 방어부대 배치는 어떻습니까?

⚓ The coastal observation posts conducted combat alert training against notional air targets.
해안 감시초소에서 가상 대공표적에 대하여 전투경보훈련을 실시하였습니다.

⚓ 10 combatants including Mobile Bay are conducting operations in support of the amphibious task force.
모빌베이를 포함한 전투함 10척이 상륙 기동부대 호송작전을 수행하고 있습니다.

⚓ This ship is preparing to get underway.
본함은 출항 준비 중에 있습니다.

⚓ That is surface search radar. The maximum detection range is one hundred and twenty miles.
저것은 대함 레이더입니다. 최대 탐지거리는 120마일입니다.

⚓ This is ship's 5 inch main gun. The effective range of this gun is 8 thousand yards and fires 80 rounds per minute.
이것은 5 인치 주포입니다. 이 포의 유효 사거리는 8,000야드이고, 발사율은 분당 80발입니다.

⚓ That is air search radar. This ship can engage # targets, simultaneously.
저것은 대공 레이더입니다. 본 함은 동시에 #개의 표적과 교전 가능합니다.

CIWS(Close-In Weapon System)
근접방어 무기체계

CIWS는 접근해 오는 근거리 대함 미사일을 향해 대량의 기관총탄을 발사하여 파괴하는 Anti-Missile System이다. 근거리 대항미사일 방어체계인 CIWS는 레이더시스템과 회전하는 기관총신을 포함한다. NATO에서 이 시스템은 Vulcan Phalanx이다. 대공미사일이나 포가 놓친 미사일을 분당 1천발~3천발의 빠른 발사속도로 탄막을 쳐서 파괴를 하는 최종방어 무기체계이기도 하다.

대함 미사일의 성능향상으로 CIWS도 성능이 향상되고 있으며 보다 고속화되고 위력이 증대되고 있다. 특히 미사일의 Weaving(회피기동), Sea-skimming(저고도비행), Pop-up(급상승)하는 표적에 대한 예측이 필요하다. 새로운 체계인 Goalkeeper는 A-10 Thunderbolt에서 30mm 기관총 GAU-8을 사용하여 사정거리와 파괴력을 증가시켰다. 특히 탐지 시스템은 레이더탐지 위주에서 영상과 적외선을 사용하는 방향으로 개발되고 있다.

CIWS의 머리글자를 따서 나타낸 말 중에서는 "Christ, It Won't Shoot", "Captain, It Won't Shoot"으로 표현하여 일반 정비가 어려움을 빗대어 표현하고 있다. 주요 CIWS 의 제원 및 성능을 살펴보자.

- Mk15-Phalanx(팰랭스) : 구소련의 Styx의 출현에 자극을 받은 미 해군이 긴급히 개발한 체계이다. 서방측의 CIWS 중 가장 빨리 실용화되었다. 회전식 6총신 발칸기총을 사용, 발사물은 매분 3,000발로 초속은 대단히 높다. 20mm 기관포 M61을 기본으로 삼고 실탄은 열화 우라늄을 사용한다.
- Sea Guard System : 스위스산, 25mm 4연장 기관포를 사용, 하방 15도에서 상방 127도에 이르는 반구형의 부양각을 가진다. 분당 발사속도는 3,400발이며 Tungsten탄자를 갖는 AMDS탄을 사용한다.
- Goal Keeper System : 네덜란드산, 30mm 회전식 6총신의 기관총을 사용, 매분

4,200발의 빠른 발사속도를 갖고 있다.

- Kashtan(캐쉬탄) : 러시아산, 항공기 대함 유도탄에 대응하기 위하여 개발한 함정 장착 무기로 유도탄과 포의 복합체계이다. 분당 발사속도는 12,000발(2문을 합해서)로 현재 CIWS 중 가장 빠르다.
- Sea Cobra(시 코브라) : 30mm, 발사속도 800rds/min. Brenda Meccanica에 의해 개발, 1985년 첫선을 보였다.

Phalanx

Sea Guard 시스템의 포모듈을 제공하는 Sea Zenith시스템

다음의 함정의 외형도는 각종 무기체계와 탑재 위치를 보여주고 있다. 일본 해자대 소속 Multi-purpose(다목적) 구축함인 이 함정은 1997년 진수함되었으며 각종 신형 무기체계를 갖추고 있다. 함 구조 및 무기체계와 관련하여 Aegis체계와도 서로 비교해보면서 각 함정 간의 차이점을 살펴보자.

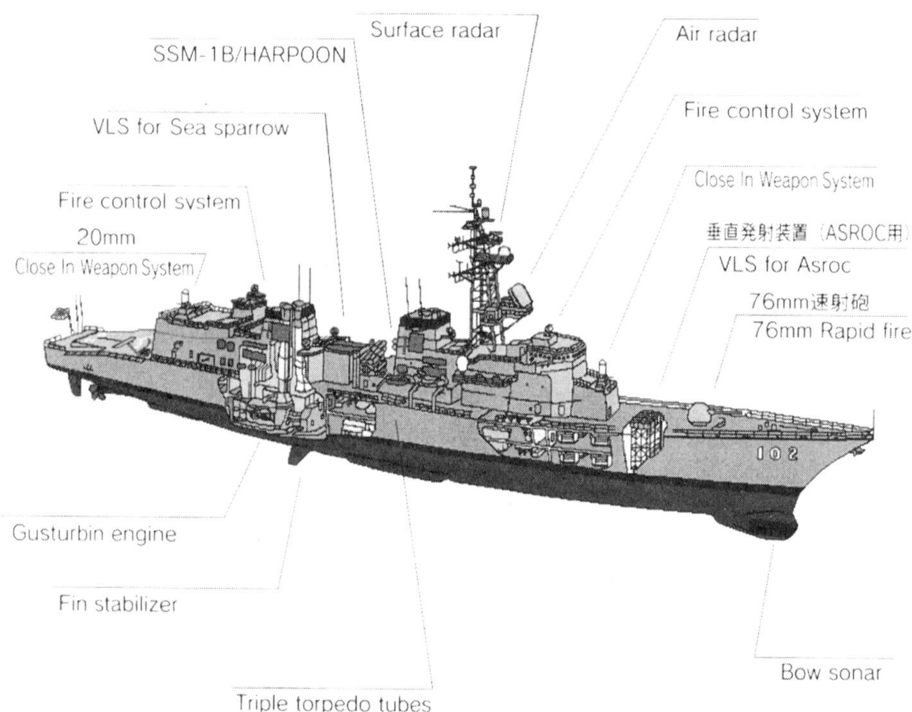

일본의 구축함 "Harusame"호의 무기체계

Naval Operations
해군 작전

4

현대전의 양상은 시시각각 변하고 있다. 컴퓨터를 통한 지휘 및 통제를 원활하게 수행하는 전투체계를 갖춤으로써 작전 수행능력을 한층 높이게 되었다. 해군의 작전 양상은 수상전뿐만 아니라 수중, 항공, 육상세력을 포함하여 통합적으로 이루어지는 경우가 적지 않으므로 C4I 체계, ASSW, ASW, AAW, Amphibious Operation 등에 대한 해박한 지식이 필요하다. 아울러 각종 Missile, RBOC 등 첨단 무기체계에 대한 영문표기를 정확히 익혀두는 것이 요구된다.

베네주엘라의 첨단통합전자전 장비
(Eliza's NS-9003 계열)

Combat System

전투체계

"I will find a way or make one."
- Robert E. Peary -

Combat System은 Command, Control and Weapon Control System으로 부르기도 하며 넓은 의미로 C4I체계 범주에 속한다. Combat System은 미해군이 computer의 계산능력을 함정의 자료처리 자동화에 응용하는 연구를 거쳐 1962년 실용화한 NTDS(Naval Tactical Data System)에서 비롯되었다. NTDS는 해군함대가 항공기의 속력증가에 따른 빠른 공격력에 대처하기 위해서 개발되었다.

C^4I체계

아래의 용어정의에서 보듯이 C^4I의 개념은 그 용어선택에서 많은 변화가 있었지만 기존의 지휘통제 절차를 지원한다는 목표에는 변함이 없다. 지휘통제 절차인 C^2 Process는 전장 환경의 Sense(감지), 외부 자료와 우군 상태를 Process(처리)하고 그 결과를 요구상태와 Compare(비교)하여 필요한 행동방책을 Decide(결정)한 후 이를 Act(실행)하는 과정으로 구성된다(Lawson의 모델). C^4I체계를 이해하기 위해서는 계속 생겨나고 있는 신조어와 그 개념을 정확하게 익힐 필요가 있다.

우선 C^2에서 IC^4I 까지의 용어가 어떻게 변화해왔는지를 살펴보자.

- C^2 : Command & Control
- C^3 : Command, Control & Communication
- C^3I : Command, Control, Communication & Intelligence
- C^4I : Command, Control, Communication, Intelligence & Computer
- C^4I^2 : C4I & Interface
- C4ISR : C^4I & Surveillance and Reconnaissance(감시 & 정찰)
- IC^4I : Integrated C^4I

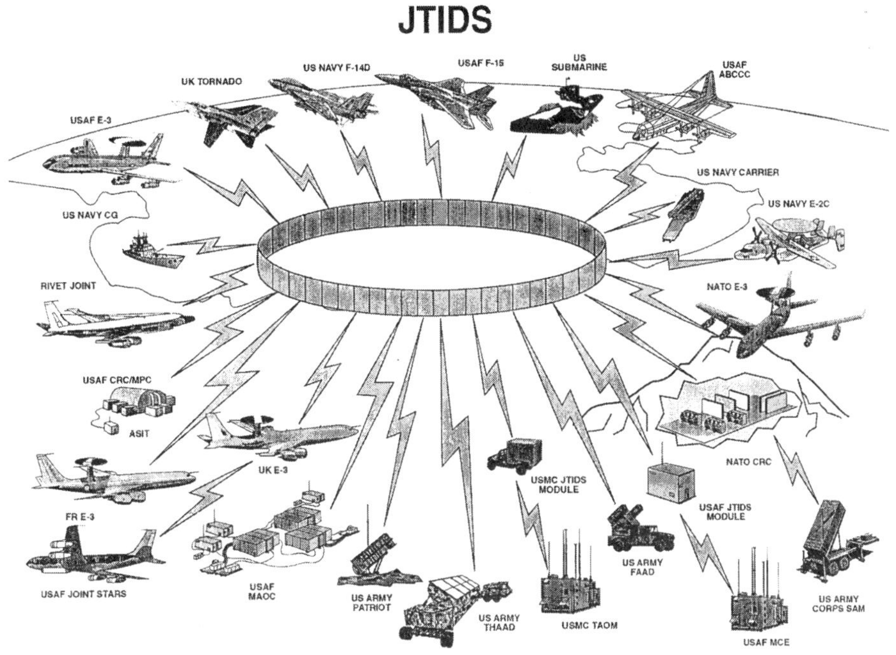

JTIDS 체계

1983년 미 합참에서 처음 사용한 C4I 체계는 정보를 바탕으로 통신 및 컴퓨터를 통해서 지휘 및 통제를 원활하게 수행하는 체계이다. 이 체계는 작전 부서가 필요로 하는 소요 및 운용에 대한 개념에 의해 구성된다.

위의 그림에서 보듯이 합동 전술첩보 전파체계로서 JTIDS(Joint Tactical Information Distribution System)는 위성과 연계해서 모든 서비스를 연결할 수 있도록 하여 전 해군의 행동이 일치할 수 있게 한다. 최근에는 KNCCS, GCCS-M, GCCS-K, KJCCS, CENTRIX-M 등의 체계가 속속 운용되고 있다.

NTCS-A(해상전술 지휘체계)는 통신, data 처리 및 의사결정을 지원하는 함정 C^{4}I 체계의 핵심이며 다수의 하위체계와 연계하여 운용된다.

- JMCIS(Joint Maritime Command Information System : 합동해양지휘 정보체계)
  전투수행자에게 정보를 제공하고 정보를 원하는 자에게 사용할 수 있게 하며 전투수행자들 간의 협조를 도모하는 것을 목적으로 한다.
- NIPS(Naval Intelligence Processing System : 해군 정보처리 체계)

- TIMS(Tactical Information Management System : 전술 정보관리 체계)
- NTDS(Naval Tactical Data System : 해군 전술자료 체계)
- ATP(Advanced Tracker Prototype : 해양감시 단말기)

그 외에 WWMCCS(World Wide Military Command and Control System : 범세계 군사지휘 통제 체계)는 미군의 전군 수준 지휘통제 체계로서 부대위협 및 작전전구내의 작전상황에 대한 첩보를 지원한다. 아울러 AUTODIN(Automatic Digital Network : 영어전신 타자망)은 국외 전문통신 및 국내 선별된 지역을 지원하고 TRI-TAC(Tri-tactical Communications Network : 미 전술통신망)은 연합사의 지휘 및 통제를 지원하기 위하여 디지털 전송로의 회선, 교환대 및 사용자 장비 등 전술 통신망을 제공한다.

전술 데이터 처리 장치

Composite Warfare Commander(CWC)

CWC(복합전지휘관)의 개념은 감시 및 대응에 있어서 부대 세력(force) 내에서 임무를 부여하는 것이 기본이며 전투 시 전술 결정권을 분산(decentralization)시키는 데 중점을 둔다. 즉, CWC는 현장 지휘관으로서의 전술적 결정 권한과 책임을 전적으로 떠맡으며 OPGEN(General Operational Messages : 작전 일반명령)에 따라 임무를 수행한다.

Officer in Tactical Command(OTC : 전술지휘관)는 보통 CWC(복합전지휘관)이며 다음의 예하 전투 지휘관은 CWC에 대해 전투 수행의 책임을 진다.

- AAWC : 대공전에 대한 책임을 진다.
- ASWC : 대수상함전에 대한 책임을 진다.
- ASWC : 대잠전에 대한 책임을 진다.
- EWC : CWC와 다른 전투지휘관을 보좌하고 탐지기 운용과 전자전 전략의 수행에 책임을 진다.
- SEC(Submarine Element Coordinator) : 잠수함을 직접 지원하는 데 협력함으로써 ASWC를 보좌한다.

미해군의 경우 초계지휘관(PPC : Patrol Plan Commander)은 조종사가 맡지만 대잠작전 자체를 지휘하는 사람은 전술통제사(TACCO)이기 때문에 대잠작전의 성패는 TACCO의 기량에 크게 좌우된다.

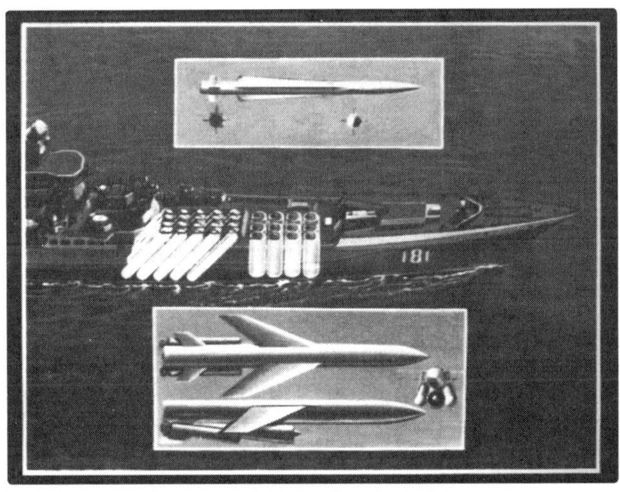

Kirov급 핵추진 순양함(미사일 20기, 12기의 launcher, 96기의 SAN-6 대공미사일 탑재)

Speaking Exercise

- C4I conducts information and intelligence collection ○○hours daily via CTS, TACCIMS, ADOCS, and CTAPS system, with realtime acquisition capability by trained personnel.
  C^4I체계는 CTS, TACCIMS, ADOCS, CTAPS 등의 체계에 의해 정보/첩보수집이 매일 ○○시간 가동이 되고, 전문가에 의해 실시간 획득이 가능하겠습니다.
- As you know, the five elements of C^2W are as follows : Electronic Warfare, Psychological Operations, Deception, and Physical Destruction.
  여러분도 알다시피, 지휘통제전의 5대 요소는 전자전, 작전보안, 심리작전, 기만, 물리적 파괴입니다.
- C^4I is an abbreviation of a new concept : Command, Control, Communications, Computer, and Intelligence. The C^4I as a tool for C^2 has evolved as a result of developing technology and science such as computer, digital communications, and satellite communications.
  C^4I는 지휘, 통제, 통신, 컴퓨터, 정보에 대한 새로운 개념의 약어입니다. C^4I는 C^2의 도구로서 컴퓨터 디지털 통신, 위성통신과 같은 기술과 과학의 발전에 의해서 변천되어 왔습니다.
- Each of these elements has an important role to play in effectively countering the enemy's C^2 modes.
  이러한 제반 각 요소는 적 지휘통제소를 효과적으로 제압하는 데 중요한 역할을 합니다.
- Our CMC coordinates with the MND, JCS, each service HQ, each Component Command, ADD, and IDIS.
  우리 CMC는 국방부, 합참, 각군 본부, 각 구성군사령부, 국방과학연구소 및 정보체계연구소와 협조하고 있습니다.

해신 poseidon

Anti-Submarine Warfare

ASW : 대잠전

ROK Navy의 ASW의 목표는 적 잠수함의 효과적 사용을 거부함으로써 전쟁도발 능력을 파괴하고 수중위협으로 부터 우군함정이나 민간 선박을 보호하는 데 있다. US Navy의 근본 목표는 "to achieve undersea superiority by destroying enemy's attack submarine force using coordinated maritime forces."로써 합동 해상 세력을 사용하여 적의 공격잠수함 세력을 파괴함으로써 수중 우세권을 달성하는 데 있다.

잠수함과 관련한 주요 사건으로 1914년 Otto Weddigen 대위가 지휘하는 U-9의 공격에 의해 1시간 만에 영국 순양함 3척이 승조원 2,200명 중 1,459명과 함께 침몰하였다. 이 사건은 그동안 대양을 지배해온 대영함대에게 치욕적인 사건이었으며 당시 영군 해군 참모총장이던 Admiral Lord Fisher도 "More British sailors were killed than lost by Lord Nelson in all his battles put together(넬슨 제독이 그의 전 생

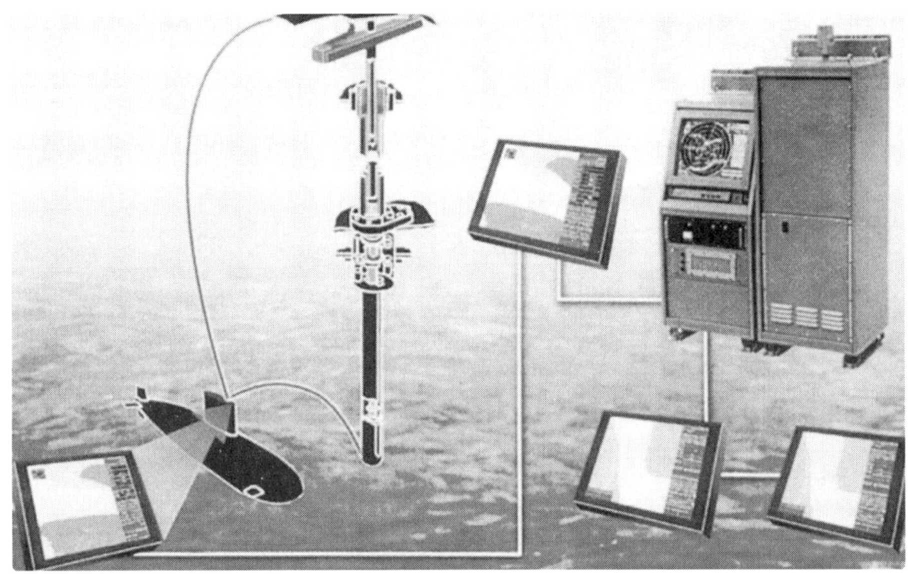

Los Angeles급 핵잠함에 탑재한 AN/BPS-15H레이더의 외관과 항해 관리체계(Litton Marine System)

애 동안 수행한 전투에서 희생시킨 병사보다 더 많은 병사를 잃었다)"라고 분개하였다고 한다.

ASW Weapon Systems

대잠무기 체계는 공격용, 방어용 및 투하형 무기로 나뉜다. 공격용 무기로는 Wire-guided acoustic homing torpedoes, Harpoon. ASROC(Anti-submarine Rocket : 대잠로켓)이 있으며 이들은 대잠함 어뢰와 미사일을 결합시킨다. 방어용 무기에는 ADC(Acoustic Device Countermeasure), NAE(Noisemaker), Towed noisemaker가 있다. 마지막으로 투하형 무기는 Hedge Hog('고슴도치'라는 뜻, H/H : 전방투척기), Depth Charge(D/C, 폭뢰), SUB-ROC(Submarine Rocket : 대잠수함탄)이 있다.

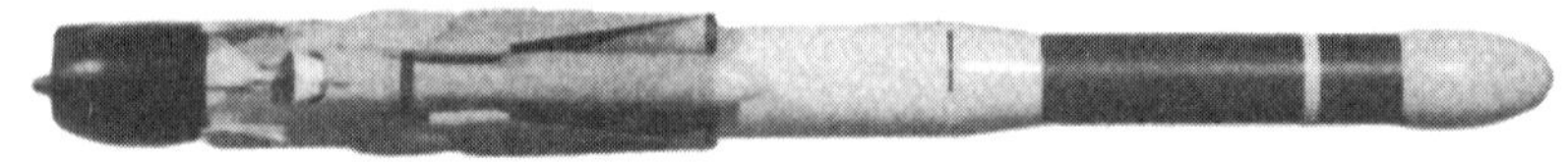

비행날개를 접은 ASW Milas Weapon System
(전장 6m, 직경 46cm, 속도 Mach 0.9, 사거리 5~55km)

기본 ASW 전술 개념

잠수함을 가능한 먼 거리에서 탐지하기 위해 출력이 큰 Active / Passive Sonar를 사용하며 고려요인은 해수의 밀도, 온도, 압력, 염도, 적 잠수함의 크기, 모양, 탐색대의 속도 등이다. 그 중 Passive sonar는 현대 대잠 세력에서 필수적이다. 우리의 209급 잠수함의 소나체계에서 운용되는 소나를 살펴보자:

- CAS(Cylindrical Array Sonar : 원통형 수동 소나)
- PRS(Passive Ranging Sonar : 방위/거리 측정 소나)
- IRS(Intercept Passive Sonar : 대항 수동 소나)
- FAS(Flank Array Sonar : 측면배열 수동소나)
- TAS(Towed Array Sonar : 예인 수동 소나)
- MAS(Mine Avoidance Sonar : 기뢰탐색 능동 소나)

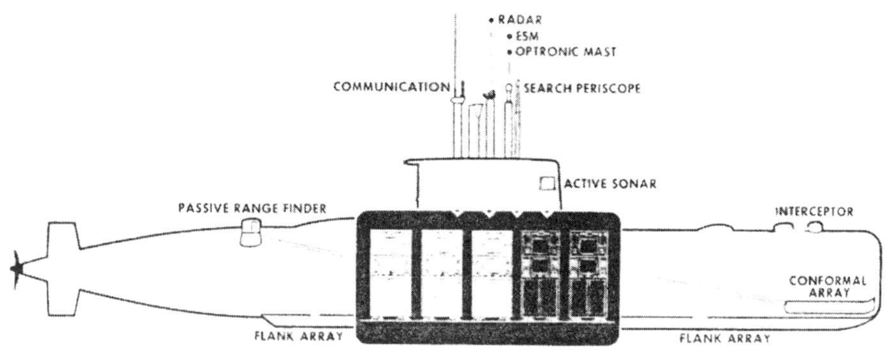

전형적인 잠수함의 SICS 배열도

대잠 공격에는 Urgent Attack(긴급공격)과 Deliver Attack(숙고공격)이 있다. Urgent Attack은 적 잠수함을 위협, 혼돈시킬 목적으로 최대한 신속하게 실시한다. Deliver Attack은 최대한의 정확도로 실시, 잠수함의 파괴를 목적으로 한다

Maritime Action Group(MAG : 해상 기동 전투단) 작전은 적의 위협에 대항하여 수상함, 대잠 초계기(MPA) 및 잠수함세력을 통한 연계작전을 말한다. Maritime patrol aircraft(MPA)는 수중 탐지 체계와 장거리 정보장비를 갖춘 대잠 초계기로서 헬기 탑재 수상함, 적잠수함 작전지역에서 초계 가능하다. 보통 항공기를 이용한 ASW 수색은 다음과 같은 순으로 행해진다.

- Patrol(광역초계) → Search(수색) → Detection(탐지) → Distinguish(식별) → Situation Grasp(위치파악) → Attack(공격) → Evaluation(평가)

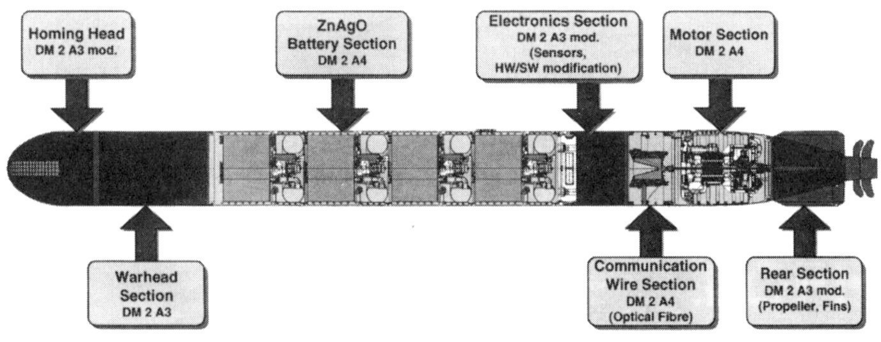

독일 차세대 잠수함 U212 탑재 어뢰, DM2 A4 STN ATSAS

이러한 대잠 수색계획(PLAN BLACK)은 다양한 방법으로 진행된다.

- 수색 방법 : Area Search(구역수색), Intercept Search(차단수색), Lost Contact Search(접촉소실 수색), Bottom Search(해저수색)
- OAK TREE(1S) : 수상함에 의해 수색, HELO가 참여할 수 있는 사열진의 수색방법
- ACORN(2S) : 접촉 소실에 대해 2척의 함정이 실시하는 수색방법, HELO도 참여가능
- PINE APPLE(3S) : 일정구역 내에서 대잠함정이 DATUM 또는 수색 중심점으로부터 방사형으로 수색하는 방법

한편 어뢰 및 잠수함 회피전술도 ASW에서 주요한데 우선 대어뢰 회피전술은 Material Counter Measure, Tactical Counter Measure(전술대항책)를 사용하고, 대잠수함 회피전술은 Random Tactics, 회피항행(Evasive steering, Zigzag, Weaving)을 통해서 실시한다.

최신 잠수함의 전력은 “Most powerful, most secure, most undetectable, most versatile”로 요약될 수 있다. 잠수함의 항해 장비로는 Sextant(육분의), Satellite Navigational Receivers(위성항법장비), Inertial Navigation System(관성항법장비), Decca or Roran Navigational Radio Aids(데카 및 로란 항법 보조장비), Omega Receivers(오메가 항해장비), Echo Sounders (측심기) 등이 있다.

탐지기와 정보교환 체계로 MPA 능력을 갖춘 초계기

주요 대잠 초계기와 대잠헬기

대잠초계기

- P-3C(Orion)

  각종 센서(특히 음파센서), 무장, 항법, 통신 등을 고성능 컴퓨터를 사용하여 하나의 무기체계로 종합한 성능이 뛰어난 초계기. AQA-7, CASS, DICASS 능동형 소노부이 시스템 등을 탑재. ASWOC(대잠전 지휘소)나 GSCC(지상지원 컴퓨터조직) 등의 지상지원시설이 요구됨. 승무원 수는 10명.

- Nimrod(님로드)

  P-3C 같은 고성능 디지털 컴퓨터와 영해군이 독자적으로 개발한 Bara System(음파탐지장치)을 탑재. 속도는 빠르나(740km/H) 성능은 P-3C에 뒤진다.

- Atlantics(어틀랜틱스)

  프랑스와 독일을 중심으로 개발된 것으로 1973년 생산이 중단되었지만 프랑스 해군이 ATL2라는 후속모델을 개발함. Exocet 대함미사일도 탑재하고 있다.

- IL-38(May)(일루신)

  소련의 주력 대잠초계기이며 약 100기가 생산되었다.

- S-3A Viking(바이킹)

  최대시속 815km에 달하며 P-3C와 같은 디지털 컴퓨터와 조종, 항법, 통신, 각종 센서 등 전 시스템을 통제하고 있다. 승무원 4명의 소형기이지만 레이더, 전파탐지장치. FLIR, 각종 소노부이, 자기탐지장치 등을 탑재한 고성능 초계기이다. 현 미해군에서는 CV(공격항모)에 1개 비행부대를 배치하고 있다.

주요 대잠헬기

- 웨스트랜드 WG13(Lynx : 링스)

  영국과 프랑스 양국이 공동개발한 다목적 헬기. 해군형의 탑재장비는 Radar, Dipping Sonar, 공대함 미사일(Sea Squa) 등이다.

- 시코르스키 SH-3H(Sea King)

  서방측의 대표적인 ASW Helo이다. 대잠수함 작전과 탐색구조(SAR)임무를 수행한다. 탑재장비는 Sonar(AQS-13), Sonobuoy(SSQ-41,47), 자기탐지장치(ASQ-81), 전자방해장치(ALR-54) 등.

- 시코르스키 SH-60B(Sea Hawk)
  H-60 Black Hawk를 개조하여 LAMPS MK3로 채용.
- 카먼 SH-2(Sea Sprite) : LAMPS MK1로 발전됨.
  탑재장비는 LN-66HP레이더, 전파탐지장치, Sonobuoy, 자기탐지장치

ASW related Terms

- ACCM : Acoustic Counter Counter Measure(대음향 대항책)
- ACM : Acoustic Counter Measure(음향 대항책)
- Active sonar contact : 능동 음탐접촉
- AFM : Acoustic Firing Mechanism(음향발화장치)
- AIP : Air Independent Propulsion System : 무급기 추진체계로서 함내에 저장된 산소 및 연료를 사용하여 수중에서 축전지 충전 및 추진에 필요한 전원 공급이 가능한 시스템
- Angles and dangles : 잠수함을 위아래로 급경사로 운항하는 재빠른 선회작용
- ASAC : Anti-Submarine Air Controller(대잠 항공 통제관)
- ASAU : Air Search Attack Unit(항공 수색 공격 단대)
- ASPO : Anti-Submarine Offensive Operation(대잠 공격작전)
- ASR : Submarine Rescue Ship(잠수함 구조함)
- ASWACS : Anti-Submarine Warfare Air control Ship(대잠전 공중통제함)
- Attack by independent method : 개별공격
- BDR : Best Depth Range(최적 심도거리)
- Blowing : "불어". 함장이 "수면 좋아" 구령에 이어 부력탱크에 고압공기로 해수를 불어내어 부상을 하게 하는 구령
- Bottom bounce range : 해저 반사거리
- Bow array : 잠수함의 함수에 위치한 소나 슈트
- Clear Datum : 잠수함에서 발견된 지점을 떠나는 것을 말한다.
- Collapse Diving Depth : 파괴심도로서 수압에 의해 잠수함 압력 선체가 파괴되는 계산상의 심도
- Condition of towed arrays : 예인 음탐장비 작동상태

- Convergence Zone Range : 음파수렴 구역 거리
- Datum : 잠수함이 sonar에서 소실된 위치, 잠수함이 발견되거나 미사일이나 어뢰를 발사함으로써, 자체 탐지가 가능하게된 지점이나 위치.
- Dipping Sonar : 대잠 헬기가 상용하는 능동형 소나. 소나의 송신기로 수중을 탐지.
- DSRV : Deep Submarine Rescue Vehicle(심해구조정)
- ESM : Electronic Support Measure(전자지원책) : 항공기에서 적 레이더 존재를 파악하는 방식. 적 잠수함이 발신하 는 전파를 전파탐지 장비로 파악.
- FLIR Forward Looking Infrared(전방감시 적외선 장치) : 적외선 정보를 화상으로 변환하여 스코프에 표시.
- FOC : Furthest On Circle(최대원호)
- Hydroplane After : 함미 수평타
- Layer depth : 층심도
- MAD : Magnetic Anomaly Detector(자기탐지장치) : 지자기의 미세한 변화를 포착하는 기기로서 탐지거리는 200~500m이다. 공격실시 전 최종위치 파악을 위해 사용된다.
- Main Ballast Tank : 주부력 탱크
- MIL : Magnetic Indicator Loop(잠수함 통과 확인 기구)
- NNSS : Navy's Navigational Satellite System(미해군의 위성 항법 체계)
- Periscope Depth(잠망경 심도) : 잠수함에서 수면상을 관찰하거나 스노켈 중일 때 유지하는 심도
- Port Hydroplane Forward : 함수 좌현타
- SAC : Scene of Action Commander(현장 지휘관)
- SAU : Search Attack Unit(탐색 공격단대)
- SCREEN CDR : Screen Commander(경계진 지휘관)
- SDV : Swimmer Delivery Vehicle(수영자 침투정)
- SLMM : Submarine Launched Mobile Mine(자항기뢰)
- Sniffer : 스노클 잠수함의 디젤 배기를 탐지하는 장치
- SONAR : Sound, Navigation & Ranging(수중음파 탐지기)
- Sonobuoy : 항공기에서 해면으로 투하하는 음파탐지기(sonar와 buoy의 합성어)

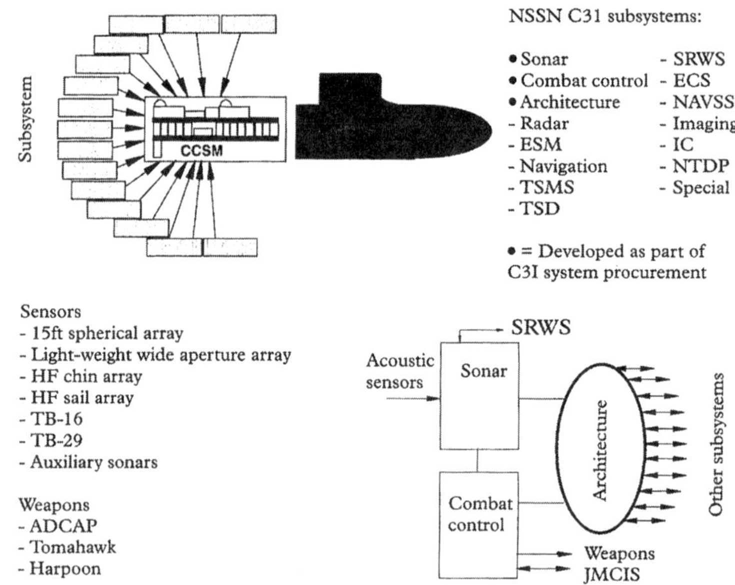

핵 잠수함 C31 계획은 Sonar, 전술통제 및 추가적인 전투체계를 통합한 것이다.

복합적 기능을 수행할 수 있는 Thomsom Marconi Sonar.

- SOSUS : Sound Surveillance Underwater System(해저부설형 소타)
- Subnote : Submarine Note(잠수함 작전지시)
- TACTASS : Tactical Towed Array Sonar System(견인식 전술예인소나 장치)
- TASS : 수동형의 전술예인 소나
- TDA : Torpedo Danger Area(어뢰 위험지역, FOC에서 6000yds를 연장)
- TDZ : Torpedo Danger Zone(어뢰 위험 구역)

Speaking Exercise

⚓ Approach to datum intend direct/intercepting/offset.
datum에 직접 / 차단 / 편향 접근하라.

⚓ Carry out ASW search plan ACORN.
대잠전 수색 계획 ACORN을 집행하라.

⚓ Lost contact, carry out search plan.
접촉 소실, 수색계획 집행.

⚓ Form SAU and investigate datum(GOBLIN).
수색공격 단대를 형성하여 데이텀(GOBLIN)확인.

⚓ Designate and dispatch SAU to investigate contact.
수색공격단대를 파견하여 접촉물 확인.

⚓ Cease passive search and commence active search.
수동 수색을 중지하고 능동 수색시작.

⚓ Submarine has released decoy.
잠수함의 유인기를 사용한다.

⚓ Random dip in sectors/area.
구역 내에서 음탐기 강하.

⚓ Come to periscope depth.
잠망경 심도로 부상.

⚓ I have CERTSUB / PROBSUB / POSSUB sonar contact.
확인 잠수함 / 유사잠수함 / 가능 잠수함을 접촉하였음.

⚓ Stand by for depth charge / bomb attack.
폭뢰/폭탄 공격준비 실시.

- Proceed to most advantageous torpedo attack position.
  가장 유리한 어뢰 공격지점으로 가라.
- Suspect submarine had fired torpedo.
  잠수함이 어뢰를 발사한 것으로 사료됨.
- Result of attack is underwater explosion.
  공격결과는 수중폭발.
- Cease zigzagging and remain on course being steered.
  지렁이 기동을 중지하고 침로 유지.
- Submarine has released noisemaker.
  잠수함은 소음발생기를 사용.
- What is the submarine accountability?
  잠수함 식별 현황은 어떻습니까?
- On June 20, 1500, an unidentified submerged contact was discovered in the East Sea.
  6월 20일 15시 동해안에서 미식별 수중 접촉물을 발견하였습니다.
- The unknown submerged contact is identified as ____.
  미식별 수중 접촉물은 ____으로 판명되었습니다.

Anti-Surface Ship Warfare

ASUW : 대수상함전

대함 미사일 공격 및 방어

최근 수상함(Surface ship)은 장거리 SSM(Surface to Surface Missile)을 탑재하고 있으며 전술 개념도 Gun(포)을 발사하는 데에서 장거리 SSM을 발사하는 쪽으로 바뀌어가고 있다. 대함 미사일 방어(SSM defense)는 크게 나누어 Soft Kill과 Hard Kill 방법이 있다.

Soft Kill(기능마비)은 전자적으로나 광학적으로 미사일의 유도장치를 기만하거나 교란하는 방법이다. 대부분 액티브 레이더를 사용하는데 만일 상대가 액티브 레이더를 쓰지 않으면 치명상을 입는다. 해군의 SLQ-32(V), Chaff, Flare(조명탄과 비슷함), 전자 교란법이 Soft Kill에 사용된다.

Hard Kill(물리적 파괴)은 미사일을 목표에 명중하기 전에 파괴하거나 격추시키는 방법이며 포나 미사일이 사용된다. Hard Kill에 사용되는 무기체계로는 Sea Sparrow, Sea Wolf, RAM(Rolling Airframe Missile), CIWS 등이 있다.

스웨덴의 57mm 스텔스 함포

Speaking Exercise

⚓ Do not commence surface fire until identification is established.
확인 식별시까지 대함 사격 중지하라.

⚓ Attack is being carried out.
공격이 실시되고 있다.

⚓ What is the current ___ effort to interdict SLOCs (Sea Line of Communications) and ports?
: 해상 교통로와 항구를 차단하기 위한 현재 ___의 노력은 어떻습니까?

⚓ I am investigating unclassified contact.
본함은 미식별 접촉물을 조사중이다.

⚓ Open range to maximum range.
최대거리까지 벌려라.

⚓ I am illuminating.
본함은 조명함이다.

⚓ Fire warning shot across contact's bow.
적의 함수에 위협사격을 가하라.

⚓ Clear line of fire from this unit indicated.
본단대의 사선으로부터 비켜라.

⚓ Fight a surface, using all forces action.
전 세력을 이용 수상전투를 하라.

⚓ Attack by repeated attack.
반복 공격하라.

⚓ Contact reported by radar is friendly.
전탐 접촉물은 우군이다.

⚓ Where are the SRBM launchers and associated systems?
단거리 탄도미사일 발사대 및 관련 시스템은 어디에 있습니까?

Anti-Aircraft Warfare

AAW : 대공전

Object(US Navy & 일본 해상자위대)

The US Naval air defense is directed both against missiles fired at warships and aircrafts. The same system that can deny an enemy access to a fleet can also help cordon off an area some distance away in which friendly aircraft may be operating.

The object of JMSDF's AAW is defending surface groups and ships against an attack from the air.

Naval AAW Weapon System

In AAW, it is necessary to form the multilayered air defense composed of the guns and missiles as well as to avoid missile attacks through electronic counter measures.

Masurca 2연장 대공미사일 발사대

최근 항공기의 행동반경 및 공격능력이 현저하게 증가하게 됨에 따라 Anti-Surface Missile을 탑재하고 있는 대부분의 수상함 및 잠수함도 더욱 복잡해지고 대형화되어가고 있다. 해군의 대공방어 체계는 Long range(지역방어 : 항모에 탑재된 장거리 미사일), Short range(점 방어 : 함정 탑재 미사일) 및 Very short range(guns, jammers, decoys)로 구분된다.

CAP(combat air patrol : 전투기 초계)은 보통 방어 개념으로써 여러 타입이 있다 : TARCAP(TARget CAP), BARCAP(BARrier CAP), RESCAP(REScue CAP)

AAW Tactics

AAW의 주요 전술인 생존(survival)이나 방위(defensive)전술은 다음과 같이 요약된다 :

1. Survivability may make decoying more effective or may force the attacker to concentrate an attack in a manner increasing vulnerability and reducing saturation(감지력 늘이고 집중포화 줄임으로써 생존성 확보).
2. When using jammers to pull an incoming missile off into the cloud of chaff, one problem is that the missile is unlikely to detonate in the chaff cloud.* The missile may emerge from the cloud only to begin a target re-acquisition and may find the original target(재머로 미사일을 채프구름으로 기만하려 할 때 미사일이 채프 속에서 폭발하지 않는 경우 문제 발생 가능. 미사일이 채프구름에서 나와 원래 목표를 재획득할 수 있기 때문).
3. Very few missiles can be expected to actually hit small incoming targets. Rather, most will employ proximity fuzes to convert a near missile into a hit(접근해오는 소형의 대공표적에 대해서는 미사일을 명중시키기보다는 근접신관을 이용).
4. At very short ranges, unguided gunfire may be more effective than the guided missiles(짧은 사거리에는 비유도 포가 효과적).
5. For all air defense systems, there is a minimum acceptable kill range, since even a badly damaged missile may well follow a ballistic trajectory into a target ship, and since the fragments of a severly damaged missile will continue also its original path(아주 손상된 미사일과 파편도 계속 궤도를 따라 작동함으로써 목표물에 피해를 줄 수 있음).

* ARBOC Chaff System
자선을 향해 발사된 미사일에 대해 전자적 수단으로 방해기만을 가해 이것을 무력화시키는 것을 ESM(Electronic Counter Measure)이라고 하는데, 그 대표적인 것이 Chaff와 플래어이다. Chaff는 레이더파를 반사하는 특징이 있는 알루미늄 박지나 유리 섬유에 알루미늄을 코팅한 것을 사용한다. Chaff를 공중에 대량 살포하여 Chaff cloud을 만들면 레이더파를 강하게 반사하므로 Active 레이더를 사용하는 대함 미사일은 그 방향으로 이끌려가게 된다. Chaff로켓 발사장치로 US Navy는 MK36 RBOC을, British Navy는 시너트를 사용한다.

AAW related Terms

Airdale, airdale : 해군 항공대원, 모든 항공대 장병을 통칭하기도 함.
ASDC(Air Support Operation Center) : 공중지원 작전소
AAS(Anti-aircraft Screen) : 공격 경계진
AP(Area Patrol) : 구역경계
AC(Assault Aircraft) : 돌격항공기
ASRT(Air Support Radar Team) : 공중전 레이더 팀
Air-surveillance : 대공감시
Air Observatory : 대공 감시소
Anti-air warning service : 대공 경계 근무대
Aircraft warning officer : 대공경계장교
Air warning system : 대공경계조직
Air alert control : 대공관제
Anti-aircraft defence : 대공방어
Action station : 대공부서
Anti-aircraft operation center : 대공작전 본부
Anti-aircraft operation officer : 대공작전장교
Anti-aircraft artillery officer : 대공장교

Chaff 발사기

Speaking Exercise

- My TACAN number is ##.
  나의 TACAN 번호는 ##이다.
- I bear 000-00nm(yds) from you.
  당신의 위치로부터 000-00마일(야드)에 있다.
- Steer course 000.
  000도로 향하라. (임무지역 또는 함정으로)
- Come to course 000.
  000도로 향하라. (Radar 포착 후)
- My posit is 000 radial 00nm from pohang TACAN.
  나는 포함 TACAN으로부터 000-00마일에 있다.
- My posit lat 00-00-00, lot 00-00-00
  나의 위치는 경위도로…
- Target position is lat 00-00-00, lot 00-00-00
  표적의 위치는 경위도로…
- No fly line KADIZ
  비행금지선은 KADIZ
- No fly line north 10nm from target.
  비행금지선은 표적으로부터 마일 이상
- Lost comm procedure, contact eagle control.
  통신 두절 시 Eagle control을 접촉

해군 항공기 I

F / A 18 Hornet

Harrier

F-4S Fantom

해군 항공기 II

C-130 Hercules

F-144 Tomcat

C-9B Skytrain II

EA-6B

MV-22

S-3B Viking

Amphibious Operation
상륙작전

해병대(Marine Corps)는 각 나라의 전통에 따라 ‘Royal Marine(영국)’, ‘Morskaya Pekoda(러시아)’ 등의 특유의 호칭을 사용하고 있으며 이들 나라에서는 해병대 외에 ‘해군보병’으로 부르기도 한다.

Amphibious Operation의 전술 형태

상륙작전은 함정이나 주정 또는 항공기에 탑승한 해군 및 상륙군이 해상으로부터 적 해안에 대하여 실시하는 공격작전을 말하며 다음과 같은 형태가 있다.

- Landing Operation(상륙작전) : 함정이나 주정 또는 항공기를 이용하여 해군 또는 상륙군을 적 해안에 상륙시켜 해안 교두보를 확보하고 차기작전을 수행하기 위해 상륙군을 육상에 확고히 구축하는 작전
- Amphibious raid(상륙기습) : 적에 대한 피해강요, 첩보획득, 적의 관심전환, 인원 및 물자의 획득 등을 목적으로 적 해안상의 목표물을 일시적으로 점령한 후 계획된 철수를 하는 작전.
- Amphibious Demonstration(상륙양동) : 작전수행에 앞서 적이 불리한 방책을 채택하도록 무력시위를 함으로써 아군의 상륙기도를 기만하는 작전.
- Amphibious Withdrawl(상륙철수) : 해안으로부터 해군함정 또는 주정에 의하여 해상으로 부대를 철수하는 작전.

Amphibious Operations related Terms

- AADS(Amphibious Assault Direction System) : 상륙전 지휘, 주 통제 및 보조 통제의 임무를 수행하는 각 함에 상륙전 기동부대의 상륙용 주정 위치와 움직임에 관한 실시간 정보를 주는 지휘관제 데이터 시스템.

• DCC(Debarkation Control Center) : 상륙함에서 하역스케줄 및 관제를 통합하는 센터.

• JCIS(Joint Command Information System) : 전투부대 지휘관, 예하지휘관, 함장 및 상륙지휘센터가 전술상황을 평가할 수 있도록 설계된 지휘통제통신 등의 자동시스템.

• TOLC(Troop Operation Logistic Center) 상륙부대의 지휘관과 참모가 상륙전을 지원하기 위한 계획과 작전을 수행하는 중추로 San Antonio class LSE-17에 탑재되어 있다.

잠깐!

해병의 특징적인 복장이나 외모의 숨은 의미는 무엇인가?

《상륙돌격형 머리》

상륙작전 중 생길 수 있는 다수의 희생자(특히 머리부상자)들을 보다 빠른 시간 내에 치료할 수 있도록 하기 위해서

《해병의 '빨간명찰'》

빨간 바탕은 피와 정열을 상징하고 (예의) 노랑글씨는 인내와 평화를 상징한다고 함(신의)

《팔각모》

8은 화랑 5계와 3금기(금욕, 신유흥, 신허식)를 합한 8계를, 극은 평화와 독립수호, 엄정한 군기유지, 필승의 신념 등을 의미한다.

Speaking Exercise

⚓ The two formations, each consisting of 10 amphibious units, landed at two separate areas.

각 10척씩 2개 진형으로 구성된 상륙 함정이 2개의 각자 다른 지역을 목표로 상륙했습니다.

⚓ Could you explain about the CLF(Combined Landing Force) Amphibious Operation Plan during this UFG exercise?

금번 을지연습시 연합상륙군의 상륙작전계획에 대하여 설명해 주시겠습니까?

⚓ The KITP(Korea Incremental Training Program) will be conducted in _____area next month.

다음 달에 한 · 미 연합지상전훈련이 _____에서 실시될 것입니다.

⚓ If the MEU(Marine Expeditionary Unit) conducts an amphibious raid or demonstration to disrupt the enemy forces, what kind of options(courses of action) do we have?

적을 혼란시킬 목적으로 해병대 원정부대로 상륙기습이나 상륙양동을 실시하고자 한다면 어떠한 방책이 있겠습니까?

⚓ I would like to know about the employment concept, roles, and missions of the ____.

____의 운용 개념과 역할 및 임무에 대하여 알고 싶습니다.

⚓ I would like to know about the task organization, employment concept, and current disposition status of the MEUs.

해병대 원정부대의 편성과 운용개념, 현 배치현황에 대하여 알고 싶습니다.

미래의 다목적 상륙함(Multi-role amphibious ship)의 작전 구도

Communication
통 신

5

대인간의 관계에서와 마찬가지로 함정 내/함정 간에 있어서도 Communication은 아주 중요한 역할을 한다. 여기서는 함내 통신과 함정 간의 통신을 위한 MC Voice Unit과 연합작전에 필수적인 Basic Communication Procedure을 익히며 전보 해득을 위한 기본 정보를 다룬다. 마지막으로 행정 및 위기/경고 신호 등의 기류식별 방법을 다룬다.

해상보급(Replenishment at Sea)

Internal Communication

함내 통신

"Communications dominate war; broadly considered, they are the most important single element in strategy, political or military"

- Mahan, 1900 -

1MC, BMOW, GQ, air bedding, inspection, 'Now here this', muster, imspection, reveille, secure, Tatoo & Taps, turn to

예전에는 전 승조원에게 전할 명령도 몇몇 승조원이 구두로 직접 메시지를 전달하였다. 당시 승조원들은 이 메시지를 들으면 함정의 앞뒤로 오가며 모든 Hatch에 그 말을 반복해서 전달하였지만 최근 여러 형태의 함내 통신은 많은 정보를 신속 정확하게 전달할 수 있게 해주고 있다.

Internal communication은 함내부에서 행해지는 것이다. 함정에서 동시에 모든 장소에 메시지를 전달할 수 있는 가장 일반적인 방법은 MC voice unit을 사용하는 것이다. MC는 주통신이며 함정 내 메시지의 주요 전달시스템이다. 방송이나 메시지 전달체계인 기본적인 MC unit 은 1MC inter-communication loudspeaker-transmitter라고 부른다. 1MC 송신기는 마이크와 동일하여 송신자는 그냥 입에 대고 말하면 된다.

MC voice unit(함내 방송)

MC voice unit에는 두 가지 종류가 있다. One-way system(일방체계)이 있고 Two-way communication(쌍방체계)을 제공해주는 것이 있다. One-way system에서는 말은 전달할 수 있지만 수신을 할 수 없고, Two-way unit에서는 송수신이 모두 가능하다.

Passing the word(메시지 전달)

함정에서는 당직사관을 보좌하는 부직사관(Boatswain's mate of the watch : BMOW)이 일과를 진행하는 방송을 한다. 내용을 방송하기 전에 BMOW는 Boatswain's pipe*를 불고 다음과 같은 메시지로 주의를 환기시킨다.

* Boatswain's pipe(or whistle)는 중요한 메시지를 전달하거나 예식행사 목적으로 신호용의 철로 만든 작은 호각이다. 이 호각은 모두에게 이어지는 말에 주의를 기울이게 한다.

- 우선 "Now, hear this" 혹은 "Attention"(알림)이라고 방송한다.
  위의 말은 모든 사람이 방송을 들어야만 한다는, 우리말의 "알림"에 해당하는 신호이다. 이후 신호는 다른 명령을 전달하게 되는데 몇 가지 익숙하게 들을 수 있는 신호로는 "all hands" "mass call" "standby" "hoist away"가 있다(훈련이나 위기 상황일 때 "all hands"로, 일과진행은 "attention"으로 알림). 함내 일과 방송은 간단 명료하게 방송되어야 할 것이다.

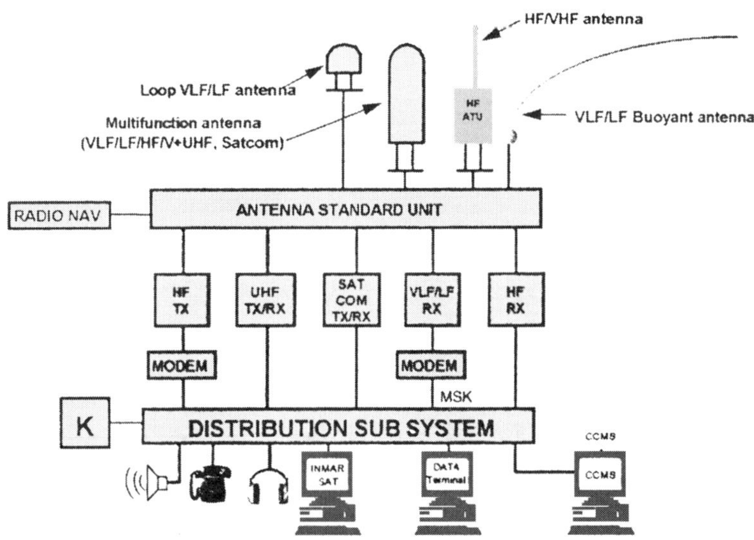

SUBCOS 통신 시스템

Daily Shipboard IC(함내 일과 방송)

함승조원은 함내의 일상 과업에 관한 방송 용어에 익숙하여 그 내용을 제대로 이해해야 한다. 보통 함내에서는 아래와 같이 방송을 한다.

일과	방송 용어
1 Air Bedding (이 말은 담요, 베개, 매트리스를 노천갑판상 햇볕에 말리라는 뜻) ✣ Air bedding을 하는 것은 해군의 전통이며 건강을 위해서 필수적인 것이다. 이것은 습기가 차고 곰팡이가 끼는 것을 방지한다.	"All divisions, air bedding" (전 부서 Air bedding을 실시)
2 Church Call(종교활동) (종교활동의 시간과 장소에 관한 방송이며 활동 중 어떻게 해야 할지를 말해준다.) - 종교활동 시작 15분 전	"Religious services are being held in Main deck. Maintain quiet about the desks during service." -15 min until religious activity
3 General Quarters(전투배치) (전투위치는 전투 시 임무할당 구역을 말하는 것이다. 이 명령은 전체적인 전투대비 상황에서 주어진다.) ✣ GQ 시 좁은 함내에서 이동하는 데 따른 혼란을 줄이기 위해서 이동방향을 GQ방송할 때 지정해준다. ✣ Man Overboard(인명구조) ✣ Abandon Ship(비상이함) Security Alert(침해자 격퇴경보)	"General Quarters! General Quarters! All hands man battle stations." (전투배치! 전투배치! 전 승조원은 전투위치에 임할 것) "The flow of traffics are up and forward starboard, and down and aft port." (위나 앞으로 이동 시에는 우현으로, 아래나 뒤로 이동 시에는 좌현으로 이동한다.) "Man overboard" (1MC로 방송되면 근무위치에 즉각 임한다.)

4 Inspection(인원점검) (평상시 외모상태를 점검 받을 수 있도록 즉각 자신의 근무위치에서 준비하라는 명령이다. 인원점검에서 수검자의 신발, 근무복, 두발 및 면도상태를 자세히 점검한다.)	"All hands to quarters for Captain's personnel inspection." "Secure from self study, prepare for inspection" (자습 끝, 점검 준비)
5 Liberty(상륙) (상륙 시작시간과 끝을 알림) * 함정에서는 당직구역을 5구역으로 나누고 있으며 각 구역별로 임무를 교대로 선다. 보통 2직제로 하여 한쪽만 당직을 서고 그외 인원은 상륙을 나가게 된다.	"Liberty to commence for duty sections one and three to commence at 1300 ; to expire on board at(hour, date, month)." (1, 3구역은 오후 1시에 상륙실시하고, 상륙은 _월_일 _시까지 유효하다)
6 Mistake or error (실수나 잘못 시 이전에 지시 내린 사항을 취소한다는 방송) Ignore entire transmission	"Belay my last." (이전에 말한 것은 취소함)
7 Muster on station(임무별 소집) (이 방송은 승조원들의 출석확인을 위해 근무장소에 집합하라는 명령.) - 사관실에 집합 5분 전	"Disregard"(전체 메시지 취소) "All hands muster on stations." (전 부서는 정위치에 집합할 것) - 5min until assembly in wardroom
8 Preparations for getting underway (이 방송은 출항준비를 위해서 자신의 임무를 다하라는 명령) - 오후 일과 시작 5분 전 - 청소 끝 5분 전	"Make all preparations for getting underway". (출항준비를 할 것) - 5min until afternoon duty - 5min until secure from cleaning

9	Reveille(기상) (Reveille는 '잠에서 깬다'는 것을 의미하는 말이다. to trice up a bunk는 '침대를 들어서 묶는다'는 말이다.) - 총기상 15분 전 - 총기상 조별과업시작 - 총기상	"Reveille. Up all hands, trice up all bunks." (기상. 총원 일어나서 모든 침대를 들어서 묶을 것) - 15 Minutes to Reveille - Reveille, begin group duty - Reveille, reveille, all hands heave out and trice up.
10	Sweepers(청소) (청소시작 지시)	"Sweepers, start your brooms." (청소자는 쓸기 시작할 것)
11	Tattoo and Taps (Tattoo는 총원이 잠자리로 들어가서 갑판에 정숙을 기할 수 있도록 하는 나팔 신호이다. Taps는 tattoo 이후 5분 지나서 부는 나팔신호이다.) - 소등	"Taps, Lights out. All hands turn in to your bunks and maintain silence about the decks." (소등 총원은 취침하여 갑판에 정숙을 기할 것) - Lights out
12	Turn to(작업개시) - 과외 활동 끝. 청소시작	"Turn to scrub down all weather decks." (노천갑판 전체를 문지를 것) - Secure from Extra-curricular activities. Begin cleaning.
13	Watch Relief(당직교대) 당직사관 교대(Shifting)	"15 min until watch relief" "Relieve the watch on the deck(no.) section. Lifeboat crew on deck to muster. Relieve the wheel and lookouts." (First pipe: "Attention") "The OOD is shifting his watch to the bridge."

✣ GQ : General Quarters

✣ 전 승조원들에 대한 전투 배치 구령. 종종 잠재적인 위험에 대비하라는 말로도 사용됨. 예를 들어서 기관실에서 연료나 윤활유가 샐 때 GQ 구령을 내려서 화재가 나는 것에 대비한다. 함정에서 제반훈련 및 상황 시 임무 구역으로 신속하게 이동하기 위해서 CCW(Counter clockwise : 반시계 방향)방향으로 이동한다.

Weekly Internal Communication(IC) of Midshipmen

요 일	한 국 어	영 어
월	호국의 다짐	Pledge of Guarding Nation
	집합장소 충무공 동상 앞	Form up in front of Admiral Yi's Statue
	정훈교육	Public relation instruction
	학과수업	Academic classes
수	문화부 활동	Cultural activities
	종교활동	Religious activities
	자율의 날	Autonomous day
금	통해관/사외청소	Tonghae Hall & outside cleaning
	군기훈련	Discipline training
	생도총원 비상소집, 복장	All midshipmen, emergency assemble,
	단독무장(완전무장),	uniform is single armed(complete armed)
	집합장소 연병장	assembly area is parade ground(2nd
	(제2체련장)	(stadium)
토	분열훈련	Practice parade
	망해봉 훈련	Manghae Mountain training
	중대(학년) 훈육관 시간	Commence(grade) officer's call
	점검준비 시작/끝	Commence/end inspection preparation
	주말(월말)점검	Weekly(monthly) inspection
	분열의식 시작/끝	Comencement of ceremonial parade
	외출/외박자 정렬	Liberty call/formation
	안내 및 순라생도 연대당직실 앞 집합	Guiders and midshipmen patrols assemble in front of regiment watch station(office)
	면회자 생도 제2세병관 광장 집합	Midshipmen with visitors call form up in front of No2 dormitory
	취침점호	TAPS

요 일	한 국 어	영 어
일	인원점검	Personnel inspection
기타	(제1대대 생도)식사정렬	Noon meal formation
	오늘 저녁점호는 연대(대대/ 중대)점호	Today's evening TAPS will be conducted by regiment(battalion/company) commander
	연대(대대)참모생도 제2세병관 현관	Midshipmen regiment(battalion) staffs
	앞 집합	assemble in front of No.2 dormitory
	병기 및 복장점검	Small arms and Uniform Inspection

Daily Internal Communication of MIDS

시 간	한 국 어	영 어
0545	총기상 15분 전	15 minutes to reveille
0555	총기상 5분 전	5 minutes to reveille
0600	총기상	Reveille, Reveille
0630	점호 끝	End of roll call
0645	국기올림 15분 전(하절기:0545시)	15 minutes until colors(Summer 0545)
0650	명량관 입장	Assembly in Myoung Ryang Hall
0655	국기올림 5분 전(하절기:0555)	5minutes until colors(Summer 0555)
0700	국기올림(하절기:0600)	Colors(Summer 0600)
0730	오전일과 정렬 15분 전	15min. until formation for morning class
0740	오전일과 정렬 5분 전 오전일과 정렬, 오전일과	5min. until formation for morning class Fall in for morning class,
0745	시작 15분 전	15minutes until morning class
0755	오전일과 시작 5분 전	5 minutes until morning class
0800	오전일과 시작	Begin morning class
1135	오전일과 끝 15분 전	15 minutes until end of morning class
1145	오전일과 끝 5분 전	5 minutes until end of morning class
1150	오전일과 끝	End of morning class
1200	명량관 입장	Assembly in Myoung Ryang Hall
1245	오후일과 시작 15분 전	15 minutes until afternoon class
1255	오후일과 시작 5분 전	5 minutes until afternoon class

시 간	한 국 어	영 어
1300	오후일과 시작	Begin afternoon class
1505	체육수업 시작 15분 전	15 minutes until Physical training period
1515	체육수업 시작 5분 전	5 minutes until Physical training period
1520	체육수업 시작	Begin Physical training period
1645	오후일과 끝 15분 전, 국기내림 15분 전	15 minutes until secure from afternoon duty, 15 minutes until colors
1655	오후일과 끝 5분 전, 국기내림 5분 전	5 minutes until secure from afternoon duty 5 minutes until colors
1700	오후일과 끝, 국기내림 (하절기:1800)	End of afternoon duty, colors (Summer:1800)
1705	체육수업 끝 15분 전	15 minutes until secure from Physical training period
1715	체육수업 끝 5분 전	5 minutes until secure from Physical training period
1720	체육수업 끝	End of Physical training period
1730	명랑관 입장	Assembly in Myoung Ryang Hall
1945	점호 15분 전	15 minutes until roll call
1955	점호 5분 전	5 minutes until roll call
2000	점호	Roll call
2015	점호 끝	End of roll call
2115	당직교대 15분 전	15 minutes until watch turnover(shift)
2125	당직교대 5분 전	5 minutes until watch turnover
2130	당직교대	Turnover(shift) the watch
2200	소등	Light out

Irregular Internal Communication(비정규 방송)

• 함장 승(하)함	Boat gong1직함 : "Captain arriving(departing)"*
• 0800 보고	"On deck all 8 o'clock reports."
• 화 재	"Fire! Fire! Class(A,B..),Compartment A210-1. This is not a drill. Away the duty fire party."
• 단정인양	"First division stand by to hoist in no.(1,2) motor launch(gig)."
• 장비점검	"Standby all lower deck and topside spaces for inspection."
• 작업종료	"Knock off all ship's work."
• 식 사	"All hands, pipe to lunch(or dinner)" First pipe : "Mess Call"
• 집 합	"All division muster on stations."
• 출항준비	"Make all preparations for getting underway."
• 출항준비 보고	"All departments, make readiness for getting underway reports to the OOD on the bridge."
• 후갑판에 집합	"All hands to quarters for muster, instruction, and inspection."
• 영송병 배치	"Lay up on the quarter deck, the side boys."
• 청 소	"Sweepers, start(man) your brooms. Make a clean sweep down fore and aft."

* 보통 함장 이상 계급자가 승함(하함)하거나 방문자의 함정이 도착했을 때 gong을 울리고 방송한다.
"Captain, United States, arriving."(함장직함 사용)
"Seventh Fleet, arriving"(직함이 없을 때)
"Blue Ridge, arriving"(함장직함 대신 함정명)

Irregular Internal Communication of Midshipmen

한 국 어	영 어
알림 연대장생도 당직(1중대) 훈육관실로 보고 이상 당직훈육관 명	all hands, Regimental commander report to the duty(1st) company officer
알림 작업원 차출지시, 각 중대 군수보좌관생도 작업원생도 3명 연대당직실 앞에 집합할 것 이상 당직사령생도	all hands, 3 worker midshipmen, company logistic midshipmen assemble in front of the regimental watch station. RWOOD*
알림 오늘 외출/외박자 정렬은 1100시에 있음 이상 당직사령생도	all hands, today's liberty call / formation time is 1100. RWOOD
알림 영화상영 계획 시달함, 시간 오늘 1900시, 장소 벽파회관 이상 당직사령생도	all hands, today's movie is at 1900 at Bukpa Hall. RWOOD
알림 다음 호명하는 생도는 연대당직실 앞에 집합할 것, ○○○생도...,○○○생도	all hands, midshipmen ○○○..., midshipman ○○○, Report to Regiment watch officer
알림 생도총원은 명량관 퇴장시 게시판을 확인할 것 이상 당직사령생도	all hands, check the bulletin board after lunch/dinner at Myung Ryaung Hall. RWOOD
알림 생도총원은 오후 일과시작 전까지 옥상에 방치된 세탁물을 수거할 것 이상 당직사령 생도	all hands, pick up laundry at the top side before afternoon class.
알림 정면, 과면, 이장보고 생도는 통해관 가방 지참코 00시 00분까지 B동 현관 앞에 집합할 것 이상 당직사령 생도	all hands, formation exempt midshipmen report to the front of dormitory at 0000i

* 당직사령 : Regiment Watch Officer of the Day(RWOOD, ROOD).
혹은 Command Duty Midshipman(CDM)

Basic Communication Procedure

기본 통신절차

항상 생활에서 Basic Communication Procedure를 잘 익혀둠으로써 함내/함정 간의 의사소통을 더욱 원활하게 할 수 있다.

Basic Principle

Communication 절차에서 상대의 명령(Order)은 복창을 해야 하며 보고(Report)는 상대방이 이해할 수 있는 것이어야만 한다. 메시지 전송을 하는데 포함되어야 할 부분은 상대국(receiver, station being called) – 본국(sender, station calling) – 전달사항(Message)으로 구성되어 있다. 즉, 상대국(누구)을 호출하고 자기국(누가)을 밝힌 후 메시지(무엇을)를 전송한다.

함정의 통신 Antenna

Basic Communication Procedure

기본 Communication절차에 포함되는 요소는 접촉(establishing contact)을 하고 응답(response)을 하며 Message를 보내는 순서로 되어 있다. 메시지에 대해서는 응답(message response)을 하고 교신 끝 신호(closer)를 보낸다. 이러한 통신절차를 좀 더 세부적으로 살펴보자.

Establishing contact(접촉 절차)

접촉물을 보고하는 데 포함되는 내용 및 방법은 다음과 같다.

- Type of Contact(접촉유형 : "Tanker" "Sail boat" "Motor vessel")
- Bearing(자함에서 보는 접촉물의 침로 : "090R", "180R")
- Range(자함에서의 거리 : "2000yds")
- Identify ownship(자함식별 : "ROKN Warship Two zero one six")
- VHF Channel used(주파수 설정 : "Channel 13/16")
- Closer words(끝 : "Over")

"Diving boat, (Contact : 접촉함) **Bearing 000R,** (Bearing : 침로) **Range 2,000 yards,** (Range : 거리)

This is ROK Navy Warship two zero one six, (Ownship : 자함) **Channel 12/16, over"** (주파수) (끝)

Ex 1

"Coastal ship, Bearing 090R, Range 5,000 yds, This is ROK Navy Warship two zero two six, Channel 13/16, over."

(✣ Fishing vessel off my port bow on course 090 speed 12kts. This is ROK Navy Warship 2026, 2,000yds off your STBD beam, over.)

Ex 2

"Oil tanker, Bearing 180R, Range 2,000 yds, This is ROK Navy Warship two one one six, Channel 13/16, over."

Response(응답)

응답은 항상 같을 것이며 단지 contact와 own ship만이 다르다.

"ROK Navy Warship two zero one six.

This is Diving boat, (own ship) roger, (acknowledgement) over." (closer)

Message/Message Response(메시지 응답)

메시지에는 own ship, message, closer가 항상 포함되며, 메시지 응답에는 contact, message response, closer가 항상 포함된다.

Own ship Contact

Own ship	Contact
"This is ROK Navy Warship two zero one six."	"This is Diving boat."
"Where are you bound to, over?" (message)	"I am heading North, over." (message response)
"Recommend port to port passage, over?"	"Roger, concur, port to port passage, over."
"Do you require assistance, over?"	"Negative, Roger, over."

Closer

Closer는 항상 같으며 contact와 own ship만이 변하게 된다.

"This is ROK Navy Warship Two zero one six,
(own ship)

Standing by Channel 13/16, out."

"This is Diving boat, standing by Channel 13/16, out."
(contact) (closer)

Pilot house to CCS Communication(조타실-주조정실 간의 통신)

Order(지시)

조타실 : **"Central control station / Pilot house, Start / Stop*B."**
(Recipient : 수신자) (Originator : 송신자) (message)

CCS : "Start / Stop B(-H), Central control station, aye."
(message) (Recipient) (Acknowledgement)

Reports(보고)

CCS : "Pilot house / Central control station, is started / stopped B."
(Recipient) (Originator) (message)

조타실 : **"Very well, Central control station."**

* A : Main engine	E : Engine #4
* B : Engine #1	F : Generator #1
* C : Engine #2	G : Generator #2
* D : Engine #3	H : Generator #1 & #2

Ex 1

수신자가 메시지를 이해하지 못할 때 "Say again"이라고 하여 송신자에게 "메시지를 다시 전송하라"는 신호를 보낸다.

조타실 : **"Central control station, / Pilot house, start main engine."**
(recipient) (originator) (message)

CCS : **"Pilot house / Central control station, SAY AGAIN."**
(recipient) (originator) (message)

Ex 2

송신국의 호출부호를 듣지 못해 인지하지 못할 때 "Station Calling"을 사용한다.

조타실 : **"______ / Pilot house, start main engine."** 혹은
(recipient) (originator) (message)

"Central control station /______, start main engine."
(recipient) (originator) (message)

CCS : **"STATION CALLING, Central control station, say again."**

Ex 3

명령을 정정할 때 "CORRECTION"이라고 한다

조타실 : **"Central control station / Pilot house, start engine #1.**
(recipient) (originator) (message)

CORRECTION, start main engines."

CCS : **"Start main engines, Central control station, aye."**
(message) (recipient) (acknowledgement)

"Pilot house / Central control station, started main engines."
(recipient) (originator) (message)

조타실 : **"Very well, Central control station."**
(acknowledgement) (originator)

CIC to Pilot house communication(전투정보실-조타실 간 통신)

CIC : **"Pilot house / Combat, request VID(Visual identification) of contact Alpha."**
(recifpient) (originator) (message)

조타실 : **"Request VID of contact Alpha, Pilot house, aye."**
(message) (recipient) (acknowledgement)

"Pilot house / Combat, contact Alpha is a* A(-J)."
(recipient) (originator) (message)

CIC : **"Pilot house / Combat, aye."** 혹은
(recipient) (originator) (acknowledgment)

"Very well, Pilot house."
(acknowledgment) (originator)

* A	Group 1 coastal ship	I	Fishing vessel
B	Group 1 container ship	J	Hovercraft
C	Group 1 tanker	K	Pilot vessel
D	Group 2 coastal ship	L	Pilot boat
E	Group 2 merchant	M	Pleasure craft
F	Group 3 tanker	N	Sailboat
G	Dive boat	O	Tugboat
H	Fishing boat	P	Naval warship/submarine

Ex 1

답을 모를 때는 "WAIT"라고 한다. 이 말은 답이 결정되면 곧바로 전송하겠다는 의미이다.

Orders

조타실 : **"Combat / Pilot house, report range of Contact A."**

CIC : **"Report range of Contact A, Combat, aye, WAIT."**

Reports

CIC : **"Pilot house / Combat, range to contact is 1500 meters."**

조타실 : **"Very well, Combat."**(혹은 **"Combat / Pilot house, aye"**)

Ex 2

CIC : **"Pilot house / Combat, request VID of contact Alpha.**

조타실 : **"Combat / Pilot house, say again."**

CIC : **"__________ , / Combat, request VID of contact Alpha."**

조타실 : **"Section calling, Pilot house, say again."**

CIC : **"Pilot house / Combat, request range, CORRECTION, VID of contact Alpha."**

조타실 : **"Request VID of contact Alpha, Pilot house, aye,WAIT."**

Bridge to Forecastle Communication. (함교-함수 간 통신)

함 수 : **"Bridge, forecastle, anchor ready for let go"**

(recipient) (originator) (message; 투묘 준비완료)

함 교 : **"Bridge, aye, aye."**

"Forecastle, bridge, you may secure."

함 수 : **"Forecastle, aye, aye, securing."**

- 메시지를 인지했을 때
  "Forecastle, aye, aye." "Aye, aye." 혹은
  "Forecastle, bridge, how many lines to the pier?"

- 메시지가 불확실할 때
  "Repeat" 혹은 "Forecastle, aye, aye, WAIT."

- 전화를 끊고자 할 때 (허가를 받는다)
  "Bridge, forecastle, permission to secure?"

Bridge(A) to Bridge(B) Communications(함교-함교 간의 통신)

A : "Diving boat bearing 000R, range 2,000yard, this is ROK Navy Warship two one zero six, Channel 13/16, over."

B :"ROK Navy Warship two one zero six, this is Diving boat, roger over."

망원경으로 함정의 이동을 관찰

A :"This is ROK Navy Warship, do you require assistance, over."

B : "This is Diving boat, negative, over."

A : "This is ROK Navy Warship two one zero six, standing by Channel 13/16, out."

B : "This is Diving boat, standing by Channel 13/16, out."

Speaking Exercise

⚓ The ship returned to home base.
   함정이 모기지로 복귀하였다.

⚓ The boat patrolled its territorial waters.
   함정이 영해를 초계하였다.

⚓ ROK fleet dispatched 1 PCC to the site.
   한국 함대는 1대의 초계함을 현장으로 출동시켰습니다.

⚓ Naval activity was slightly higher compared with previous years.
   해군 활동은 예년보다 약간 증가된 수준이었습니다.

- An unclassified contact was spotted by the ROK patrol craft.
  미식별 접촉물이 대한민국 초계함에 발견되었다.
- The ship headed back to the south.
  그 함정은 남측으로 기수를 선회하였다.
- We assess that our combat readiness was heightened.
  우리는 아군의 전투 대비태세가 향상된 것으로 평가합니다.
- We cannot exclude the possibility of enemy's potential provocation.
  적의 잠재적 도발의 가능성을 배제할 수 없습니다.
- DEFCON is declared.
  데프콘이 선포되었다.
- You should maintain immediate response posture.
  즉각적인 대비태세를 유지하라.
- You have to monitor situation as it develops.
  상황전개의 추이를 감시하라.
- Please keep abreast of current situation.
  상황을 지속적으로 파악하라.
- There was nothing significant to report(NSTR).
  부대 근무 중 특이사항 없습니다.
- 3rd Fleet Command reports normal activity.
  1함대는 이상 없다고 보고가 들어왔습니다.
- I am put on one-hour stand-by.
  나는 항시 1시간 이내 출동대기 상태에 있다.
- We will continue to closely monitor this activity to assess (confirm) the situation.
  그 상황을 평가(확인)하기 위해 이 활동을 긴밀히 추적 감시하겠습니다.
- We should make a report to JCS(Joint Chiefs of Staff).
  합참에 이 문제를 보고해야 할 것 같습니다.

Procedural Words & Signs

절차용어 및 사인

절차용어 및 절차사인은 무선 통신의 속도를 높이기 위해 사용된다. 이들은 일반적인 명령, 요구 및 지시를 상대방에게 빠르게 전달한다.

Prowords(Prosigns)	해 석
ALL AFTER(AA)	내가 언급하는 메시지는___이후 전체를말한다.
ALL BEFORE(AB)	언급하는 메시지는 ___이전 모든 것이다.
AUTHENTICATE	상대방이 우군임을 확인하는 수하 확인절차.
BREAK(BT)	다른 메시지와의 구분을 나타낸다.
CORRECT(C)	귀하는 정확하고 귀하가 전달하는 내용도 정확히다.
CORRECTION(EEEEE)	이 전문은 잘못이 있다. 정확한 내용은 ___이다.
DO NOT ANSWER(F)	귀국은 호출에 응답 않음. 이 메시지에 회신 바랍니다.
EXECUTE(IX)(5-sec dash)	이것에 적용되는 메시지나 신호를 수행하라.
FROM(FM)	이 메시지를 주는 자는 다음에 바로 지정되는 이름이다.
INFO (INFO)	곧바로 다음에 설명되는 것은 정보를 주기 위한 것이다.
I SAY AGAIN (IMI)	전문이나 지정된 부분을 반복한다.
I SPELL	이 다음말을 한자씩 말하겠다.
OUT	나의 이 송신은 끝부분이고 어떤 회답도 요구하거나 기대하지 않는다.
OVER(K)	이것이 내 송신의 끝부분이며 답변이 필요하다.
ROGER (R)	귀국의 모든 송신을 만족하게 수신 완료
SILENCE (HM HM HM) (3회이상 반복)	이 네트에서 곧바로 송신을 중단하고 침묵을 유지한다.
WAIT(AS)	몇 초간 기다려라.
WILCO(will comply)	귀하의 신호를 수신하고 이해했으며 그것을 따르겠다.
WORD AFTER(WA)	내가 언급하는 메시지는 ___다음의 말이다.
WORD TWICE	통화가 어려움. 각 구절마다 반복해서 송신하라.

Communication related Terms

- Belay : 정지, 신속하게 하다. (이전 것을) 취소하다 "Belay my last"
- Negat : 'negative'라는 말이 구어적으로 축약된 말.
- Papa Hotel: 기류신호 'P-H'가 발음으로 되는 말로써 "전 승조원 귀대(all hands return to ship.)"하라는 의미.

International Phonetic Alphabet(국제 음성 신호)

b, d, c, z 등의 철자의 발음은 혼동하기 쉽다. 혼동을 방지하기 위하여 함정의 통신 라인에서는 철자를 그대로 발음하는 대신에 국제 음성 알파벳을 사용한다. 이것은 알파벳의 각 글자를 특정 단어와 연관시켜 구성한 것이다. 다음은 국제 음성 알파벳이다. 대문자로 나타낸 부분은 악센트를 넣어서 발음을 하라는 표시이다.

철 자	음 가	발 음	철 자	음 가	발 음
A	ALFA	AL fah	N	NOVEMBER	no VEM ber
B	BRAVO	BRAH voh	O	OSCAR	OSS cah
C	CHARLIE	CHAR lee	P	PAPA	pah PAH
D	DELTA	DELL ta	Q	QUEBEC	kay BECK
E	ECHO	ECK oh	R	ROMEO	ROW me oh
F	FOXTROT	FOKS trot	S	SIERRA	see AIR rah
G	GOLF	GOLF	T	TANGO	TANG go
H	HOTEL	hoh TELL	U	UNIFORM	YOU nee form
I	INDIA	IN dee ah	V	VICTOR	VIK tah
J	JULIETT	JEW lee ett	W	WHISKEY	WISS key
K	KILO	KEY loh	X	XRAY	ECKS rah
L	LIMA	LEE mah	Y	YANKEE	YANG key
M	MIKE	MIKE	Z	ZULU	ZOO loo

어려운 단어가 나오면 1) 단어를 말하고 2) "I spell"이라고 한 후 3) 한자씩 발음을 하고 4) 다시 단어를 말한다. 일례로 "Hatch"는 다음과 같이 발음한다.

• "HATCH -- I spell -- HOTEL, ALFA, TANGO, CHARLIE, HOTEL -- HATCH."

Speaking Exercise

⚓ What is your name(call sign)?
함명(호출부호)은 무엇입니까?

⚓ How do you read me?
이쪽 감도는 어떻습니까?

⚓ I am passing a message for ROKS 2010.
본국은 2010함에 대한 메시지를 중계하는 중입니다.

⚓ I am ready to receive your message.
귀국의 메시지 수신 준비가 되어 있습니다.

⚓ The buoy is 030 on your port bow.
부표는 귀함의 좌현함수 030도에 있습니다.

⚓ I have lost a man-overboard at ______.
본함은 ______에서 익수자를 놓쳤습니다.

⚓ What is your position?
귀함의 위치는 어디입니까?

⚓ Make a lee for my ship.
본함의 풍쪽으로 돌리시오.

⚓ I am not ready to get underway.
본함은 출항 준비가 다 되지 않았습니다.

⚓ I am a hampered ship. You may overtake.
본함은 조종성능 제한선이니, 추월해도 좋습니다.

⚓ I am altering my course to port / STBD.
본함은 좌 / 우 변침 중입니다.

⚓ I cannot locate you on my rader.
귀함을 본함 레이더로 확인 불가함.

⚓ Ships are advised to keep clear of this area.
함정이 이 구역을 피하도록 권고 받고 있습니다.

Naval Commands
해군 명령어

6

명령어(Commands, Orders)는 개인 및 단체에게 명확하게 의미를 전달하고 행동의 통일을 기할 수 있다. 함상에서 자주 쓰이는 명령어 중에는 일상영어에서는 실제 쓰지 않는 용어가 적지 않다. 이 단원에서는 우선 군 생활에서 자주 사용하게 되는 제식구령을 살펴보고, 함정에서 자주 사용되는 해군명령어와 그 용례를 제시하였다. 해군 명령어로는 해군 생활에서 자주 쓰이는 일반 명령어를 살펴보고 함정의 조함을 위한 기본 조타 명령(Helms Orders), 그리고 기관명령을 예문 중심으로 기술하였다.

해사 생도들의 분열(Parade)

Commands for Military Formations

제식 구령

제식 구령은 개인이나 단체의 행동을 통일하는 데 큰 역할을 한다. 제식동작 구령은 주로 3단어로 이루어져 있으며 메시지를 전달하기 위해서는 예령과 동령(대문자) 사이에 간격을 두고 구령을 하게 되어있다.

• 차 렷	"A-ten...SHUN" 혹은 "A-ten...HUT"
• 열중쉬어	"Parade...REST"
• 쉬 어	"AT EASE"
• 편히쉬어	"REST", AT EASE와 동일
• 경 례	*"Hand...SALUTE"
• 바로(경례후)	"Ready...TO"
• 받들어 총	*"Present... ARMS"
• 세워총	*"Order...ARMS"
• 우로어깨총	*"At right shoulder...ARMS"
• 앞으로 가(분열)	"Forward...MARCH"
• 우로 봐	"Eyes... RIGHT"
• 바 로	"Ready...FRONT"
• 뒤로돌아	"About...FACE"
• 좌향좌	"Right...FACE"
• 우향우	"Left...FACE"
• 앞으로 가	"Forward...MARCH"
• 우향앞으로 가	"By the right flank...MARCH"
• 좌향앞으로 가	"By the left flank...MARCH"
• 뒤로 돌아가	"To the rear...MARCH"
• 제자리에 서	"HALT"

*Hand Salute

- 대　기　　　"KNOCK OFF"
- 집　합　　　"FALL IN"
- 해　산　　　"FALL OFF"

Salute

경례(salute)를 할 때 우리는 '필승'이라는 구호를 붙이지만 보통 영미권에서는 이 같은 구호는 붙이지 않고 경례 동작만 취하거나 "Good morning, sir" 등과 같은 인사말을 덧붙인다. 앞에 나타낸 집총경례 동작도 이에 준한다.

Muster(인원 보고)*

- 총　원　　　NUMBER OF PEOPLE
  (해병 :　　　ENTIRE PERSONNEL STRENGTH)
- 부　재　　　NUMBER OF ABSENCE
- 부재내용　　　REASON FOR ABSENCE
- 현재원　　　CURRENT PERSONNEL STRENGTH
- 입원, 입실　　　HOSPITALIZATION
- 미집합　　　ABSENT
- 진찰환자　　　AT MEDICAL

*order arms

*At right shoulder arms

*present arms

• ___에게 보고	REPORT TO ___
• 상 륙	LIBERTY
• 휴가, 특박	LEAVE
• 휴 학	CONVALESCENT LEAVE
• 당 직	DUTY
• 이 상	THAT IS ALL

* 영미권에서는 보통 인원이 집결했다는 보고만 하며 상세한 인원보고는 서면으로 한다.

Ex "1st Company formed"(All present or accounted for)

잠깐!

Binnacle List가 '환자 명단'이 된 이유는?

Binnacle은 함교에 있는 compass를 받쳐주는 장치를 말한다. 오래전부터 함내에서는 매일 아침 승조원의 건강에 대해 함장에게 보고하게 되어 있었으며 이것은 담당자가 환자명단을 binnacle에 붙여놓음으로써 자연스럽게 보고가 되었다. 이러한 관습이 반복되면서 'Binnacle List'가 환자명단을 지칭하는 말로 변해 쓰이게 되었다.

Military Commands for Midshipmen

구분	한 국 어	영 어
인원 보고	총원00명, 사고00명, 현재원00명, 열외0명, 사고내용 입원/입실/파견/합숙/정면/과면/ 급환자/당직/조교 0명 이상	total, absent, present, etc hospital, Movement order, sports, exempt, duty, instructor
신고	신고합니다. 0중대0학년 000생도(외 000명)는 0000년 1월 11일부터 동년 동월 25일까지 7함대 실습(파견,출장,휴가,특박)을 명 받았습니다. 이에 신고합니다	midshipmen 00 reporting for special leave from eleventh JAN to twenty fifth.
	신고합니다. 0중대0학년 000생도(외 000명)는 0000년 1월 11일부터 동년 동월 25일까지 7함대 실습을(이상없이) 마치고 귀교하였습니다. 이에 신고합니다.	midshipmen 00 reporting after special leave from eleventh JAN to twenty fifth.
제식 훈련	총원차렷/열중쉬어/쉬어/편히쉬어	attention/parade rest/at ease/rest
	정면에 대하여 경례/바로 우향우/좌향좌/뒤로돌아 /반우향우/반좌향좌	hand salute/ready to right face/left face/about face/half right face
	앞으로가/제자리 서	forward march/company halt
	뛰어가/바른걸음으로 가	double time march/mark time march
	우(좌)향앞으로가/줄줄이 우(좌)향앞으로가	to the right/left march, column right/left march
	우(좌)로 3보가	3 steps to the right/left march
체조	국군도수체조 실시한다. 1번 팔다리 운동부터 12번 숨쉬기운동까지, 시작	commence military exercise. from #1 to #12
집합	1중대 1학년 생도 대(소)라운지 집합 필승, 0학년 생도 집합끝(필요시 인원보고) 주목, 바로, 지시사항 하달한다 - 1학년 생도들의 보행태도가 불량함, 생도 답게 당당하게 걸을 수 있도록 할 것 - 동편계단 청소상태가 불량하다, 청소후 00시00분까지 결과보고 할 것 - 대라운지 (어록)동판 청소상태가 불량함, 000,000생도는 동판청소후 00시까지 결과 보고하라. 이상 해산	first company 4th class. report to the small lounge 필승, all present. attention, ready to these are instructions -bad walking bearings for all. correct as necessary -bad cleaning at east steps. report after cleaning the steps until 0000i -bad polishing for large lounge brass plate. 00, 00 are to polish it and report until 0000i dismissed.

구분	한국어	영 어
일상 용어	(똑,똑,똑) 들어가도 좋습니까? 들어와. 0중대0학년 000생도 000생도님께 용무 있어 왔습니다. 복명 단화 닦고 결과보고 하였습니다.	(knock)midshipmen 000, sir. come in. midshipmen 000 reporting as ordered, sir. midshipmen 000 reporting as ordered after polishing shoes.

Speaking Exercise

- Commence military exercise from #1 to #12 on your own count!
  국군 도수체조 1번 팔다리 운동부터 12번 숨쉬기 운동까지 각자 구령에 맞춰 시작!
- Head midshipman of each physical education department! Be located at the designated position.
  각 체육부 반장생도 지정장소 위치할 것.
- Rally on head midshipman of each physical education department, spread and gather by each P.E. class
  각 체육부 반장생도 기준, 체육부 반별 헤쳐 모여!
- Shall we run on the main road?
  우리 주도로 구보나 할까?
- Lead with run!
  구보로 인솔!
- Commence run on field/gymnasium/main road 00 labs.
  연병장/체련장/주도로 00주 구보 실시한다.
- Patient show hand/report/rest.
  환자 거수/보고/열외.
- Today's role call is regiment/battalion/company role call.
  오늘 점호는 연대/대대/중대 점호임.
- Today's emphasis on role call is arranging the book shelf.
  오늘 점호 중점사항은 책장 정돈임.
- Roll call muster report, total 00, absent 00, present 00, count back.
  점호 인원 보고 총원 00 부재 00 현재원 00 뒤로 번호.
- Report role call result/All present and correct.
  점호 인원 이상 유무 보고/이상무 이상.

General Orders
해군 명령어

명령어는 간결 명료하며 함축적인 의미를 담고 있다. 이러한 명령어를 상황에 따라 적합하게 사용하면 승조원 상호 간의 원활한 의사소통에 큰 도움이 된다. 해군의 명령어는 일반명령, 조타명령 및 기관명령으로 나누어진다. 그 중 일반명령은 함상생활과 연관된 것이 대부분으로써 주로 두 단어(two-word verb)의 핵심어로 구성되어 있다.

Stand by... Mark

General Orders의 사용

명령어	활 용
1. Break out 장비를 사용하기 위해 준비를 하라는 의미이다. 물품 및 장비에 대해서 언급할 때 쓰이는 말이다.	"Break out the life-jackets" (구명의를 꺼내서 착용할 수 있도록 준비를 하라) "Break out the ammunition" (탄약통을 사용할 수 있도록 준비하라)
2. Cast off* 던지거나 늘어뜨리다라는 의미이다. 'cast' 라는 단어자체가 '던지다' 라는 뜻으로 쓰인다.	"Cast off all lines"(="All line let go") (1) 다른 함정과 함께 계류되어 있을 경우, 밧줄의 한쪽 끝을 던져서 다른 함정이 끌어당길 수 있게 함 (2) 함정이 부두에 계류되어 있을 때 밧줄을 늦추라는 말
3. Knock off 무슨 일을 하던지 정지(stop)하거나 그만두라(quit)는 의미이다.	"Knock off ships work"(일찍 일을 끝내도록 하라) "Knock off the noise"(소란을 피우지 말라)
4. Stand by 일반적으로 '기다린다'(wait)라는 의미이지만 '준비하다' 의 의미로도 쓰인다.	"Stand by; I'll check and see" (좀 더 확인하고자 하니 기다려) "Stand by to mark...mark"(준비...집행) "Stand by to board ship"(승함 준비) "Stand by to drop anchor"(투묘 준비)
5. Turn in 두 가지의 의미로 쓰인다. (1) 물건을 제출하다. (2) 잠자리에 들다.	"Turn in your paper." (너의 보고서를 제출하라.) "He is turning in."(그는 잠자리에 든다)
6. Look alive 비상시에 대비해 주의를 기울이고 서두르라는 말로 "shake a leg"과 같은 의미이다.	"Look alive."(일을 서둘러서 하라)
7. Square away 함정 내 물건을 깨끗이 정돈하거나 청소하는 것을 말한다. Ship's shape을 유지한다는 의미이다.	"Square away your room" (방을 좀 깨끗이 청소하라)

* "Last line to pier cast off"(부두의 마지막 홋줄을 벗기거나 풀라는 명령어)

Helms Orders
조타 명령

조타명령은 타수가 잘 이해할 수 있도록 고안된 것으로서 Wheel을 돌려서 Rudder의 위치를 변경시키기 위한 것이다. 타수는 OOD의 명령을 받아서 복창하고 명령이 완수되면 모두 보고하는 순서를 밟는다. 대표적인 조타명령 몇 가지를 살펴보자.

함정에서 조타 명령은 다음과 같은 순서로 행해진다.

a. 키 방향 : Right(오른편), Left(왼편)

b. 타각 : 10 degrees rudder, Standard rudder(15도)

c. 침로 : …steady course two zero zero(항상 3자리 수)

Ex

"키 오른편 10도, 090도 잡아"

- 당직사관　Right ten degrees rudder, steady course 090.
- 타수답변　Right ten degrees rudder, steady course 090, aye sir.
- 타수보고　Rudder is right standard, coming to course 090.
- 당직사관　Very Well.

"Increase Your rudder to right 10 degrees."

이 명령은 rudder 각을 우현 10도로 늘이라는 것을 의미한다. 이후에 원하는 정확한 rudder 각도를 말하게 되어있다. 아울러 이 각은 함정을 더 빨리 선회시키고 싶을 때 주어지는 것이다.

* Increase your rudder to right full : 키오른편 25도로 증가

- 당직사관　Increase your rudder to right 10 degrees.
- 타수답변　Increase your rudder to right 10 degrees, aye sir.

• 타수보고 My rudder is increased to right 10 degrees, sir.
• 당직사관 Very well.

"Ease the rudder."

이 명령은 rudder 각을 줄이라는 의미이다. 오른쪽(왼쪽) rudder 방향으로 계속 선회한다던가 함정이 원하는 방향으로 나아갈 때 주어지는 조타명령이다. 이 명령은 "Ease to 15 degrees(5, 10, 20 degrees) rudder"라고 말해진다.

✣ Ease your rudder to right 5 degrees : 키 오른편 5도로 감소

• 당직사관 Ease your rudder to 5 degrees.
• 타수답변 Ease your rudder to 5 degrees, aye sir.
• 타수보고 My rudder is eased to 5 degrees, sir.
• 당직사관 Very well.

Rudder amidships

Rudder를 함정의 중앙으로 돌리라는 "키 바로" 명령이다. 이때 rudder 각은 전혀 없으며 rudder 각을 나타내는 지시기는 "rudder angle zero"를 가르킨다. 가끔씩 조함장교가 "Midships!"라고 하는 말을 듣는데 이 말은 타수에게 설명한 것이 잘 수행되기를 바라는 것을 의미한다.

• 당직사관 Rudder amidships.
• 타수답변 Rudder amidships, aye sir.
• 타수보고 My rudder is midships, sir.
• 당직사관 Very well.

Steady / Steady as you go

이 명령이 수행되면 함정이 나아가고 있는 침로를 계속 유지하라는 의미이다. 조함장교는 "Steady so"와 "Steady as you go"라는 말로 함정이 원하는 방향으로 나아가고 있다는 것을 타수에게 말해준다.

✣ Steady 000 : 000도 잡아(지시된 침로를 잡으라는 의미)

• 당직사관 Steady as you go.

• 타수답변 Steady course 00, aye sir.

• 타수보고 Steady on course 00, sir.

Mind your rudder!

이 명령은 "키 잘 잡아"라는 명령이다. 타수가 키를 잘못 잡아 침로가 지정 침로에서 많이 이탈되었을 때 rudder를 적게 사용하여 지시된 침로를 잘 잡으라는 의미이다.

• 당직사관 Mind your rudder!

• 타수답변 Mind my rudder, aye sir.

Mind your right(left) rudder!

이 명령은 "키 오른편(왼편) 가지마"로서, 함정의 침로가 조타명령과 달리 한쪽으로 벗어나 있기 때문에 오른편(혹은 왼편) rudder를 더 많이 사용하라는 경고이다.

• 당직사관 Mind your left rudder!

• 다수답변 Mind your left rudder, aye sir.

Sundown급 Minehunter의 기뢰탐색 작전 기동 모습(Mine hunting operation)

Meet her

이 명령은 함정의 요동을 점검하기 위하여 필요한 만큼 rudder를 사용하라는 의미이다. 이 명령에서 함정을 원하는 침로로 거의 가깝게 위치시킨다.

- 당직사관　　Meet her.
- 타수답변　　Meet her, aye sir.

Shift your rudder

이 명령은 "키 반대"로서 반대편 rudder 각과 같은 각으로 변경을 하라는 의미로 현재 전타 중인 키를 반대 현측으로 전타하라는 것이다. 만약 rudder 각이 "오른편 15도" 상태에서 "shift rudder"라는 명령이 내리면 "왼편 15도"로 바꾸면 된다.

- 당직사관　　Shift the rudder.
- 타수답변　　Shift the rudder, aye sir.
- 타수보고　　My rudder has been shifted from right 15 degrees to left 15 degrees, sir.
- 당직사관　　Very well.

Nothing to the right(left)

명령했던 침로의 오른편(왼편)으로 타수가 키를 잘 잡지 않아 "키 오른편(왼편)으로 가지마"라고 경고하는 말이다. 이 말은 함정의 측면이나 다른 곳에 위험요소가 있어서 침로를 벗어나는 것을 막기 위해 한다.

- 당직사관　　Nothing to the left.
- 타수답변　　Nothing to the left, aye sir.

How is your rudder?

이 질문은 당직사관이 타수에게 묻는 말이다. 타수는 이때 "Five(ten, fifteen 등) degrees right(left) rudder, sir."라는 말로 rudder 각 표시기를 읽고 계기 바늘이 가리키는 각도를 보고한다.

✣ Mark your head : 현침로 보고(답변 : Head is 000)

- 당직사관　　How is your rudder?

• 타수답변 How is your rudder, aye sir.
• 타수보고 Ten degrees right rudder, sir.
• 당직사관 Very well.

Steady on course 000

이 명령은 침로 000로 항해하라는 말이다.

❖ Hard right(left) rudder : 키 오른편(왼편) 비상타
❖ Come right(left), steer course 000 : 키 오른편(왼편) 000도 잡아(10도 미만 변침시)

• 당직사관 Steady on course 000.
• 타수답변 Steady on course 000, aye, sir.
• 타수보고 Steady on course 000, sir.

Right(left) 000 degrees rudder

키를 오른편(왼편) 000도로 잡으라는 명령이다.

❖ Left(Right) Standard Rudder : 키를 15도 각도로 유지하라

• 당직사관 Right(left) 000 degrees rudder.
• 타수답변 Right(left) 000 degrees rudder, aye, sir.
• 타수보고 My rudder is right(left) 000 degrees, sir.

La Fayett급에 탑재된 TAVITAC 2000전투 체계

Engine Orders
기관 명령

기관 명령은 항상 다음과 같은 순서로 행해진다.

a. 사용기관 : All engine(양현기관), Port/STBD engine.

b. 방향 : Ahead, Back, Stop.(앞으로, 뒤로, 정지)

c. 속력 : Ahead 1/3, 2/3, full(양현 앞으로 10,20,...100)

당직사관은 기관 명령을 내릴 때 사용하는 엔진, 방향, 속도를 Engine Order Telegraph(EOT) 작동수에게 명령해야 한다. 다음의 도표는 기본적인 기관 명령과 복창, 그리고 의미를 나타낸 것이다.

기관 명령	복 창	의 미
Standby Engine	기관 사용 준비	기관 축연결 완료 상태
Dead Slow Ahead "all engines ahead one-thirds"	양현 앞으로 10	전속의 1/3(6kts)
Slow Ahead	양현 앞으로 20	전속의 1/2(9kts)
Half Ahead "all engines ahead two-thirds"	양현 앞으로 30	전속의 2/3(12kts)
Full Ahead "all engines ahead full"	양현 앞으로 전속	최고 속력
Stop Engine "all engines stop"	양현 정지	기관 정지
Dead Slow Astern "all engines back one-third"	양현 뒤로 10	전속의 1/3(2kts)
Slow Astern	양현 뒤로 20	전속의 1/2(4kts)

기관 명령	복 창	의 미
Half Astern "all engines back two-third"	양현 뒤로 30	전속의 2/3(7kts)
Full Astern "all engines back full"	양현 뒤로 전속	최고후진속력 (14kts)

앞의 도표의 기본명령을 기초로 하여 당직사관의 명령과 이에 따른 복창, 수행과정을 응용해보자.

Ex 1

"양현 앞으로 전속"(30노트의 피치와 회전수 유지)

- 당직사관 : All engines ahead full, indicate pitch and turns for 30 kts.
- EOT : All engines ahead full, indicate pitch and turns for 30 kts, aye sir.
- EOT : Engine room answers all engines ahead full, indicating pitch and turns for 30 kts, sir.
- 당직사관 : Very Well.

Ex 2

- 당직사관 : "Starboard engine back one third, port engine ahead one third."
- EOT : (벨이 울리는 데 따라) "Starboard engine back one third, port engine ahead one third, aye, sir."
- EOT : (벨 응답이 오면) "Engine room answers Starboard engine back one third, port engine ahead one third, sir."
- 당직사관 : "Very well."

❖ 주의사항 : 전진도중 후진을 할 때에는 항상 "all stop" 명령을 먼저 내린 후에 후진 명령(astern bell)을 내린다.

Bearing, Ship's time & Speed

방위, 시간, 속도

Ship's Bearing

함정에서 방위(bearing)는 항상 세자리 숫자로 보고가 되며, 한 자리씩 나타낸다. 함정에서의 bearing을 발음하는 방식을 살펴보자.

방 위	발 음	방 위	발 음
000	zero zero zero	010	zero wun zero
045	zero fo-wer fi-yiv	090	zero nine zero
135	wun-thuh-ree-fi-yiv	180	wun ate zero
270	too seven zero	315	thuh-ree wun fi-yiv

다음의 표는 자함의 위치에 따른 접촉물의 방위(bearing in relations to ownship), 즉 상대방위(Relative : R)를 나타낸 것이다. 상대 방위는 함수 방위를 중심으로 표시

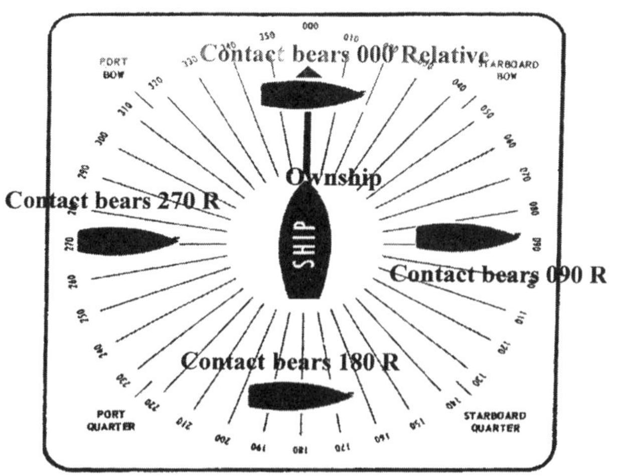

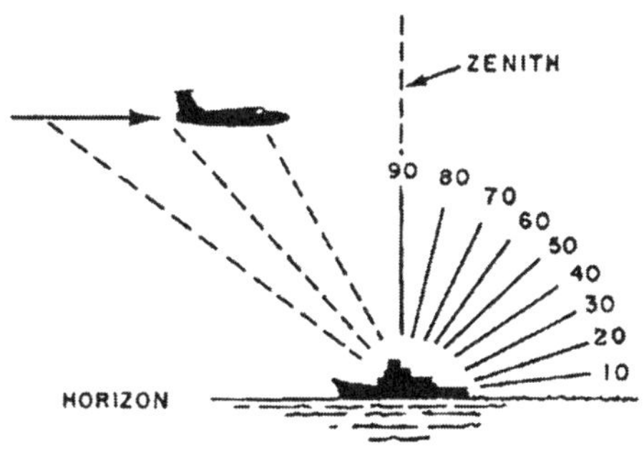

위치각(position angles)

하며 보통 "함수 좌(우)ㅇㅇㅇ도"라는 표현을 한다.

The buoy is 040° on your starboard bow.

(부표는 귀함의 함수 우현 040도이다)

한편, 해상에서 쓰는 방향에 관계되는 용어도 일반용어와 아주 다르게 쓰이고 있다. 우선 "승함 한다"는 말은 "goes aboard"라는 말로 표현을 한다. 함정의 "뒤로 간다"는 말도 "go to the back"이라는 단어를 쓰기보다는 "goes aft"라는 말로 나타낸다.

Position angles는 위치각으로써 공중에 있는 사물을 찾아내는 것이다. 위치각은 아래가 아닌 위의 것을 잰다.

해군의 시간 표기(Ship's Time)

군에서 시간을 나타내는 방식은 보통 일반사회에서 표현하는 것과 자못 다르다.

일반적인 표기	군에서의 표기와 발음
오후 7시나 7 P.M.	1900로 표기하고 "Nineteen Hundred"로 발음 ("Niineteen Hundred Hours"하지 않음)
오전 8시나 8 A.M.	0800, "Zero-eight Hundred"로 발음
오후 4시나 4 P.M.	1600, "Sixteen Hundred"로 발음
오후 9시30분이나 9:30 P.M.	2130, "Twenty-one Thirty"로 발음

함정에서의 거리와 속도표시 또한 육상에서 사용하는 용어와 달리 다소 복잡한 편이다. 해상에서의 거리는 Nautical mile(해리)이나 Cables(1/10 마일)로 표시한다. 시간과 속도 간의 기본 관계를 간략화하고 항해를 위해 사용되는 거리와 속도의 단위는 다음과 같다.

- Distance 5Speed × Time (D=ST), 단위 : Nautical Mile
- Speed 5Distance Time (S=D / T), 단위 : Knots
- Time 5Distance Speed (T=D / S), 단위 : Hours

잠깐!

함정의 속도 단위인 'Knot'는 어떻게 정해졌는가?

The term knot, or nautical mile, is used world-wide to denote one's speed through water. Ingenious marines devised a speed measuring device both easy to use and reliable, the "log line." From this method we get the term "Knot." The log line was a length of twine marked at 47.33-foot intervals by colored knots. At one end a log chip was fastened. It was shaped like the sector of a circle and weighted at the rounded end with lead(납). When thrown over the stern, it would float pointing upward and would remain relatively stationary. The log line was allowed to run free over the side for 28 seconds and then hauled on board. Knots which had passed over the side were counted. In this way, the ship's speed was measured.

Maneuvering Related Terminology

- COG/SOG(Course Over Ground/Speed Over Ground) : 바람과 조류의 속도와 방향을 고려해서 해상에서 실제 함정이 이동하는 침로와 속도.
- ETA(Estimated time of arrival) : 도착예정시간.
- ETD(Estimated time of departure) : 출발예정시간.
- GMT(Greenwich Mean Time) : 세계표준시 Z나 Zulu로 표시하기도 함.

- LOP(Line of position) : 현재 서 있는 위치와 해도상의 위치를 연결하는 위치선
- Advance and Transfer : 함정의 선회에 연관된 표현. Advance는 rudder를 써서 새로운 침로로 steady하기까지 항진한 거리를 말한다. Transfer는 같은 시간 동안 함정이 수평으로 놓이는 것을 말한다. Advance는 최대 90도 선회하며, transfer는 최대 180도 선회를 한다.
- Celestial Navigation : 천문항해
- Corpen : 함의 진형이나 침로. 'Foxtrot Corpen'은 대공 작전을 위한 침로이며 'Romeo Corpen'은 해상보급(underway replenishment)을 위한 침로이다.
- Dead Reckoning : 추측항법. 출발지점에서 시간, 속도, 침로를 감안하여 현 위치를 추정하는 방법.
- Fast cruise : 부두에 계류한 채 함정의 내부시스템만 가동한 가상 항해 훈련.
- Paint : 레이더로 사물을 추적하거나 탐지하다.
- Pigeons, pigeons Steer : homeplate로의 침로 및 거리를 의미한다.
  "Your pigeons 270 for 160 miles."
- On her beam ends : 함정이 90도 각도로 좌우로 흔들려 갑판이 수직으로 될 때를 말함. 물론 이 정도면 함정이 전복되겠지만 90도가 안되더라도 극한 rolling 상태를 의미한다.
- Set and drift : 함정을 의도된 침로와 다르게 진행하게 하는 바람과 조류에 따른 함 행동.
- Skunk : 해상레이더 접촉에 사용되는 이름표. "Skunk Alpha"는 하루 중 맨처음 나타난 레이더 접촉물이고 "Skunk Bravo"는 두 번째 접촉물을 말한다.

Cook 선장의 초창기 시계 및 항박일지

Practical English 학습전략

Navy Orders

명령어는 간단명료하며 함축적인 의미를 담고 있다. 해군 명령어는 함정생활과 연관된 내용이 많고 특별 구성 원리를 갖추고 있으므로 이와 같은 유형을 잘 익혀둠으로써 실무에서 용이하게 사용할 수 있다.

✲ **일반 명령(General Orders)** 일반 명령어는 보통 두 단어로 구성되어 있으며 간단명료한 표현이 특징이다.

• Stand by : '준비해' '기다려'의 의미로 주로 사용.

"Stand by to mark… MARK." (준비… 집행.) (항공기에서 "Now, Now, NOW.")

"Stand by to drop anchor."(투묘 준비.)

"Stand by for captain's personnel inspection."(함장 인원점검 준비.)

✣ "Stand by, I'll check and see."(좀더 확인하고자 하니, 기다려.)

• Prepare for… : '…을 준비하라'

"Make all preparations for getting underway. The ship expects to be underway at 0800."(출항준비. 본 함은 08시 출항 예정.)

"Prepare ship for heavy weather. Close all hatches on main deck forward." (황천 준비. 모든 주갑판상 전방의 모든 해치를 닫을 것.)

• Break out : 장비를 꺼내 '바로 사용할 수 있게 준비하라'

"Break out the life-jackets."(구명의를 착용할 수 있게 준비하라.)

"Break out the ammunition."(탄약을 쓸 수 있게 준비하라.)

• Let go : '놓아주다' '풀어주다'

"Let go the anchor."(닻 내려.)

"Let go all lines."(전 홋줄 늦춰.)

• Turn to (= Go to work) : '일을 시작하라'

"Turn to, commence ship's work."(함내 작업을 시작하라.)

✲ **기관 명령(Engine Orders)** 기관 명령은 항상 다음과 같은 순서로 행해진다.

- 사용기관 : All engine(양현기관), Port/STBD engine.
- 방향 : Ahead, Back, Stop.(앞으로, 뒤로, 정지.)
- 속력 : Ahead 1/3, 2/3, full(양현 앞으로 10, 20, … 100)

Ex 1 **"양현 앞으로 전속"**(30노트의 피치와 회전수 유지)

당직사관 : All engines ahead full, indicate pitch and turns for 30 kts.

기관전령수 : All engines ahead full, indicate pitch and turns for 30 kts, aye sir.

기관전령수 : Engine room answers all engines ahead full, indicating pitch and turns for 30 kts, sir.

당직사관 : Very Well.

Ex 2 **"좌현 앞으로 20 우현, 정지."**

"Port engine slow ahead, starboard engine stop."

✲ **조타 명령(Helms Orders)** 함정에서 조타 명령은 다음과 같은 순서로 행해진다.

- 키 방향 : Right(오른편)… Left(왼편)…
- 타각 : 10 degrees rudder, Standard rudder(15도)
- 침로 : … steady course two zero zero(항상 3자릿수)

Ex 1 **"키 오른편 10도, 090도 잡아"**(30노트의 피치와 회전수 유지)

당직사관 : Right ten degrees rudder, steady course 090.

타수답변 : Right ten degrees rudder, steady course 090, aye sir.

타수보고 : Rudder is right standard, coming to course 090.

당직사관 : Very Well.

Ex 2 **"키 오른편 10도, 090도 잡아"**(증가)

당직사관 : Increase your rudder to right ten degrees.

당타수답변 : Increase my rudder to right ten degrees, aye, sir.

당타수보고 : My rudder is right ten degrees, sir.

✣ ( ) 안은 아해군에서 쓰지 않음.

✣ "키 왼편 5도"(줄여) : Ease your rudder to left five degrees.

✲ **기타 조타명령** 상황에 따라 2~3개의 어휘를 사용하여 다음과 같이 명령을 내린다.

- 키 바로 : Rudder amidships.
- 키 반대 : Shift your rudder.
- 현침로 유지 : Steady as you go.
- 현침로 보고 : Mark your head.
- 키 잘 잡아 : Mind your rudder!
- 키 오른편(왼편) 가지 마 : Nothing to the right(left).

한편, 명령에 따른 보고는 간결명료하고 구체적이어야 하며, 보고자의 행동제안 방향이 아울러 포함되어야 한다. 끝으로 한 당직사관이 함장에게 보고하는 내용을 눈여겨보자.

Captain, this is the OOD. I am presently on a course of 210 degrees at a speed of 14knots. I have a contact broad on my starboard bow at eight hundred yards. She has a target angle of 300 degrees R. Her present CPA is off the port bow at one thousand yards. My intention is to alter course thirty degrees to starboard in order to open the CPA to four thousand yards off my port beam.

함장님, 당직사관입니다. 본 함 현 침로는 210도, 속도는 14노트입니다. 우현 함수 전방 800야드에 접촉물이 있으며. 상대방위는 우현 300도이며 현재 CPA는 좌현 함수 1000야드입니다. CPA 고려 좌현 4000야드 통과하도록 우현으로 30도 변침하겠습니다.

III부

군사 브리핑
Military Briefing

7 군사 브리핑
Military Briefing

Military Briefing
군사 브리핑

7

자신과 자기가 소속되어 있는 곳을 소개하는 것은 대인 의사소통에 있어서 기본이다. 이 장에서는 우선 자기 소개 방법을 나타내고 함 현황 브리핑, 실무회의 절차와 관련된 영어 표현을 나눈나. 아울러 R.O.K Naval Academy(N.A)에 대한 현황을 소개하고 덧붙여 Annapolis와 ROK N.A 간의 공통점과 차이점을 비교하여 국제화, 세계화에 따른 안목을 넓히고자 하였다. 이러한 분야에 대한 폭넓은 지식은 언어구사력을 높이고 원어민과의 원활한 의사소통에 큰 보탬이 될 수 있을 것이다.

위의 두 개의 Screen은 개별위치와 상황이고 아래 3개의 Screen은 실제위치를 나타냄(CV-62에 설치)

Self-introduction

자기소개

일반 사회에서는 상식에 따라서 소개를 하더라도 크게 예의에 벗어나지 않지만 군사나 외교적인 측면에서의 소개예절은 비교적 까다로운 편이다.

북미에서는 동행인을 곧바로 소개하는 것이 예의이며, 만약 소개해 주는 사람이 없으면 자신이 직접 소개를 한다.

- 소개자가 Mike를 LT. Gebhard에게 소개하는 경우

  소개자 : LT. Gebhard, I'd like to introduce my friend, Mike.

  Gebhard : Mike, Jerry Gebhard(Mike에게 자신을 소개).

- Mike가 Young-ho Kim에게 직접 소개하는 경우

  Mike : CDR Kim, Hi, I'm Mike.

  Kim : Mike, Young-ho Kim(Mike에게 자신을 직접 소개).

초면인 상대에게 가장 많이 쓰는 말은 "Nice to meet you"이며 이에 대한 대답도 "Nice to meet you, too." 나 "Glad to meet you"와 같은 말이 많이 쓰인다.

해군 소개 예절

보통 하급자(연소자)가 상급자(연장자)에게 소개되며 남자는 여자에게 먼저 소개된다. 군에서는 남녀 간의 차이보다도 계급이 우선 되므로 여성이 하급자인 경우 여성이 상급자인 남성에게 먼저 소개하는 것이 예의이다.

"Captain Gebhard, may I present Lieutenant Kim?" 혹은 "Captain Gebhard, this is Lieutenant Kim."

해군 장병을 다른 사람에게 소개할 때에는 계급이나 직함을 붙여 소개를 함으로써 소개되는 자의 신원을 파악하는 데 도움이 되게 한다. 특히 업무에서 자신의 이름(first name)을 잘 사용하지 않는 사병을 소개할 때 직함과 계급을 알려주면 당사

상하급자 간, 남녀 간 소개 예절

자를 이해하는 데 큰 도움을 주게 된다.

"Commander Jones, may I introduce Lieutenant Park?"

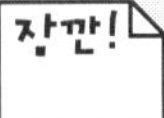

왜 해군의 관습과 예절을 알아야만 하는가?

말은 사회나 집단의 문화에 따라서 다르게 쓰이게 마련이다. 특히 군에서는 엄정한 군기(discipline)가 유지되어야 하고 지휘 계통(chain of command)상 계급 간의 엄격한 구분이 있으므로 일반 사회와는 다소 다른 말이 쓰이고 있다.

말의 규범을 지키고 해군의 관습과 예절을 따름으로써 상대에 대한 배려와 존경심을 표할 수 있게 되지만 반대로 이를 제대로 지키지 않으면 무뚝뚝하다거나 심지어는 불손하다는 인상까지 줄 우려가 있다.

❀❀ 이력서 견본(Sample Chronological Resum') ❀❀

George Jones
1000 Main Stress
Chicago, Illinois 456773
Telephone : Home (321) 555-5555
Office (321) 555-9000

Professional Objective	Regional sales manager for an organization that will utilize my experience in. Creating new sales promotions and in developing efficient delivery of sales services to the customers.
Education	B.S., University of Illinois. 1971. Major: Marketing Ranked. Top third of graduating class. Special emphasis on retail sales and merchandising. Considerable work in Accounting and Data Processing.
Experience	XYZ Men's Shop Chicago, Illinois. **Manager, Assistant Manager.** Responsible for all advertising and copy layout for this department store, Worked closely with all
1978 to Present	buyers in planning sales campaigns. Coordinated and completed modernization plans for basement floor.
1971 to 1978	J.C.Company, Peoria, Illinois. Retail Shoe Sales. Started as clerk. After six months, promoted to new outlet as Assistant Manager. Responsible for all display work, newspaper advertising, and sales promotion.
Summer Work	Earned 50% of total college expenses selling cooking ware on commission for four summers.
Millitary Service	United States Army, 1969-1971. Communications Specialist. Communication and pacification relations officer in Vietnam.
Backgroud	Brought up in Chicago, Illinois area. Active in community affairs, such as Illinois Junior Chamber of Commerce. Have traveled extensively throughout the western part of the United States.
Interests	Primarily interested in hiking-outdoor activities and conservation societies, such as Sierra Club and Save the Animals Foundation.
References	Reference will be furnished upon request.

✣ 예문에서처럼 영문 이력서에는 개인의 목표, 학력 및 경력을 중심으로 기재하고 기타 봉사활동이나 군경력, 배경 및 관심분야를 기재한다.

☀ Addressing(호칭)

호칭은 대화자 상호간의 '결속(fidelity)'뿐만 아니라 '권위(power)'를 그대로 반영하며 친분의 정도, 사회적 신분 및 격식의 정도에 따라서 아래의 3가지 형태로 호칭한다.

- 이름(first name)을 부름 : John Smith의 'John'
  ➜ 비공식 석상에서나, 친할 때 사용
- 성(last name)을 부름 : John Smith의 'Smith'
- 경칭(title)에다 성을 붙임 : 'Mr. Smith'
  ➜ 공식 석상에서 낯설거나 신분이 다를 때 사용

계급 사회인 군에서는 규정에 따라서 적절한 호칭을 해야 한다. 특히 해군의 호칭은 계급 구조와 관련해서 일반 사회의 호칭에 비해 복잡하며 계급 명칭은 육 · 공군과도 달라서 간혹 혼동을 유발하기도 한다.

- 해군에서 대령 계급에 해당하는 Captain은 육 · 공군에서는 '대위'에 해당한다. 해군의 장성급은 Admiral(제독)이지만 육군의 장성급은 General로 부른다. 또한 함장 혹은 지휘관(Commanding officer)은 실제의 계급과 무관하게 'Captain'으로 부른다. 따라서 Lieutenant Commander(소령)가 함장이면 그를 'Captain'으로 불러도 좋다.
- Lieutenant Junior Grade(약자 : Lt. J.G)는 Lieutenant로, Lieutenant Commander는 Commander로 부른다. 이처럼 실제 계급과 다르게 호칭하는데 따른 사항은 그것이 실용적이며 상대를 존중한다는 올바른 의도(intention)가 개입되어 있음으로 인해 상대방으로부터 쉽게 용인되고 있다.

소개 및 호칭방법

1 상급자의 직함(title)이 있으면 꼭 직함을 사용하여 그 사람에 대한 존경을 나타낸다. 일례로 우리말에서 'ㅇㅇㅇ 함장님'에 해당하는 말은 영어에서 'Captain ㅇㅇㅇ'이 된다. 해군에 관련된 사람과 교류를 할 때에는 계급, 성명뿐만 아니라 필요하다면 부대명과 소속을 포함하여 소개를 하는것이 좋다.
예를 들어서 '해사 영어과에 근무하는 김철수 대위'는 "Lieutenant Chul-soo

Kim, English Department, Naval Academy" 라고 소개하면 된다.

2 장교(commissioned officer)를 소개할 때에는 정확한 계급(rank)에 성명(full name)을 사용하지만, 부를 때는 약식 계급에 이름(last name)만을 사용한다.

- 소개할 때 : Vice Admiral Richard Brown, Lieutenant Commander David Johnson
- 호칭할 때 : Admiral Brown, Commander Johnson

3 해군 부사관을 소개할 때에는 계급(rate)과 성(last name)을 사용한다. 호칭할 때 CPO계급 이상은 Petty officer를 생략하여 부르고, Petty Officer 1st class 이하는 Petty officer와 last name만을 사용하여 부른다.

- 소개할 때 : Master Chief Petty Officer Jones, Petty Officer 3rd Class Green
- 호칭할 때 : Master Chief Jones, Petty Officer Green

4 해군 중령(commander)보다 낮은 계급의 의무장교는 "doctor"로 부른다. 중령 이상의 doctor는 계급과 성을 함께 부른다.

- Commander Jones, Captain Smith, Admiral Jackson.

5 수병(blue jacket)이 자신을 소개할 때에는 Seaman Recruit Smith, Seaman Apprentice Smith 등으로 부르지만, 상대가 수병을 호칭할 때에는 계급 구분을 두지 않고 똑같이 "Seaman Smith"로 부른다.

호칭과 연관된 대화

자주 만나면서도 마냥 경칭을 써서 부르는 것보다는 친근감을 주기 위해 first name으로 부를 수 있도록 사전 허가를 받아 두는 것이 바람직하다. 이 때 주고 받는 대화를 보자.

A : How do I address you, Mr. Williams? 어떻게 부르면 될까요?

B : Just call me Mike. 그냥 마이크로 불러요.

잠깐! **Sir 와 Ma'am의 쓰임에 대해서…**

호칭이 시대와 상황에 따라 어떻게 변화하는지는 'Sir'나 'Ma'am'의 쓰임에서 잘 나타나고 있다. 2차 세계대전 이전까지 'Sir'나 'Ma'am'은 상호 존중의 표시로 사용되었지만 현재는 이름을 잘 모른다거나 낯선 사람에게 흔히 쓰는 말로써 주로 가게나 레스토랑에서 손님에게 말하나 길을 물을 때 사용하고 있다.

"What can I do for you, sir?" (무엇을 도와 드릴까요)
"Sir, would you show me the way to the museum?"

따라서 일반적으로 이미 알고 있는 사람이나 친하게 지내는 사람에게는 'Sir'를 사용하면 오히려 거리감을 조성할 우려가 있다. 하지만 군에서는 여전히 하급자가 상급자에게 질문을 한다든가 지시를 받았을 때 'Sir'나 'Ma'am'을 사용하여 부르거나 대답을 한다.

Handshaking between ROKNA and UK midshipmen

Ship's Briefing
함 현황 브리핑

성공적인 브리핑을 위해서는 기본 회화 능력 외에 끊임 없는 연습과 구상, 건전한 판단력, 청중의 반응을 인식하는 능력 등이 요구된다. 아울러 영문작성 및 언어적/비언어적 행위 등에 대해서도 고려해야 한다. 브리핑을 잘하기 위해서 항상 염두에 두어야 할 사항을 살펴보자.

1 청중의 주의를 끌 정도의 수용적인 태도를 보이는가?
2 Topic은 서론에서 확실하게 밝혔으며 내린 결론은 적합한가?
3 내용은 이해하기 쉬우며 핵심 사안 별로 의미가 적합하게 연결되는가?
4 시청각 보조자료는 효과적으로 활용하는가?
5 주어진 시간에 맞는 분량인가?
6 청중과 시선접촉(eye-contact)을 하고 신뢰감을 유지하는가?
7 음성의 크기나 억양과 발음, 말하는 속도와 빈도는 내용을 이해하는 데 적합한가?

Ship's Briefing처럼 우리가 자주 대하는 Information Briefing을 위해서는 즉각적인 주의를 요하며 우선순위가 높은 정보를 제시하고, 복합적인 계획, 체계, 통계, 차드를 통해 필요한 정보를 제공해야 한다. Ship's Briefing의 내용과 절차는 다음과 같이 구성된다.

1 Introduction(서론)

A. 인사 및 자기 소개 : 청중에게 인사하고, 발표자의 소속과 신원을 밝히며
B. 브리핑의 유형과 분류에 대해 설명하고
C. 목적과 범위 : 전체 개요 및 브리핑의 목적과 범위를 밝히고
D. 요약과 절차 : 핵심사안과 일반적 접근을 요약하고 절차를 설명한다.
(Decision Briefing에서는 문제를 언급하고 권고를 함)

세종대왕함 항해모형도

2 Body(본론)

A. 논리적 순서에 따라 주요 내용을 나열하고

B. 주요 내용을 강조하기 위해 시청각 보조자료 활용하며

C. 한 내용에서 다음 내용으로 효과적으로 전이될 수 있게 구성하며

D. 언제든지 질문에 답할 수 있는 준비를 한다.
(Decision Briefing에서는 가정과 행동의 방향 및 장단점 분석)

3 Conclusion(결론)

A. 핵심사항을 다시 한 번 언급하고

B. 기억에 남을 만한 결론을 지으며

C. 질문과 답변을 하고 다음 발표자를 소개하는 것으로 브리핑을 종결한다.
(Decision Briefing에서는 권고내용을 다시 언급하고 결심을 받음)

전투함(Combatant ship) 브리핑 시나리오

Welcome Address(환영인사)

On behalf of all officers and crew, I would like to welcome you aboard the ROKS ok-po(가칭) with all my heart(On behalf of all officers and crew of ROKS ok-po, I would like to extend my heartful welcome to each one of you).

옥포함을 방문해 주신 귀빈 여러분을 함 총원과 더불어 진심으로 환영합니다.

I'm CDR ____, Commanding Officer of ROKS Ok-po. I'd like to extend a warm "welcome aboard". It's my pleasure to have the opportunity to brief you on this ship. Afterwards, I'll give you a tour of the ship.

저는 대한민국 해군 옥포함 함장 _____ 중령입니다. 여러분의 본 함 방문을 진심으로 환영하며 본 함 일반현황에 대하여 보고 드리게 되어 매우 기쁘게 생각합니다. 함 현황 소개에 이어서 함 전반을 견학하시겠습니다.

Please feel free to ask any questions during the briefing.

브리핑 중에 질문사항이 있으시면 서슴없이 질문해 주십시오.

Briefing Order(순서)

Over the next 10 minutes, the following presentation will cover from the history to the Nuclear, Biological and Chemical(NBC) warfare protection system of this ship.

보고드릴 순서는 연혁으로부터 화생방 보호 체계 순이 되겠습니다.

The briefing will begin with the General Status, Combat System, and finally, I'll cover the Ship's Propulsion.

보고 드릴 순서는 일반현황으로부터 전투체계 그리고 마지막으로 함 추진기 순이 되겠습니다.

History(연혁)

This ship was constructed at Hyundae shipyard on __ and launched on __. The construction period was one year and five months. After the evaluation test, the ship was delivered to the Navy on __ and commissioned two days later. It will start its missions on __ after having operational training for six months.

본 함은 __년 __월 현대 조선소에서 착공하였으며 1년 5개월간의 건조기간을 거쳐 __년 __월 진수하였습니다. __년 __월 __일에 부대가 창설되었으며, 제작사와 해군측의 시험평가 후, __월 __일에 함 인수 및 __월 __일에 취역하였습니다. 6개월 동안의 전력화 기간을 거쳐 __년 __월 __일에 작전전개될 예정입니다.

General Characteristics(일반 성능)

The length of the ship is __ m, the width is __ m, the height is __ m and the mean draft is __ m. The full displacement is __ tons. The cruising range is __miles at __knots and the maximum speed is __knots. The ship is also capable of sustaining __days of independent operations on the sea. It can carry helos for surface and subsurface operations.

다음은 일반 성능입니다. 본 함의 길이는 __미터, 넓이는 __미터, 높이는 __미터, 평균 흘수는 __ 미터입니다. 만재 톤수는 __ 톤입니다. 본함의 최대속력은 __ 노트이며, 순항속력 __ 노트로 마일의 항해가 가능하고, 수리부속과 기타물자를 적재한 상태에서 __ 일 동안 단독작전을 수행할 수 있습니다. 또한, 대함 및 대잠 작전이 가능한 헬기를 탑재할 수 있습니다.

Mission(임무)

The missions of the ship are Anti Surface, Anti-Air, Anti-Submarine Warfare, Mine Sweeping, Naval Gun Fire Support and Convoy operations.

본 함의 임무는 적 수상함과의 대함전, 대공전, 대잠전, 기뢰소해, 상륙 작전을 지원하는 수상함 화력지원과 상선을 보호하는 선단호송 임무를 병행하고 있습니다.

Organization(조직)

Under the commanding officer, the organization of the ship consists of __ sections and __ departments. There are __ officers and __ crew members on board.

다음은 조직입니다. 조직은 지휘관인 함장을 중심으로 __개실과 __개 부서로 편성되어 있습니다. 정원은 장교 __명을 포함하여 총 __명입니다.

Under the commanding officer and executive officer, there are 5 departments and __ divisions with a complement of __ crew members including __ officers.

본 함은 함장 및 부장 휘하에 5개 부서 __개 분대로 편성되었습니다. 승조원은 장교 __명을 포함하여 __ 명입니다.

Combat System(전투체계)

The ship's combat system consist of a Command Control System, Fire Control System, weapons and sensors. These systems are linked together by a Combat System Data Bus so that all the informations can be shared, processed and provided to the commander in order to make quick and accurate decisions in a tactical situation.

본 함의 전투체계 구성은 지휘 통제 장비와 사격 통제 장비, 무장 및 탐지장비 등이 이중 동축케이블인 전투체계 데이터 버스를 통하여 모든 자료를 상호 공유하여 실시간 처리함으로써 작전상황에 따라 신속한 지휘결심을 할 수 있도록 자동화되어 있습니다.

Primary sensors are the air surveillance radar, the surface search radar for navigation, the electronic warfare system for tracking electronic signals, and the sonar system.

주요 탐지장비로는 대공 레이더, 안전항해를 지원하는 대함 레이더. 전자파를 식별하는 전자전 장비, 잠수함을 탐지하기 위한 선체 고정 음탐기를 보유하고 있습니다.

The ship has high-performance fire control and weapon control systems. These systems consist of sensors, data handling systems, weapon control system and weapons.

본 함은 탐지기, 자료처리체계, 화력통제체계 등의 고성능 사격 및 무기통제장치를 보유하고 있습니다.

The weapon system includes a __mm Main Gun with a maximum firing range of __ km, Goalkeepers comprise the Close In Weapon System, Harpoons for long range surface to surface attacks, Dagaies in order to deceive incoming missiles, and torpedoes to attack enemy submarines.

무장으로는 대함, 대공 사격과 육상에 대한 수상함 화력지원이 가능한 사정거리

__km의 __미리 주포, 근접 방어 무기 골키퍼, 장거리 수상 공격 무기인 하푼, 적 레이더와 유도탄을 기만하는 전자전 공격장비, 잠수함 공격무기인 어뢰를 운용할 수 있습니다.

In __, the ship will acquire __ system to detect submarines at long distances. Additionally, a __ will be reinforced for Anti-Submarine Warfare and Anti-Air Warfare fields. Furthermore, in __, the operation command center on land will be able to exchange tactical information with the other naval forces such as radar sites, marine patrol aircraft, ships, and submarines.

향후 __년도에 탑재 운용 예정인 장비로는 잠수함을 원거리에서 탐지하기 위한 __ 체계와 대잠전 및 대공전 분야가 보강될 예정입니다. 또한, __ 년도에 육상 지휘소를 중심으로 전 해역에서 작전 중인 전탐 기지대, 해상 초계기와 함정 등 모든 우군부대 간에 전술 표적정보 자료를 공유함으로써 신속한 조기경보는 물론 작전 지휘관이 전장을 정확하게 파악, 통제할 수 있도록 지휘결심을 보좌하게 될 것입니다.

Propulsion and Monitoring System(추진/감시 체계)

The ship's propulsion system has four main engines : two Gas turbine engines, which are called __, are rated at __ horse power and are used for high speed operations. The Diesel engines, which are called MTU __ are rated at horse power and are used for cruising long distance at slow speeds.

다음은 추진 및 감시체계입니다. 본함의 추진 기관은 가스터빈 2대, 디젤기관 2대 등 총 4대의 엔진을 보유하고 있으며, 가스 터빈은 __ 마력으로 고속 기동시 사용하고 있습니다. MTU__디젤기관은 __ 마력으로 경비임무나 목적항해 등 저속으로 장시간 항해가 필요할 때 주로 운용하고 있습니다.

The ship's remote control and monitoring consoles, such as the propulsion control console, electric plant control console, damage control console and fire detection console are in the central control station.

또한, 함정의 기관 및 지원 시스템에 대한 통제와 감시가 가능하도록 추진, 전기, 보수, 화재 등에 대한 원격제어용 기관 중앙통제 콘솔을 보유하고 있습니다.

NBC Protection System(화생방 보호체계)

The Nuclear, Biological and Chemical protection system is designed for crews to survive under a NBC warfare condition. The ship has four collective protection zones, __ high pressure fans, and __ filter modules situated throughout the ship. In each zone, there is a high pressure fan to draw fresh air into the ship through the filter modules.

다음은 본 함이 화생방 상황하에서 생존성을 보장받을 수 있도록 설계된 화생방 보호체계입니다. 함 전체를 __ 개 구역으로 구분하고, 각 구역별로 설치되어 있는 필터 모듈 및 고압 통풍기를 이용, 공기를 정화시켜 함내에 공급하며, 함 내부의 공기 압력을 외부 압력보다 높게 유지시킴으로써 외부 공기의 함내 유입을 방지하도록 설계되어 있습니다.

Closing Remarks(결언)

Finally, the officers and crew of the ship having the spirit of Yi, Soon-Shin, who was not only an invincible navy officer but also, a patriot, who lived about 500 years ago. we will do our best to be 「the pioneers for a Blue Navy」.

끝으로, 함장을 포함한 승조원 총원은 이순신 장군의 진취적인 기상을 이어받아 「대양해군 최선봉」함으로써 최선을 다하겠습니다.

Once again, we appreciate your visit to our ship. This concludes the briefing. If there are no questions, I will take you for a tour. Thank you!

(All member of the crew stand by for you to assist or answer any questions you may have. I hope you will enjoy the tour. Thank you for your attention)

본 함을 방문하여 주신 귀빈 여러분께 다시 한 번 감사드리며, 이상으로 함 현황 보고를 마치겠습니다. 질문이 없으면 견학하시도록 하겠습니다. 감사합니다.

(궁금한 점은 안내자가 친절히 답변해 드릴 것입니다. 즐거운 함정 방문이 되시길 바랍니다. 감사합니다.)

sample : 군수지원함(AOE) 브리핑 시나리오

Ladies and Gentlemen, the officers and crew of the ROKS Okpo would like to extend our heartful welcome to each one of you and it is our great pleasure to have this opportunity to introduce the current state of our ship.

대한민국의 군수지원함인 저희 옥포함을 방문하여 주신 귀빈 여러분을 진심으로 환영하오며 지금부터 함 현황을 소개드리겠습니다.

The briefing will begin with an explanation of the ship's name, and will conclude with a film about the ROK Navy.

소개드릴 순서는 함명 소개부터 해군소개영화 시청순입니다.

The AOE (Combat support ship) Okpo is named after the place where Admiral Lee used the turtle boat at first during Imjin War.

전투지원함인 옥포함의 명칭은 이순신 제독이 임진왜란 당시 거북선을 최초로 사용했던 지역명을 본 딴 것입니다.

This ship's construction was started on _____ 2000 by ___heavy industry. The construction period was two year and seven months. After the final evaluation, the ship was delivered to the ROK Navy in ____ and was commissioned in January of ____ . It started its mission in February of after completing operational training for months.

본 함은 2000년 __월 __일 ____중공업에서 착공하여 약 2년 7개월의 공정기간을 거쳐, 최종 시험단계를 거쳐 ____년 __월 해군에서 인수하였고, ____년 1월 취역 후 개월의 전력화 기간을 거쳐 2월부터 작전에 투입되어 현재에 이르고 있습니다.

Under the commanding officer, the organization of the ship consists of 4 departments; Weapons, Operations, Engineering, and Supply and those departments are further broken down into 20 divisions. The total number of the ship's crew is about 000, including 00 officers.

함조직은 지휘관인 함장을 중심으로 예하에 포갑부, 작전부, 기관부, 경의부 4개부서 20개 직별로 구성되어 있으며 승조인원은 장교 00명을 포함하여 약 000명입니다.

Next are general specifications. The ship is 000 meters long, 00 meters wide, and 00 meters high. The height of the ship is very much like a 0-story building, with 0 stories of basements.

The mean draft of the ship is 6 meters and the full displacement is about 0000 tons. The maximum speed is 00 knots, which is about 00 kilometers per hour, and the length of the flying deck is 00 meters.

다음은 제원입니다. 본 함의 길이는 000미터, 너비 00미터, 높이 00미터로, 이는 지하 0층 지상 0층 건물 크기에 해당합니다.

또한 선체가 물속에 잠겨 있는 부분인 흘수는 6미터이고, 유류 및 화물 최대적재 시 톤수는 0000여 톤, 최대속력은 00노트로 이는 00킬로미터에 해당하며, 비행갑판의 길이는 00미터입니다.

The primary missions of the ship are providing fuel, munitions, water, food, and other necessities to other warships, and performing commanding operations and anti-surface warfare training. Each year, one of the ROK Navy's AOEs is provided for use during midshipmen's cruise training.

본 함의 주 임무는 작전임무 수행 중인 전투함정에 대해 유류, 탄약, 일반화물을 공급하는 해상기동군수지원과 작전지휘 및 교육훈련 등의 지시된 해상작전 임무를 수행하고 있습니다. 또한 군수지원함은 매년 한 척씩 4개 항로 중 한 개 항로를 선정하여 사관생도 순항훈련을 지원하고 있습니다.

Our secondary missions include Anti-Surface, Anti-Air, and Anti-Guided Missile Warfare, utilizing the deception system.

부임무로는 적 함정, 항공기 공격에 대비한 대함전 및 대공전 유도탄 기만체계를 이용한 대유도탄전이 있습니다.

As for our logistics supporting system, it is located on the middle deck and we use fuel-supplying equipment and general cargo transferring equipment to transfer fuel and general cargo to warships. The helicopter on the flying deck is also used as a method of transporting general cargo to warships.

군수지원체계로 군수지원 방법 및 위치는 중갑판에 있는 유류공급 장비 및 일반화물 운송 장비를 이용하여 전투함정에 유류, 일반화물을 이송하고, 비행갑판에서는 헬기를 이용하여 전투함정에 일반화물을 보급합니다.

Our ship can load up to 0.00 million gallons of fuel, which is same as 00 thousand oil casks. The ship can also load 00 thousand gallons of fresh water and 000 tons of ammunition and general cargo as well.

본 함의 군수적재능력으로 유류는 000만 갤런을 적재할 수 있으며, 이는 기름을 적재한 기름통 00천 개 분량에 해당합니다. 청수는 000 갤런, 탄약 및 일반화물은

000톤을 적재할 수 있습니다.

As for the propulsion system, Okpo carries two 0000 horse power diesel engines and it is remotely controlled from the bridge and MCR (Master Control Room).
본 함의 추진기관은 0000마력의 디젤기관 두 대를 보유하고 있으며, 함교 및 기관 조종실에서 원격으로 조종하고 있습니다.

Now we will be watching a film introducing the Navy.
이어서 해군소개영화를 시청하겠습니다.
General McArthur said that in any military operation logistics support is like the nerve system that makes operational functions favorable. We, the officers and crew of Okpo, will do our best with our given mission as the hub of the Korean Navy. Thank you for attending this briefing.
맥아더 장군은 어떠한 군사행동에서도 군수지원은 작전기능을 유리하게 하는 신경계통과 같다고 말씀하셨습니다. 우리 옥포함은 대한민국 해군의 중추적인 역할로서 주어진 임무에 최선을 다하겠습니다. 지금까지 함 현황을 시청해주셔서 감사합니다.

작전브리핑(Operations Briefing)

Weather(기상)

Good morning, Captain, Ladies and Gentlemen,
Today's weather... scattered to broken clouds.
Tomorrow continued broken...becoming overcast, winds North Westerly at 25 to 30 knots with isolated shower activity.
On the horizontal weather depiction, you can see the heavy cloudiness over the East Sea with shower up to the north and low pressure moving toward Hokaido.
On the satellite picture, we can see the front passing over the center of Honshu and stationary cold front to the South.
Battle matrix weather shows minor degradation to operational capability through 24 hours. Severe degradation in operational capability 24 to 48 hours and no degradation 48~96hours.

Tropical storm Keith continues to move to the North Westerly from Guam at 35 knots for the next 3 Days. Expect that storm to continue North West. High Seas forecast a maximum of Sea State 3 in East Sea. 6 foot Sea contour extends from North East end of the East Sea down to Pohang. Maximum Seas 8 feet.

Astronomical data, sunrise on 30 October 0638, sunset 1721. Moonrise on 30th 0513, moon set 1656, moonrise on 31st 0609. and moon set 1730. Illumination 2 percent.

And that's it for today.

Operation(작전)

This the morning operations briefing.

Good morning, Captain, in yesterday's events initially we had the Combined MAG join up with the Amphibious Task Force and we activated the Bravo series of warfare commanders. The ______ was able to get back underway after going into port to have a net removed from her screws.

In the ATF convoy escort and defense, the P-3 gained contact on the OKPO(submarine) but was unable to convert in to an attack before she submerged. Despite attempts to maneuver the force to avoid the position of the OKPO, the ARG continued down the scheduled PIM and ran into the Submarine which allowed the OKPO to draw first blood. She torpedoed the ______ and one of the ROKN ships. Later that evening, the Mobile Bay gained sonar contact and used a ROKN P-3 to localize and attack. Then later on, a little after midnight, the ______ armed HELO gained sonar bouy and MAD contact, and converted that to an attack.

The OPS for PKM didn't show so we used targets of opportunity to conduct the attacks. And a few F-18's also conducted simulated attacks. For today, working the AOA defense, we've got a number of exercises that we're going to be doing. We're gonna do an ADEX on low slow flyer, the CVW is going to be providing EA-6B and F/A-18 for the low slow flyer.

Today Captain, we are going to be concentrating on the MAG working to defend the Amphibious Task Force, We've got a number of events covering all warfare areas, we start out with a low slow flyer where we're using the embarked HSL to simulate a terrorist aircraft. We have two air defense exercises one using EA-6B to provide ECM coverage for the attacking F/A-18's and later on in the evening we will have the F/A-18's without jamming coverage.

We have defense of AOA against the OKPO and the _______ will be providing targeting support form South of the AOA. We've got a cooperative boarding event with the Gaudalupe being boarded by the ________. And finally, an opposed ATF convoy where once again the OKPO and a couple of PKMs will be the opposing forces.

And that's it for today.

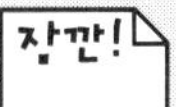

'대양해군'의 영어식 표현은 무엇인가?

Blue Water란 deep water나 deep drift를 말하지만 전통적으로 '육상에서 떨어진(away from land)' 바다를 의미한다. 즉, 'Blue water navy'는 근해 기지 지원을 벗어나서도 전투할 수 있는 충분한 규모의 함정과 안보유지 능력을 갖춘 해군을 의미한다. 따라서 강력한 해군력, 특히 '대양해군'을 'Blue Water Navy'로 일컫는다. 현 우리 해군은 규모나 대외적인 인식을 고려해서 대양해군을 'Ocean-going navy'로 표현한다. 한편, Brown water는 '천해'를 의미하는 것으로 특히 심해(공해)와 심해전투에 맞지 않는 함정이나 해군을 의미하기도 한다. (ex. Brown water operations : 천해에서의 해군 작전). 참고로 미해군의 주요 임무는 Strategic Deterrence(전략적 억제), Sea Control(해양통제), Power Projection(세력투사), Presence(시현)으로 정해 놓고 있다.

Speaking Exercise

- Despite unfavorable circumstances the navy has made incredible progress.
  그동안 어려운 환경에서도 해군은 눈부시게 발전해 왔습니다.
- Blue Navy is also our grand goal.
  대양해군이 우리의 큰 목표이기도 합니다.
- We will do our best to become the foundation for the Blue Navy.
  대양해군의 초석이 되기 위해 최선을 다하겠습니다.
- It will not be long until the Korean Navy acquires AEGIS ships.
  한국해군은 오래지 않아 이지스 함을 보유하게 될 것입니다.
- Let's do our best to further the friendship between the Korean and U.S. navy
  한미 해군 간의 우의를 돈독하게 하기 위해 힘껏 노력합시다.
- The history of the navy is full of the sweat and blood of our predecessors.
  해군의 역사는 우리 선배들의 피와 땀으로 이룩되었습니다.

The Stages of a Meeting
회의 진행 단계

해군 실무에서는 연합작전회의를 포함하여 수많은 회의가 있으며 각각은 목적과 방법에 있어서 차이가 있다. 우선 회의나 보고의 종류만 보아도 아래와 같이 아주 다양하다.

- 실무자급 회의 : Working (Action officer) level meeting
- 즉석회의(사전에 예정되어 있지 않은) : Impromptu meeting
- 주요 지휘관 회의 : SLS(Senior Leader's Seminar)
- 사후검토회의(강평) : AAR(After Action Review Board)
- 대면보고 : Face-to-face briefing = Desk-side briefing
- 독대보고 : one-on-one briefing
- 현안업무보고 : STU(Special Topic Update)
- 중간보고 : IPR(In-progress review)
- 요약보고서 : Point paper

물론 이러한 회의나 보고의 종류에 따라 갖가지 다른 표현이나 의제를 다루겠지만 여기서는 회의나 보고를 하는 데 있어서 자주 언급하게 되는 영어 표현을 중심으로 살펴보고자 한다. 참고로 "A"급 수준의 보고는 'Level A Briefing'이며 학교에서 일반적인 개론을 다루는 모든 브리핑은 'Briefing 101'으로 부른다는 것도 알아두자.

영어 회의 진행 시 자주 사용하게 되는 표현을 단계별로 살펴보자.

Welcoming Address(환영 인사)

Good morning everyone? Thank you for coming to ______Conference. I would like to announce that the meeting has officially begun.

여러분, 안녕하십니까? ______회의에 참석하신 데 대해 감사드리며 회의를 시작하도록 하겠습니다.

Please be seated. We are about to begin.
곧 회의를 시작하겠습니다. 착석해 주시기 바랍니다.

Thanks for attending today's brief. I know that you are busy with other tasks.
오늘 보고에 참석해 주셔서 감사합니다. 여러분들이 다른 일들로 매우 바쁘신 것을 잘 알고 있습니다.

Thanks for attending today's conference despite your busy schedules.
바쁘신 와중에도 참석해 주셔서 대단히 감사합니다.

Self introduction(사회자 소개)

Good afternoon sir, I am LCDR Kim from Okpo. Thanks for coming. I will brief you on the outcomes of our program.
안녕하십니까? 옥포함에 근무하는 김 소령입니다. 오늘 회의에 참석해 주셔서 감사합니다. 지금부터 우리 프로그램의 성과에 대하여 보고드리겠습니다.

I am Captain Kim Chul-soo, ROKS OKPO, and it's a great honor to be the chair person of today's meeting.
저는 옥포 함장 김 철수입니다. 금일 회의의 사회를 볼 수 있게 된 것을 큰 영광으로 생각합니다.

Let me introduce myself. I am the chairman for this morning's session. I am CDR Park from the 2nd Fleet Command, and my co-chairman is CDR Benson from Plans Division.
제 소개를 하겠습니다. 저는 오늘 아침 회의를 주관할 2함대에서 온 박 중령이고 저와 같이 회의를 주관할 사람은 계획처의 벤슨 중령입니다.

Order of Meeting(회의 순서)

This is the agenda (we will follow) for today. I will first present A, then I will highlight B, and I will conclude with C.

오늘 회의의 보고 순서입니다. 우선 A에 대해서 보고를 한 후, 이어서 B를 보고드리고 마지막에 C를 설명드리겠습니다.

Opening Address / Outline of Conference(개회사/회의 개요)

The aim of this session is to review the present state of knowledge and to discuss related theories.
이번 회의의 목적은 현 숙지 상태를 확인하고 관련된 이론에 대해 토의하는 데 있습니다.

The purpose of today's brief is to provide a short overview of the new weapon system which we have developed.
오늘 보고의 목적은 새롭게 개발한 무기체계에 대해 간략하게 설명드리는 것입니다.

Introduction of Speaker(강사 소개)

It gives me great pleasure to introduce today's guest speaker, Dr. Williamson from the Naval War College. We feel grateful that he has taken time from his busy schedule to spend this hour with us.
오늘의 초대 강사이신 해군대학 윌리암슨 박사님을 소개하게 된 것을 매우 기쁘게 생각합니다. 바쁜 일정에도 불구하고 이런 시간을 내주신 것에 대해 감사드립니다.

It is my great honor to introduce CDR Johnson from USNA.
미 해군에서 오신 존슨 중령님을 소개하겠습니다.

It gives me great pleasure to introduce today's speaker.
오늘의 연사를 소개드리게 되어 매우 기쁘게 생각합니다.

Progression of Meeting(회의 진행)

Now, we'll begin the presentation based on the issues discussed up to this point. This slide is meant to give you an outline of the unit's introduction.

자 그럼, 지금까지 토의한 내용에 대해 발표를 시작하겠습니다. 이 슬라이드는 부대 소개에 대한 개요를 보여 주고 있습니다.

Question / Answer(질의/응답)

We ask that your question be brief and to the point and that you introduce yourself by name and rank.

질문들은 간단하면서도 요점에서 벗어나지 않게 해주시고, 자신을 소개할 때 이름과 계급을 밝혀 주시기 바랍니다.

We are running a little behind schedule. Let's have just one more question, please.
주어진 시간이 얼마 남지 않았습니다. 질문 하나만 더 받도록 하겠습니다.

Please feel free to ask any questions on the way.
의문사항이 있으시면 언제든지 질문을 하십시오.

All replies will be greatly appreciated.
어떤 답변이든지 해주시면 감사하겠습니다.

Before asking questions, please introduce yourself by name, rank and unit.
질문하시기 전에, 이름과 계급, 소속을 말씀해 주시겠습니까?

Since we are pressed for time, please make your remarks brief.
시간이 촉박한 관계로 말씀을 간단하게 해 주시기 바랍니다.

Is there anybody who wants to chime in? If you have any questions, please raise your hand. If there are no questions, we will proceed. (=Let's move on.)

의견을 말해주실 분 있습니까? 질문이 있으시면 거수해 주시기 바랍니다. 질문이 없으시면 계속 진행하겠습니다.

Does this answer your question?
이것이 당신의 질문에 답변이 되었습니까?

Result of Discussion(토의 결과)

We have reached the end of our time limit. We need to come to a conclusion.
이제 끝낼 시간이 되었습니다. 이제 회의의 결론을 내려야겠습니다.

I would like to conclude with a few general remarks.
몇 가지 일반적인 의견을 제시하면서 결론짓겠습니다.

The meeting went 40 minutes over the scheduled time. We have reached the end of our time limit. We need to come to a conclusion.
회의 시간이 계획된 시간보다 40분이 지났습니다. 시간 제약상 이제 결론을 지어야 할 것 같습니다.

This concludes my portion of the briefing.
이것으로 저희 부서의 보고를 마치겠습니다.

This wraps up the introduction to 2nd Fleet Command.
이것으로 2함대 사령부에 대한 소개교육을 종료하겠습니다.

I would like to close the meeting by summarizing some key points.
몇 가지 중요사항을 요약하면서 오늘의 회의를 종료하고자 합니다.

Suggestion(의견제시)

My understanding is as follows.
제가 이해(생각)하고 있는 것은 다음과 같습니다.

For security reasons, I can't tell you.
보안상의 이유로 말할 수 없군요.

Please put yourself in my position.
입장을 바꾸어 생각해 보세요.

Are you for it or against it?
이 일에 찬성하십니까, 반대하십니까?

I have a different opinion about it.
저는 그 사항에 대하여 당신과 다른 의견을 가지고 있습니다.

We don't have visibility on this issue.
이 문제가 앞으로 어떻게 될지 현재로서는 모르겠습니다.

Narrow the difference over the issue.
그 사안에 대한 견해차를 좁히세요.

Sometimes we need to speak with (또는 in) one voice. We have to build a consensus.
가끔 한목소리로 얘기할 필요가 있어요. 우리는 공감대를 형성해야 합니다.

We reached an agreement on the matter.
그 일에 합의에 도달했어요.

Vote(투표)

We will now proceed to vote on amending the standard for evaluating promotions. All in favor of the amendment will say "Aye" by order. Those opposed will say "Nay."
진급 심사기준 수정안에 대한 표결이 있겠습니다. 수정안에 동의하시는 분들은 순서대로 "예"라고 하시고 반대하시는 분들은 "아니오"라고 대답해 주십시오.

There are 30 in the affirmative(negative) and 25 in the negative(affirmative). The affirmative(negative) has it and the motion is carried(lost).
30명이 찬성(반대)했고 25명이 반대(찬성)했습니다. 찬성(반대)하는 분들이 더 많으므로 안건을 가결(부결)하겠습니다.

The issue came to vote.
그 의제는 표결에 부쳐졌다.

A hundred were for and fifty were against.
찬성 100에 반대 50이었다.

The bill was passed by a majority vote.
과반수의 찬성으로 그 법은 통과되었다.

Closing Remarks(폐회사)

I would like to close the meeting by thanking all the speakers and guests who have taken part in this meeting. Again, thank you very much.

이상으로 회의를 마치면서 이번 회의에 참석해주신 발표자와 참석자 여러분께 감사의 말씀을 드립니다. 거듭 감사를 드립니다.

I would like to convey my sincere gratitude to the action officers for their hard work. Please give a big hand to ○ ○.

오늘의 회의준비를 위해 수고한 실무자들의 노고를 치하합니다. ○ ○에게 뜨거운 박수를 쳐줍시다.

Speaking Exercise

- Who is hosting this meeting?
  누가 임석상관이십니까? (어떤 분이 주관하시죠?)
- This meeting will be hosted by the NA.
  이 회의는 NA에서 주관할 것입니다.
- LT Kim presided over the opening ceremony.
  김 대위가 개회식의 사회를 보았습니다.
- I will take a roll call.
  참석여부를 확인하겠습니다.
- I represent the Naval Academy.
  제가 해사 대표로 참석하였습니다.
- We are honored to have Admiral Kim.
  김 제독께서 참석해 주셨습니다.
- Thanks for coming all this way.
  먼 거리에도 불구하고 참석해 주셔서 대단히 감사드립니다.
- I know that you have traveled a long distance.
  먼 거리를 오셨다는 것을 잘 알고 있습니다.
- Thank you for your patience.
  오랫동안 기다려 주셔서 감사합니다. (당신의 인내심에 감사드립니다.)

⚓ I am sorry to have kept you waiting so long.
오래 기다리게 해서 죄송합니다.

⚓ I will get back to you on this.
추후 확인 후 보고 드리겠습니다.

⚓ Let's now turn our attention to ○○.
이제 ○○에 대한 의제로 넘어갑시다.

⚓ This is the goal we are trying to accomplish.
저희가 추구하고자 하는 업무추진 방향입니다.

특강 Practical English 학습전략

The Korean Turtle Ship & Gun-barrels
거북선 및 총통 소개문

The Turtle Ship was made in A.D. 1591 by Admiral *Yi Sun-sin* (1545-1598), who was the commander of one of the 4 fleets in the Korean south sea at the time. He foresaw an invasion by the Japanese and made this special warship. During the Japanese Invasion War (1592-1598), the Turtle Ship was placed at the head of Admiral *Yi Sun-sin* fleet's formation and served as a rush boat. It gave tremendous support to win sea battles.

거북선은 전라좌수사였던 충무공 이순신(忠武公李舜臣)께서 일본의 침입을 예견하고서 서기 1591년에 건조한 특수한 전선(戰船)이며, 임진왜란(1592-1598)의 여러 해전에서 이순신 함대의 선봉 돌격선으로 출전하여 해전의 승리에 크게 기여하였다.

Turtleship at the Naval Academy

The Turtle Ship was originally restored by the Republic of Korea Navy on January 31st, 1980 to commemorate Admiral *Yi Sun-sin*'s great patriotism. The major reference used for restoration was *Yi-chungmugong-jeonse*, a book which was published in 1795 by the government of *Joseon* dynasty. It included the Turtle Ship's records and sketches. Books including historical records of the ancient ships were also used as a reference. Historical evidence was ascertained by 16 leading experts.

거북선은 한국해군(韓國海軍)이 충무공 이순신의 나라 사랑하는 얼을 길이 계승하기 위하여 1980년 1월 31일에 처음으로 복원(復原)하였는데, 주요 참고자료는 1795년에 조선 정부에서 편찬한 이충무공전서(李忠武公全書)에 포함되어 있는 거북선의 기록과 도면(圖面), 그리고 옛 선박에 대한 문헌들이며, 역사적인 고증은 학계전문가(學界專門家) 16명이 참여하였다.

The restored Turtle Ship is now mooring at the finger pier of the R.O.K Naval Academy as an exhibit. The principal characteristics of the restored Turtle Ship are as follows:

Length Overall : 34.2 m (113ft)	Breadth : 10.3 m (34ft)
Height : 6.4 m (21ft)	Displacement : Approx. 150ton
Draft : 1.4 m (4.5ft)	Crew : Approx. 130
Cannons : 14	Speed : 3~6kts
Sails : 2	Oars : 16

복원된 거북선은 현재 한국 해군사관학교의 부두에 계류하여 전시되고 있으며 그 제원은 다음과 같다.

전체길이(全長) : 34.2m (113척)	선체폭(船幅) : 10.3m (34척)
선체높이(船高) : 6.4m (21척)	배수량(排水量) : 약 150톤
흘수(吃水) : 1.4m (4.5척)	승조원(乘組員) : 약 130명
함포(艦砲) : 14문	속력(速力) : 3~6노트
돛(帆) : 2개	노(櫓) : 16개

Both Ji-Ja Gun Barrel and Hyun-Ja Gun Barrel was used as the main weapons of the Turtle ship. Ji-Ja Gun Barrel fired *Jangun-Jun* (Big wooden arrow) or *Joran-hwan* (Iron ball) as its projectiles. It had a range of 999 meters, but the actual effective range was 200 meters in Japanese Invasion war(1592~1598). Hyun-Ja Gun Barrel fired *Chadae-Jun* (Big wooden arrow) or Iron balls as its projectiles. It had a range of 999 meters, but the

actual effective range was 200 meters in Japanese Invasion war.
지자총통과 현자총통은 거북선에 탑재되어 주병기로 이용되었다. 지자총통은 장군전(큰 화살)이나 조란환(철환)을 현자총통은 차대전이나 철환을 피사체로 발사하였는데, 그 사정거리는 999미터였다. 그러나 임진왜란 때 해전에서 유효사정거리는 200미터이었다. 현자총통은 차대전(큰 화살)이나 철환을 피사체로 발사하였는데, 그 사정거리는 999미터였다. 그러나 임진왜란 때 해전에서 유효사정거리는 200미터였다.

UN 회의장

ROK Naval Academy
해군사관학교 소개

이 장에서는 해군사관학교에 대한 제반 사항을 소개하고 영어로 브리핑하는 능력을 다룬다.

ROKNA Midshipmen and their vision

Would you tell me about the ROK Naval Academy's History, Mission, and Precept?

Naval Academy History(연혁)

The R.O.K Naval Academy was founded as a Naval school in January 1946. In 1956, the Naval Academy produced its first 4-year class(4년제) graduates with a BA degree.

- Jan. 17, 1946 – Started as the Naval Military School (First Superintendent LCDR. Son, Won-il)
- Feb. 7, 1947 – 1st class(61 members) graduated

- Aug. 14, 1947 – Renamed the Naval Academy College
- May. 5, 1949 – Established as the Korean Naval Academy
- Oct. 1, 1955 – Established 4-year college curriculum
- Mar. 18, 2008 – 62nd class graduated and commissioned

Between 1946 to 2008, about 7,000 young men have graduated and have commissioned(임관한) as navy or marine officers.

Precept and Mission(교훈과 임무)

We encourage the midshipmen to adopt as their life motto(생활 신조) the following precept(교훈) : First, pursue the truth. Second, forsake falsehood. Third, sacrifice.

The mission of the Naval Academy is to build leadership skills in midshipmen, to provide them with professional knowledge required as junior naval officers(초급장교), and to imbue(부여) them with high loyalty(고도의 충성심), honor, and sense of duty. Furthermore it is to strengthen midshipmen's mentally and physically.

Would you mind telling me about the Naval Academy Organization?

Organization

The Superintendent(교장), a Vice Admiral, commands(지휘하다) three execution corps and the staff :

The Commandant of Midshipmen, a Rear Admiral(lower half), commands the Midshipmen Regiment(생도연대) in supervising their leadership, Physical Education program. The Regiment is organized into two battalions(대대), each of which consists of 4 companies.

Chief of Administration(행정부장) is assisted by General Staff officers and Service Unit responsible for academic affairs(교무처), adminstration, and logistics(군수처), and so on.

The Chief of Faculty(교수부장), a senior navy Captain, supervises the academic education of midshipmen. There are four academic divisions: Faculty and Midshipmen Affairs(교학처), Basic Sciences(이학처), Engineering(공학처), Social Sciences and Humanities(사인처).

What's the Educational System of the Naval Academy?

Major System(전공제도)

The educational system of the Naval Academy is characterized by a 4-year college-level curriculum which embraces 9 major programs; Electrical Engineering & Electronics, Mechanical-Naval Architecture, Weapon System, Defense, Management, Oceanography, International Relations, Computer science, Military History & Strategy, and Foreigh Language. Major selection is made according to one's academic aptitude and interest in his Sophomore year. Upon completing a 4 year course work, senior midshipmen are awarded either a Bachelor of Arts(BA), Bachelor of Sciences(BS) or Bachelor of Engineering(BE) degree.

Physical Education(체육교육)

Naval Academy Physical Education programs are designed to develop midshipmen physically, help them learn instruction skills, and heighten their fighting spirits.

The Naval Academy emphasizes marine sports(해양체육) to improve better adaptability to the rough sea life. Through martial arts and team exercises, midshipmen heighten their mental and physical strength.

Each midshipmen is required to attain a black belt in Taekwondo, Judo, or Kumdo. Yachting, Sailing, Swimming, Crew rowing and Skin scuba are regarded as popular sports among midshipmen. Optional instruction is also given in soccer, rugby, American football, volleyball, basktball, tennis, and other sports.

Marine sports

◉ Military Field Training & Graduation Requirement (실습 및 최저도달수준)

In order to provide midshipmen with a broad professional foundation, a variety of additional training is given each year: The Freshmen class learn ground exercises(지상전 실습) and navy air operations(해군 항공작전). They recognize the characters of Marine missions. This training is intended to master basic military attitude and tactics, and to cultivate strong will power.

The Sophomore class goes through Navy seal training. They learn the the way navy seal members do, and understand the importance of the sea, air, and land exercises.

The Junior class visits ports around the country on a coastal cruise. They learn petty officer's duties, coastal geography, ship maneuvering, and visit many historical spots.

Military Field Training

Practical exercise and hands-on training to develop junior officers.

- Freshmen : Basic ground exercise and drills of the Marine corps / enlisted men's jobs
- Sophomores : Shipyard training / English Intensive Course
- Juniors : Domestic coastal cruise / adaptation to shipboard life
- Seniors : Ocean cruise / practice of Junior Officer's jobs

✢ 2000 : North and South America/ Pacific Ocean

Graduation Requirements

The development of professional training as junior naval officers/Starting from '96

Area	TEPS	Martial Arts	Swimming
Level	610 TEPS	1st grade black belt (Judo, Taekwondo, or Kumdo)	Lifeguard License

How about Annual plan and Daily Routine of Naval Academy?

Annual Plan(연간계획)

An academy year is divided into two semesters. The 1st semester begins in March and ends in August. The 2nd semester begins in September and ends in February. Each semester includes 16 class-weeks. Midshipmen enjoy a 3-week leave in the summer and winter.

Daily Routine(일과)

Midshipmen's dormitory life is supervised by 8 company officers. Tasks are carried out by the midshipmen themselves. Mids' daily routine begins at six in the morning. After an exercise period, clean-up and breakfast, they have six, one-hour classes from 08:00 until 15:00. Extra-curricular activities(특별활동) in sports or

Midshipmen who are playing American football

cultural areas follow until supper. From 19:30 to 21:30, they have self-study period(자습시간).

Taps(소등) at 22:00 finishes a day's routine. On weekends, midshipmen enjoy liberty(상륙) in town or free time on campus. 4 years of dormitory life helps midshipmen acquire the qualities of obedience(복종), exemplary model(모범), voluntary attitude(자율), and officer-like leadership.

Would you mind telling me about annual events?

Graduation and Commissioning Ceremony

The Graduation and Commissioning ceremony is held in every March. A graduate receives a B.A., B.S., or B.E. degree according to his major. A graduate is commissioned as either a navy officer or a marine officer. A^{+} the ceremony, graduates' parents, and many guests, including the President, are invited. The graduates, guard our country against the enemy.

PROFESSIONAL TRAINING AFTER GRADUATION

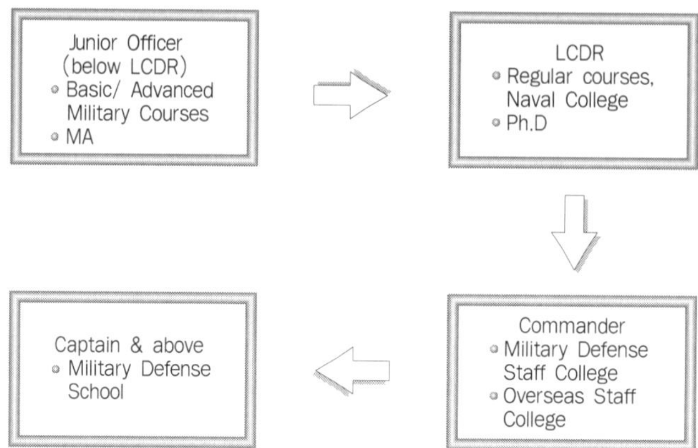

▶ Upon commissioning, the junior officers have an option to request discharge after 5 years of active duty of military service. Officers who choose to serve beyond 5 years are required to complete a minimum 10 years of service.

Annual Events

Other major annual events are the Honor Company game; a visit to the shrine of Admiral Lee, the great national hero in Korea; The Okpo festival, etc.

What are your Midshipmen Creeds(신조)?

We are young midshipmen with passion. We will dedicate ourselves to defend our country and peoplc. We will always live in honor and loyalty. We will choose a difficult, and righteous way of life in defiance of comfort and temptation. We must maintain strong pride and confidence as midshipmen.

Tell me about your Ocean Cruise Training.

The senior class embarks(출항하다) on an ocean cruise in the 2nd semester. It is one of the Field Training exercises for midshipmen. During the cruise, they visit

해사생도의 원양실습 출발

Southeast Asia, Middle East, Europe, Africa, Oceania or the American continents. Midshipmen learn junior officer duties, become familiar with rough sea life, and broaden their world view through contact with foreign customs during the cruise. This training is not only a good chance to put the military theories learned at the naval academy into practice, but also a great opportunity to cultivate friendly relations between Korea and other countries.

The senior midshipmen will have the insight of the past, present, and the future as well as the acquaintance with various cultures of other countries during their navigation. After passing this course, the midshipmen will become excellent navy officers. Ocean cruise training candidates usually embark in October and return December or next January. Ocean cruise training is a culmination of a 4-year curriculum(4년제 교과과정) aboard Destroyer and Frigates in Korea, made possible by Korea's industrial technique.

Speaking Exercise

⚓ The R.O.K Naval Academy has been accepting female midshipmen since '99.
해사는 '99년부터 여생도를 모집해왔습니다.

⚓ In order to be accepted into the R.O.K Naval Academy a good character is required as well as outstanding grades.
해사에 입학하기 위해서는 학과성적이 우수해야 될 뿐만 아니라 인성이 좋아야 합니다.

⚓ The view surrounding the R.O.K Naval Academy does not come second to any other institutions.
해군사관학교의 전경은 세계 어디에 내어놓아도 손색이 없습니다.

⚓ I will now show you the Turtle Ship Admiral Yi designed.
지금부터 Admiral Yi가 만든 거북선을 소개하겠습니다.

⚓ Chinhae is famous for its Naval Port Festival.
진해는 군항제로 유명합니다.

⚓ A Naval Academy MIDS' parade is a fine spectacle.
대규모 해사생도의 분열은 멋진 광경이지요.

⚓ What is your impression of the ROK Naval Academy?
해사에 대한 첫 인상은 어떻습니까?

⚓ I have visited the Japanese National Defense Academy before.
저는 일본 방위대학교를 방문한 적이 있습니다.

⚓ I am most grateful for the considerate tour.
이렇게 친절히 안내해 주시니 대단히 고맙습니다.

⚓ What are the differences between the U.S and ROK Naval Academies?
한미 해사 간의 차이점은 어떠한 것이 있습니까?

United States Naval Academy

미 해군사관학교

이 장에서는 미 해군사관학교의 교육목표와 방향을 간단히 살펴보고 이를 ROKNA와 비교해 봄으로써 교육내용의 이해는 물론 관련 표현 어구를 폭넓게 익힐 수 있도록 하였다.

Mission(임무)

To develop midshipmen morally, mentally and physically and to imbue(부여하다) them with the highest ideals of duty, honor and loyalty(충성심) in order to provide graduates who are dedicated to a career of naval services and have potential for future development in mind and character to assume the highest responsibilities of command, citizenship and government.

USNA 졸업식 모습

Honor and Duty

Honor is the first value of a set of values that the US Navy has identified as its core. It is a simple and straight forward statement:

Midshipmen are persons of integrity(고결성)
: They stand for what is right.

1. They tell the truth and ensure that the truth is known. They do not lie.
2. They embrace fairness(공정함) in all actions. They ensure that work submitted as their own is their own, and that assistance received from any source is authorized and properly documented. They do not cheat.
3. They respect the property(재산) of others and ensure that others are able to benefit from the use of their own property. They do not steal(훔치지 않는다).

Duty is the measure of the unique devotion(헌신) a midshipman, through the sworn Oath of the Armed Forces member, bears to the nation. It is the hallmark of the Naval Services and their most cherished point of pride:

> *Duty is the moral obligation to place*
> *the accomplishment of assigned tasks*
> *before the needs, considerations, or*
> *advancement of any other ideal,*
> *organization, or individual.*

Duty is the outward manifestation of a person of integrity. Duty concerns the special measure of commitment and devotion one brings to the life of the Naval Service by virtues of the unique nature inherent in that calling. This often entails(수반하다) personal sacrifice, which must supersede(대신하다) any other loyalties, in order to preserve the highest standards within the organization. The thorough(자세한), swift(신속한), and successful completion of your duties reflects standard of excellence and the values of honesty, courage, and commitment(책임감) expected by both superiors and subordinates(상하간).

(from *Reef Points 1997~98*, US Naval Academy)

잠깐! USNA의 Bottom(Plebes)은 상급자와 어떻게 대화할까?

Plebe(신입생)는 상급자에 대해 다음의 5가지 기본적인 패턴으로 응대하도록 되어 있다.

"Yes, sir/ma'am." "No, sir/ma'am." "No excuse, sir/ma'am."
"I'll find out, sir/ma'am." "Aye, aye, sir/ma'am."

USNA Midshipmen's Slang

다음의 미해사 생도들이 사용하는 slang을 통하여 그들 생활의 일면을 알아볼 수 있을 것이다.

- AQUA ROCK : 수영을 못하는 맥주병 생도
- CAKE : 모든 쉬운 것
- DEAN'S LIST : 평점이 3.4 이상인 생도들의 명단
- HAPPINESS FACTOR : 동계휴가 일수를 휴가까지 남은 날 수로 나눈 계수
- MIDDY : 해군 사관생도, 가끔 Mid로도 쓰임
- MISERY HALL : 응급 처치실
- NAV : 항해학(Navigation) 과목을 다수 수강하는 자
- PLEBE : 1학년 생도(Fourth classman), 집에서 동정을 유발하는 사소한 것
- QPR : 적성등급, 평점평균(GPA)
- RACK : 침대, 대부분 생도의 궁극적인 목표
- SANDBLOWER : 키가 작은 사람, 낮은 정도로 걸어가는 사람
- STAR : 누적 평균 3.4, 적성 및 품행이 A, 체육성적이 B 이상이 되는 자
- STRIPER : 근무자나 우등상 수상자
- SWEAT : 매사에 지나치게 걱정이 많은 자,
- UNSAT : 학과 성적이 2.0 이하이거나, Pass하지 못할 때
- YOUNGSTER : 2학년(Third Classman)
- ZOOMY : 공군사관학교 생도를 일컫는 말

특강 Practical English 학습전략

English Adventure 도전영어

유학 중 American Grammar라는 수업 시간 중에 한국 유학생들이 미국 학생들보다 훨씬 높은 점수를 받는 것을 보았다. 이렇게 우리는 막강한 문법과 단어 지식을 가지고 있다. 그런데 영어를 머릿속에서만 이해하다 보니 실제 상황에서는 타이밍을 놓치기 쉽고 말이 입 밖으로 잘 나오지 않는다. 덧붙여 실수하면 어쩌지 하는 두려움과 본인이 사용하는 문장과 발음이 정확한지에 대한 자신감이 부족해서 영어로 말하는 것을 어려워하고 있다. 외국인을 만나면 울렁증이 생기고 입이 떨어지지 않는 이유는 무엇 때문일까? 이 문제의 해결책을 다음과 같은 비유로 설명할 수 있겠다. 넓은 대양에서 키를 잡고 항해를 잘하려면 먼저 항해술에 대한 이론을 마스터하고 실제로 항해하는 연습을 반복해서 몸에 익혀야 자신감이 생기고 용기도 배가된다. 결국 영어로 말을 많이 해봄으로써 자신감이 생길 수 있다.

국제교류가 더욱 빈번해지는 글로벌 시대에 International Gentleman으로서 이제 우리는 세계인들을 상대로 당당히 자신의 생각을 표현할 수 있어야 한다. 이 장에서는 우리가 연합작전 회의를 포함한 각종 회의나 브리핑하는데 주로 등장하는 군사 실무 영어에 대한 표현을 살펴보도록 하겠다.

※ Welcoming 함 안내를 숙달한다

- I would like to welcome you aboard the ROKS Okpo.
  옥포함 방문을 진심으로 환영합니다.
- What is your impression of the Okpo?
  옥포함에 대한 첫인상은 어떻습니까?
- Jinhae is famous for its Naval Port Festival.
  진해는 군항제로 유명합니다.

✲ Duty(당직 & 근무) 관련 절차용어를 익힌다

• I'm on duty today.
  오늘은 당직입니다.
• 15 minutes until watch relief.
  당직교대 15분 전
• I'm ready to relieve you, sir.
  당직교대 준비를 완료하였음.
• I can't go on leave due to work.
  업무에 밀려 휴가를 갈 수 없어요.
• I am on business trip.
  출장 중입니다.
• How long have you been serving as captain?
  함장을 맡으신 지 얼마나 됩니까?

✲ Maneuvering(함운용) 관련 구문을 익힌다

• The ship is preparing to get underway.
  본 함은 출항 준비 중.
• All engine ahead full.
  양현 앞으로 전속
• I am altering my course to port.
  본 함은 좌현 변침 중임.
• I cannot locate you on my radar.
  본 함 레이더로 귀함 확인 불가함.

✲ Q&A 기술을 익힌다

• Are there any questions or comments?
  질문이나 의견 제시하실 분 있습니까?
• Does this answer your question?
  이 답이 질문에 대한 답변이 되었습니까?
• If you have any questions, please raise your hand.
  질문이 있으시면 거수해주세요.

• Did you come up with any good ideas?
무슨 좋은 생각을 가지고 계십니까?

※ Report 관련 표현을 익힌다

• I will proceed with this project.
이 프로젝트를 지속적으로 추진하겠습니다.

• We should make a report to JCS.
합참에 이 문제를 보고해야 하겠습니다.

• There was nothing significant to report (NSTR).
근무 중 특이사항 없습니다.

• I'll get back to you on this.
추후 확인 후 보고 드리겠습니다.

※ Ship's Briefing 연습을 한다

• It is my pleasure to have the opportunity to brief you on this ship.
본 함을 브리핑하게 된 것을 기쁘게 생각합니다.

• Thanks for your attending despite your busy schedules.
바쁘신 와중에도 참석해 주셔서 대단히 감사합니다.

• This concludes the briefing.
이상으로 함 현황 보고를 마치겠습니다.

※ Meeting 진행 절차를 숙달한다

• Let's start this meeting with a discussion.
토론을 시작으로 오늘 회의를 진행하겠습니다.

• Who will chair this meeting?
누가 임석상관이십니까?

• I am representing Okpo.
제가 옥포함 대표로 참석하였습니다.

• You have the floor.
당신이 발표할 차례입니다.

• The meeting went off 40 minutes over the scheduled time.

이 회의는 40분이 연장되었습니다.

- We will proceed to vote on the issue.
  제시된 안건에 대해 투표에 부치겠습니다.
- The bill was passed by a majority vote.
  과반수의 찬성으로 그 법은 통과되었습니다.
- There are 10 affirmatives and 8 negatives.
  10명이 찬성했고 8명이 반대했습니다.
- The meeting is coming to a close.
  회의가 끝날 때가 다 되었습니다.
- Please give a big hand to LT Kim.
  김 대위에게 큰 박수를 쳐줍시다.

"Knowing is one thing, doing is another."이라는 말이 있듯이 아는 것을 쓰지 못하면 별 소용이 없다. 작은 시작에 불과하지만 우리가 어떻게 적극적으로 활용하느냐의 여부에 따라 결과가 달라질 수 있기에 이 의의를 살려서 이제 우리의 영어 지식을 속에만 쌓아 두지 말고 머릿속에서 탈출시키려는 노력이 필요하다. 실수를 개의치 않고 입 밖으로 자주 말해보는 것이 실력 배양의 지름길이니 "No venturing, no gaining"을 외치며 English adventure를 실제로 즐겨보자.

IV부 해군 서식 및 관습
Naval Writing and Customs

Naval Writing
해군 영문서식

8

의사 소통은 단순히 입말에 국한되는 것이 아니라 글말도 포함하는 것이다. 특히 계약서나 문서, 편지글과 같은 글말은 그 중요성으로 인해 정확하게 쓰여져야 하므로 별도의 교육과 연습이 요구되는 것이다. 이 장에서는 해군 실무에서 빈번히 사용되는 영문 메모나 편지글, 그리고 전보를 통해서 Naval writing의 규칙과 유형을 익히고자 한다.

Rules of Naval Writing

해군 서식의 규범

글은 어떤 사실이나 아이디어를 독자에게 전달하기 위해 여러 차례 수정을 거쳐서 세상에 나오게 된다. 글의 구성도 문화에 따라서 다르다. 종종 국문에는 주요 내용이 뒤에 나오지만, 영문에는 명확한 의사전달을 위해 요청과 답변, 결론 등이 문두에 제시된다. 이 장에서는 해군의 영문 서신이나 메모, 전보 및 공문서 작성에 필요한 규칙과 사용 예문을 중점적으로 다루어 본다. 미해군에서 널리 사용되는 *Guide to Naval Writing*(2008)에 의하면 Naval Writing은 다음과 같은 원리에 따라야 한다.

Simplicity(첫째, 쉬운 영어를 사용한다)

복잡하거나 정확성을 요하는 경우 난해한 어휘(big words)를 쓸 수 있겠지만, 일반적으로 글도 말하는 것처럼 쓰는 것이 좋다. 마치 얼굴을 마주 보고 얘기하는 듯한 어조의 글이 읽기도 쉽기 때문이다. 가능하다면 일상에서 자주 사용되는 평이한 어휘를 찾아 써 보자.

~을	~으로 사용	~을	~으로 사용
implement	carry out	commence	start
inundate	flood	esoteric	unusual
terminate	end, stop	disseminate	give
necessitate	cause, need	promulgate	issue
obligate	bind, compel	utilize	use

Brevity(둘째, 짧은 어구나 문장을 사용한다)

짧은 문장은 내용을 이해하는 데 혼동이 덜하다. 따라서 한 문장은 평균 20단어 이하가 유지되어야 하며, 6단어 이하가 되면 독자가 집중하기도 쉽다. we'd, I'll, you're, he's와 같은 단축어나 don't, can't, won't와 같은 부정동사를 사용하면 글이 좀더 매끄럽고 간결하게 된다. 길게 꼬인 구절은 다음과 같이 좀더 짧게 줄여 보자.

~을	~으로 사용	~을	~으로 사용
at the present time	at present	due to the fact that	because
for a period of	for	for the purpose of	for, to
in accordance with	following	in the event that	if
in the amount of	for	until such time as	until

Compactness(셋째, 구성이 치밀하여 꽉 짜인 글을 사용한다)

필요 이상의 단어를 써서 의사전달을 하는 사람이 있지만, 부연 설명을 하면 할수록 글의 힘은 약화되어 요점이 흐려질 수 있다. 글은 문단에서 단어에 이르기까지 치밀한 구성이 되도록 수정작업을 거쳐야 한다. 즉, 글을 늘어지게 하고 의미전달을 늦추는 "It is"나 "There is"는 피하고, is applicable to는 applies to로, make use of는 use로 대체해서 어휘수를 줄인다. 장황한 글은 다음과 같이 군살을 빼 슬림형으로 만들어 보자.

Your request for $750, as stated reference, is approved. Contact Mr. John Jeffries, X4442, to coordinate the appropriate procedures for utilization of funds from Account 15B of the Foundation Support Fund.

➡ You can have the $750. John Jeffries at X4442 will tell you how to get the money.

Clarity(넷째, 명확한 어구를 사용한다)

허술한 글을 보면 모호한 어구가 자주 눈에 띈다. 예컨대 immense dedication, enhanced program, viable hardware에서 밑줄 친 형용사는 의미가 불명확하여 글의 전달력을 떨어뜨린다. 따라서 Naval Writing에는 구체적인 단어 선택이 요구되며,

명확한 의미 전달을 위해 주의를 끄는 부호(·, -, *, ㅇ)나 도표 등을 사용할 필요가 있다. 글의 제목도 전달하려고 하는 실제 정보를 구체적으로 적되 10단어를 넘지 않는다. 일례로 "Weapon System"보다는 "Close In Weapon System in AEGIS"가 더욱 생생한 정보를 담는 제목이 된다. 다음의 함장 야간지시록(Night Orders)은 더할 나위 없이 명확하게 쓰인 Naval Writing으로 볼 수 있다.

Thursday Night 23-24 December

1. On the Truk-Rabaul line
2. Course 100° T
3. Speed: About 10.2 kts
4. At 2130 CC to 190° T
5. Stop and listen each half hour, as last night.
6. This is hot spot! men of war are making the transit.
   They have radar. We do not. We must see or hear them.
   I will be in the fish grotto. Wallop me at any suspicion of contact.
7. Moonrise 0354. Zig Zag if it is bright.
8. Call me at 0530.

Respy

R. J. Foley

Simplicity(다섯째, 능동적인 표현을 사용한다)

수동태 문장은 글이 장황하거나 내용을 이해하는 데 혼동을 줄 수 있다. Naval Writing은 주로 누가 무엇을 했는가의 순으로 행위자를 앞에 두어 내용을 분명히 전달하고자 한다. 혼동을 방지하기 위해 능동태로 바꾸는 방법은 여러 가지가 있다.

- 동사 앞에 행위자를 둔다.

  The part must have been broken by the handlers.

  → The handlers must have broken the part.

• 동사의 일부를 뺀다.

The results are listed in enclosure.

→ The results are in enclosure.

• 동사를 다른 말로 바꾼다.

Letter formats are shown in the Correspondence Manual.

→ Letter formats appear in the Correspondence Manual.

자! 그럼 Naval Writing의 원칙에 따라 영문편지를 한번 써보자. 편지 쓰기는 아주 간단하다. 첫 단원에서는 무엇에 대해 쓰는 편지인지를 밝힌다. 두 번째 단원에서는 상황설명 및 지시, 요청, 동의 등 스스로의 결심을 밝히고 권고를 한다. 말미에는 참조사항(references)을 덧붙이고 글을 맺지만, 인사말이나 편지의 맺음말은 쓰지 않는다. 각 문장은 한 줄씩 띄우고 문단 사이에는 두 줄을 띄운다.

메모(memo)는 부대 내에서 빠르고 신속하게 의사소통하는 수단으로서 마감기한이나 회의, 업무협조 등 그리 긴박하지 않은 비공식적인 일을 다룬다. 메모 형식은 편지와 비슷하여 맺음말을 붙이지 않지만, 초급장교가 고급장교에게 제출할 경우에는 "very respectfully"를, 하급자에게 전달할 경우에는 "respectfully"라고 쓴다. 사무자동화로 인해 최근에는 함정의 LAN E-mail 체계를 통해 사용권한자가 메모 내용을 개인 및 단체에게 전자메일로 보내는 경우가 많다.

Naval Writing은 간결명료하면서도 꽉 짜여진 글로서 교정에 공을 들인 만치 독자는 더욱 쉽게 읽을 수 있는 것이다. 아래의 메모는 이와 같은 Naval Writing의 특성이 잘 나타나 있다.

From : Engineer Officer(발신 : 기관장교)

To : Commanding Officer(수신 : 함장)

Via : Executive Officer(경유 : 부장)

Subject : FULL POWER TRIAL(제목 : 전속시운전)

1. Captain, I'd like to propose we conduct a pre-OPPE full power trial during our underway in April for TSTA.
   That should ensure that we have everything ready to go as we begin serious preparations in May.

2. With your concurrence, I will make the necessary arrangement with the Operations Officer.

J. Syvertsen

(Stavridis & Cirrier, 2004)

아래의 글은 미 해군 연구소의 *Guide to Naval Writing*(2008)의 저자가 Naval Writing에 관해 독자에게 주는 조언을 편지형식에 따라 나타낸 것이니 영문 편지나 보고서 작성 시 자주 참고해 보자.

N13

1 Jun 08

발신자: Author, USNI Textbook

수신자: Navy and Marine Corps Officers (All Codes)

제목: HOW TO COMPOSE A STANDARD NAVAL LETTER

1. '알기 쉬운 영어' 전문가의 조언을 따라서: 시작하는 문장에서 중요 요점을 간결하게 서술 하십시오.

2. 당신이 말하고자 하는 가장 중요한 요구사항 혹은 결론을 첫 번째 문장의 중심부에 써서 수신자의 이목을 끄는 데 도움을 주십시오. 편지를 쓸 때 핵심 문장을 쓰는 것이 중요합니다. 편지를 쓸 때, 문제에 대한 요구사항을 문제를 규정하는 사항 앞에 쓰고, 답변을 설명 앞에 쓰고, 결론을 논의 사항 앞에 쓰고, 요약한 내용을 세부 내용 앞에 쓰고, 일반적인 내용을 특수한 사항 앞에 쓰도록 하십시오.

3. 보편적인 인사말 뒤에, 세부사항을 쓰십시오. 4개 혹은 5개의 문장을 넘지 않는 비교적 간략한 절을 쓰십시오. 짧은 문장으로 수신자가 읽는 데 불편함이 없도록 하십시오. 긴 문장을 쓰면 수신자가 편지를 대강 훑어보게 만들 것입니다.

4. 편지를 1장이 넘지 않게 하십시오. 만약에 한 장 이상의 편지를 써야 할 경우, 더 첨가할 내용을 동봉하는 형식으로 쓰십시오.

5. 국방부, 해안 경비대 그리고 몇몇의 다른 기관들과 교신할 때는 해군의 표준 편지로 하십시오. 편지를 대신할 수 있는 전화나 메모들을 사용할 수도 있습

니다.

6. 추가적인 안내를 따르십시오:
   a. 코드와 제목을 주소에 나타내십시오.
   b. 제목을 지정하는 데 주의하십시오.
   c. 서류에, 연필과 볼펜의 사용에 구분을 두십시오.
   d. 답장을 신속하게 하십시오.
   e. 내용에 정확성을 기하십시오.

7. 편지에 당신의 전화번호와 팩스번호 그리고 e-mail 주소를 꼭 게시하십시오. 그리고 당신의 사무실 코드를 꼭 첨부하십시오. 편지의 마지막에 우대하는 ("올림", "드림" 등) 글로 마무리 하십시오.

R.E. SHENIK
Copy to:
USS ALL HANDS (NAV 1)

Examples of Naval Writing

해군 서식의 예문

Naval Writing 1 : Letter of Appreciation(감사편지)

이 편지는 해군기상 및 해양 관련 부서를 위해 중요한 일을 해 준 회사의 대표에게 보내는 감사를 잘 나타내고 있다. 모든 제독은 이름 위에 사인을 하고 별도의 사적인 글을 남기기도 한다.

DEPARTMENT OF THE NAVY
COMMANDER
NAVAL METEOROLOGY AND OCEANOGRAPHY COMMAND
1100 BALCH BOULEVARD
STENNIS SPACE CENTER MS 39529-5005

1650
Ser 0/213
29 NOV 200

From: Commander, Naval Meteorology and Oceanography Command
To: Mr. Mike Quin
Via: Mr. Lee Johnston, Environmental Systems Research Institute, Inc.

Subj: LETTER OF APPRECIATION

1. Please extend my sincere appreciation to Mr. Mike Quin for his contribution during our recent Fleet Battle Experiment (FBE-I).

2. Faced with the Oceanographer of the Navy's challenge to integrate METOC products in operator systems, the Naval Pacific Meteorology and Oceanography Command, San Diego, California needed to rapidly integrate Meteorology and Oceanography (METOC) information into the Naval Fires Network (NFN). NFN is a new but critical system. Completing the task required accomplishing twelve months of work in four months.

3. Mr. Quin's team allowed us to satisfy 100 percent of our short-fused customer requirements, an accomplishment thought to be impossible. As a result, Commander Third Fleet has asked us to expand our efforts, in addition to delivering this level of support on a continuous basis.

4. Mr. Quin was, without question, one of the key reasons for our unprecedented success. He is an outstanding individual, an enthusiastic professional, and a true asset to any organization. He is welcome here any time!

5. You have my sincerest thanks.

Well done and well deserved!

T. Q. DONALDSON, V
Rear Admiral, U.S. Navy

Naval Writing 2 : Letter of Appreciation

THE CRUISE TRAINING FORCE 2007
REPUBLIC OF KOREA NAVY

11th July, 2007

Dear the President of Korean War Veterans Association(KWVA) in New York

First of all, I would like to show my sincere honors and best respects for your faithful sacrifices to defend freedom and peace in Republic of Korea.

The Cruise Training is one of multi-purposed military training ROK Navy has been pursuing not only to make midshipmen who will become the bulwarks of Navy enlarge international views but also to foster officers with leadership. Additionally, the training will contribute to informing the world of ROK's significant development and national power as well, through various types of military interchanges among visiting countries with cultural performances.

Particularly in this year of 2007, we would like to hold "The Korean War Veterans' Day" event to make midshipmen deeply inscribe in their minds that noble sacrifice and brave fighting spirit of veterans finally became a cornerstone of today's development for Republic of Korea .

We are planning to invite veterans living close to ports of call to the ship and hold "Reception on Board", "Military Music Performance on Board", "Photo Exhibition of the Korean War Reality" with "Joint wreath-laying ceremony to the Korean War monument."

We are planning to visit New York City from Nov. 1st and Baltimore from Nov. 7th respectively for the sake of improving military interchanges and relationships between Republic of Korea and United States.

Despite your busy schedules, we would like you to inform veterans of this "The Korean War Veterans' Day" event widely and let Captain ________ who is the naval attache in Washington know the present status of veterans with a number of veterans who will be able to make it to the event. Your assistance and cooperation will lead us to prepare the event easier and better. The points of contact are as follows.

Telephone : _______, FAX : _________, E-mail : _______________

All of the Koreans have sincerely appreciated your blood and beads of sweat to defend freedom and peace in Republic of Korea and we will look forward to seeing you in New York.

Very respectfully,

Rear Admiral Lower Half, __________________

Commander of Cruise Training Fleet of ROKN

Naval Writing 3 : Letter to Parents(장병 부모에게 보내는 편지)

이 편지에는 함장이 최근 진급을 하게 된 장병의 부모에게 축하와 격려를 담아 보내고 있다.

COMMANDING OFFICER
USCGC HARRIET LANE (WMEC-903)
4000 COAST GUARD BLVD.
PORTSMOUTH, VIRGINIA
23703-2199

October 12, 1988

Dear Mr. and Mrs. Kempton:

I would like to take this opportunity to inform you of your son Mark's recent advancement to Boatswain's Mate Second Class (E-5). He has demonstrated exceptional initiative and personal effort in reaching this goal on the advancement ladder.

His appointment as a Second Class Petty Officer carries with it the obligation of exercising increased responsibility. I have every confidence that he will discharge the duties of his new position with the same dedication to duty he has displayed in the past.

Mark is an outstanding HARRIET LANE sailor who has set an excellent example for the junior personnel. The Coast Guard needs men of his caliber. I am sure you are as proud of Mark's achievement as we are. Best wishes to you.

Sincerely,

B. B. STUBBS
Commander, U. S. Coast Guard

Naval Writing 4 : Memorandum(메모)

이 메모는 Appealing 대위의 인성에 관한 참고사항을 해군 내 부서에 보내기 위한 것이다. 따라서 편지 형식이 아닌 메모를 택했다. 이 메모는 Ducent 소령이 인원 보안 사항으로 Appealing 대위의 품성과 충성심에 관해 의견을 피력하고 있다.

MEMORANDUM

From: LCDR R. A. Ducent, USN
To: Personnel Security Appeal Board

Subj: CHARACTER REFERENCE ICO LT GEORGE R. APPEALING, USN

Ref: (a) DOD 5200.2-R

I have known LT George Appealing since I returned from deployment in January 2003. As squadron-mates we have interacted both professionally and off duty on a daily basis since then. In addition to evaluating his tactical performance while I was a squadron tactical instructor, I have also observed his general professionalism as a Naval Officer and Aviator.

LT Appealing is dedicated to his profession and has achieved every qualification commensurate with his time in the Navy. Despite the uncertainty and frustration created by the ongoing appeal process, he continues to show this dedication as Division Officer for Detachment Two. I can confirm that he is a man of integrity.

I have observed his dedication to his family at numerous times both on and off duty. This is not irrelevant. Loyalty to family is a character trait that extends to other areas of life.

Reference (a) Sec. C.2 states that the standard for access to classified information or assignment to sensitive duties is: "The person's loyalty, reliability, and trustworthiness are such that entrusting the person with classified information or assigning the person to sensitive duties is clearly consistent with the interests of national security [and] there is no reasonable basis for doubting the person's loyalty to the Government of the United States." In my estimation, there is no reasonable basis for doubting LT Appealing's loyalty.

For your information, I am currently assigned to Helicopter Antisubmarine Squadron Light Four Six as Detachment Seven Officer-in-Charge. I have over 1,956 hrs of flight time in 5 different aircraft types. At HSL-48 I completed 2 deployments as well as serving as acting Squadron Weapons and Tactics Instructor, Safety Officer, and Quality Assurance Officer.

R. A. Ducent
LCDR USN

Naval Writing 5 : Recommendation

이 추천서는 플로리다 대학에서 공학 석사 과정에 지원하는 해군 장교를 위해 쓴 것이다. 작자는 젊은 장교가 대학원 과정을 잘 마칠 수 있을 것이라는 이유를 명확하게 밝히고 있다. 추천서의 상당 부분은 이 장교가 장차 해군의 경력을 훌륭히 쌓는 데에도 성공할 것이라는 내용을 피력하고 있다.

University of Florida
Civil and Coastal Engineering Dept.
124 Yon Hall
Gainesville, FL 32611

Dear Sir/Madam,

LTJG Charles Engineer carries my strongest personal recommendation for admission into your graduate school program. I have been his Commanding Officer for nearly two years, during which time he consistently exceeded my expectations.

LTJG Engineer is an intelligent and highly motivated Naval Officer who displays exceptional maturity and an inherent ability to lead. He gained my utmost confidence during his independent position as Officer in Charge of 26 enlisted personnel during a seven-month deployment to an isolated island over 1,500 miles away from my location. While deployed, he was engaged in two major construction projects that provided essential housing and quality of life improvements for the local population.

I recognized Charles early as a "quick study" and someone who easily retains large amounts of information relevant to his assigned duties. He completes all tasks on time and has uncanny attention to detail. Charles' ability to effectively prioritize large workloads and routinely produce creative solutions to complex problems suggest to me that he would be a proactive, competent student in a research-based program.

His Bachelor of Science in Ocean Engineering and his ability to work through tough, stressful situations provide a firm foundation capable of completing the most demanding Graduate School curriculum. His intense enthusiasm for ocean-related study is evident in his recent successful application into the Navy's Ocean Facilities Program. When he completes graduate school, Charles Engineer will be one of only a few Ocean Engineers providing valuable expertise to the Navy on countless coastal and ocean-related facilities.

Finally, as a Florida alumnus, I can assure you that he will continue to represent our fine institution with distinction.

Sincerely,

A. J. ENGINEER
CDR, CEC, USN

Writing Exercise

⚓ **Award of Appreciation** (감사장)

김철수 소령은 부장으로 복무하는 동안 옥포함의 능력과 대비태세 향상에 크게 기여하였으며 또한 다른 부대와 원활한 업무협조를 통해 성공적인 작전 수행에 공헌하였습니다. 앞길에 무운장구와 행복을 기원하며, 귀하의 노력에 대한 감사의 표시로 이 감사장을 보내드립니다.

While serving as an Executive Officer, LCDR Kim Chulsoo's dedication has greatly improved the capabilities and readiness of ROKS Okpo. His outstanding work in coordinating made great contributions to successful operations. In recognition of and with gratitude for his efforts, I extend my sincere thanks to him. Best wishes for his continued success and happiness in future endeavors.

⚓ **Thanks Letter**(감사 편지)

저는 ROKS Okpo에서 약 12개월을 근무하였습니다. 기관장으로 보직되어 당신과 일할 수 있게 되어 제게는 큰 영광이었습니다. 당신께서는 제게 잊지 못할 좋은 기회와 기억들을 만들어 주셨으며 또한 당신으로부터 리더십과 열정 그리고 소중한 경험들을 배울 수 있었습니다.

I have been working at the ROKS Okpo for 12 months. It was great honor for me to work with you while assigned as Chief of Engineering Officers. You have provided me with many wonderful opportunities and memories, which I will not forget. I learned a great deal from your leadership, enthusiasm and experience.

Message Writing

전문 작성법

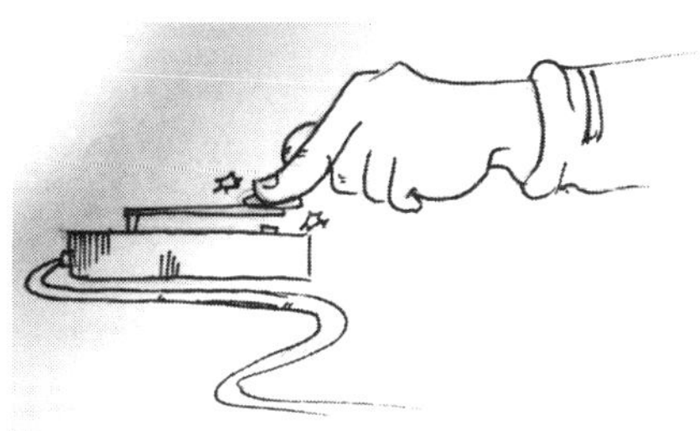

영문 전문작성법을 익히기 위해서 여기서는 실제 전보의 구성내용과 그 상세한 의미를 예를 들어서 설명하고자 한다.

GENADMIN(일반 행정전보)

Sample of Message

1) RTTUZYUW RUHGG6695 1800300-UUUU-
2) P 111200Z JUL 97
3) FM CINCROKFLT ROKN CHINHAE KOR//N6//
4) TO CINCUNC SEOUL KOR//CHCD-ED//
COMNAVFORKOREA NCC DET CHINHAE KOR
CTF SEVEN ZERO
5) INFO COMSEVENTHFLT
6) BT
7) UNCLAS // NO5000 //
8) EXER / FOAL EAGLE 98 //
9) MSGID / GENADMIN //
10) SUBJ / FOAL EAGLE 98 NAVAL PLANNING CONFERENCE //
11) REF / A/GENADMIN / CINCROKFLT / 111111ZNOV 96 //

12) POC / SUN.HEE GAB / LT / N615 / CINCROKFLT,N6 / DSN 762-5416 //

13) RMKS /1.A FOAL EAGLE 98 ROK-US NAVY PLANNING CONFERENCE WILL BE HELD ON 15-16 JUL, IN CHI-NHAE KOREA TO FINALIZE ALL NAVAL. COMPONENT EXE-RCISE PLANNING PRIOR TO THE FOAL EAGLE 98 FINAL PLANNING CONFERENCE IN SEOUL, KOREA 29 JUL - 01 AUG 97. FO-LLOWING

IS THE AGENDA :

DATE / TIME EVENT LEAD 15

JUL(TUESDAY)

1230-1300 REGISTRATION/SIGN-IN ROKN NG

1300-1310 WELCOME C.O.S CRF

1310-1320 OPENING REMARK CTF-70

1320-1420 CONCEPT OF OPERATIONS CTF-70

1420-1520 ROKN CONOPS CRF

1520-1700 COMMAND AND CONTROL CTF-70 / CRF USE OF OPGEN/ OPTASKSWARFARE COMMANDERSCINRO-KFLT AS CCDNCC / NAVFORSTAFF AUGMENTA-TION

2. THE FOAL EAGLE 98 INITIAL AND MID-PLANNING CO-NFERENCES HAVE RESULTED IN AN EXERCISE SCHEME THAT ADDRESSES CROSS-COMPONENT OBJECTIVES WELL.

BUT LACKS THOSE EVENTS THAT ADDRESS UNIT LEVEL REQUIREMENTS.

14) DECL / X4 //

BT

앞의 전문에 대한 해설

주1) RTTUZYUW RUHGG6695 1800300 -UUUU-
(1) (2) (3)

(1) R : 우선순위

※ Z(FLASH, 위급), O(IMMEDIATE, 긴급),
P(PRIORITY, 지급), R(ROUTINE, 보통)
TT : TAPE TO TAPE
(미 해군 전신 타자망에 전보 전달을 위한 매체가 TAPE 라는 뜻임)

※ CT(CARD TO TAPE), AT(ASC11 TO TAPE)

U : 비밀등급 (Unclassified : 평 문)

TS Top secret 1급 비밀

S Secret 2급 비밀

C Confidential 3급 비밀

For official use only 대외비

ZYUM : 전보종류(ADMIN MSG) / ZYVW(SERVICE MSG)

(2) RUHGG : 통신 경로 부호(발신처)

(3) 180 : 일자표시

(당해연도 1월 1일부터 전보발신일까지 일자를 더한 수)

0300 : 발신시간 (Z시간대)

UUUU : 비밀등급

주2) 우선순위 및 일시군 (PRECEDENCE & DATE TIME GROUP)

주3) 발신 (FROM)

주4) 수신 (TO)

주5) 통보 (INFORM)

주6) 구분 (BREAK)

주7) 비밀구분 (CLASSIFICATION)

주8) 내용구분

- 훈련전문 : EXER / 훈련명(필수) / 세부훈련명(선택) //
- 실제작전전문 : OPER / 작전명(필수) / 작전계획문서번호(선택) / 세부작전명(선택)

주9) 전보종류 (MESSAGE IDENTIFICATION)

MSGID / 전보종류(필수) / 작성부대(필수) / 일련번호(선택) / 작성월(선택) //

예) MSGID / GENADMIN / CINCROFLT/001/OCT//

: 작전사에서 10월에 시달한 첫 번째 행정정문

주10) 제목 (SUBJE CT)

전보 제목은 SUBJ 다음에 기록하고 비밀구분을 표시

주11) 관련근거(REFERENCE)

전보내용에 대한 관련근거 및 참조문서를 A, B, C··· 순으로 나열 REF /일련문자(필수) / 근거유형(필수) / 작성부대(필수) / 근거일수 또는 DTG(필수)기타(선택) //

예) REF / A / MSG / CDS15 / 300410ZMAY97 / NOTAL // REF / B / DOC / C7F / 150410ZJUN97 //

※ MSG(MESSAGE), DOC(DOCUMENT), MTG(MEETING), TEL(TELEPHONE)

주12) 연락처는 필요시 기록하며, 본문의 마지막에 기록할 수도 있음.

주13) 본문(REMARKS)

전보 주요내용을 기록하며 "RMKS / "기록 후부터 1, A, (1), (A) 순으로 기록

주14) 비밀전보에 사용되며 파기일자를 표기하며, 수신부서에서 파기일자 결정을 요할시는 X1-X8 중 하나를 선택 사용

예) DECL/31DEC97 // DECL / X4 //

※ X1-X4 는 전보내용에 따른 구분으로서 해당항목을 기입함

X1 : 정보 보안관련 내용

X2 : 대규모 파괴무기 관련 정보

Telegraphic Messages(전보)

- 급무 즉시 귀사. Urgent business return immediately.
- 병으로 결근. Sick cannot attend.
- 금조 출발 밤 11시 귀가. Start this morning reach home 11 night.
- 무사히 도착 여러 가지 신세졌음 감사드림. Returned safe thanks kindness there.
- 축, 결혼. Good Luck to your marriage. / Congratulate marriage.
- 축, 졸업. Hearty congratulations for your graduation.
- 2만 원 전신환으로 보내시오. Send twenty thousand won telegraph order.
- 애도 엄친 서거. Express sorrow (for) you father's death.
- 모친이 병 용무 마치고 즉시 귀가. Mother sick [ill] return business over.
- 아침 8시 서울 도착 마중 부탁. Reach Seoul 8 morning meet me.
- 월요일 오전 7시 반 김포 출발 샌프란시스코 마중 부탁함. Leave Kimpo 7:30 Monday morning meet Frisco.
- 홍수 피해 없음. Flood no damage.
- 축 안착. Glad you're home.
- 부친 위독 즉시 귀가. Father seriously ill return immediately.
- 축 영전. Congratulations for transfer on promotion.
- 안착을 빕니다. Pray for safe arrival.
- 남아 출생 모자 건강 양호. Boy born, mother and child doing well.

- 원매자 많음 곧 보내라. Heavy demand ship immediately.
- 원매자 적음 선적 중지하라. Stop Shipping demand small.
- 즉시 선적의 최저 가격 타전하라. Cable lowest price prompt shipment.
- 주문품 현재 품절 1주 내 신품 도착 예정. Goods ordered out within week new goods arrive.

Practical English 학습전략

Useful Internet Site for Practical English

인터넷 시대에 접어들어서 이제 군사실무 영어도 인터넷을 통해서 손쉽게 접할 수 있게 되었다. 여기서는 군사 관련 정보를 다량 제공해 주고 독자들에게 두루 애용되는 사이트를 소개하고자 한다. 우선 USNI(US Naval Institute)를 잘 활용하면 해군과 함정 관련 정보를 많이 접할 수 있으며 Jane's 연감, 미국방부 및 해군 공식 사이트를 통해서도 유익한 군사관련 지식을 습득할 수 있다.

✲ U.S Naval Institute(http://usni.org/magazines/proceedings)

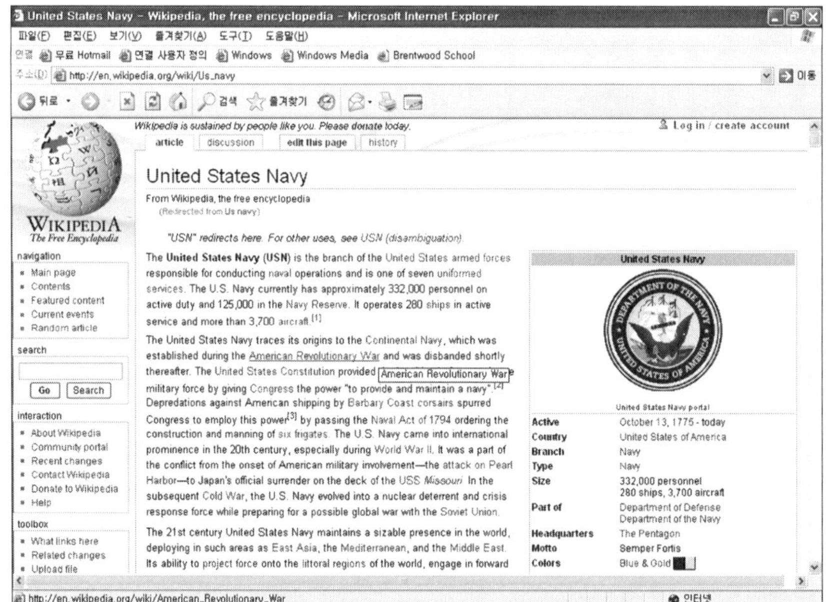

※ WIKIPEDIA(http//en.www.wikipeda.org/wiki/Us-navy)

※ Official Website of the US Navy(http//www.navy.mil/swf/index.asp)

※ Jane's Defence Weekly(http//www.janes-defence-weekly.com)

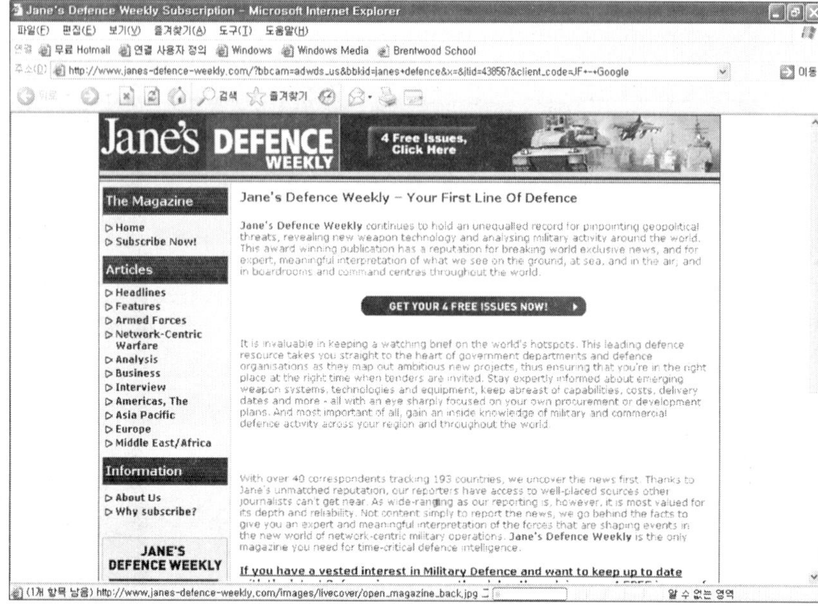

Navy Customs & Courtesies

해군의 관습과 예절

9

해양인의 오랜 전통에 근거하여 유지되어 온 "Language and culture cannot be separated"라는 말 그대로 언어와 문화는 불가분의 관계에 있다. 해군 고유의 관습과 전통을 찾아볼 수 있다. 바다에서 생활하고 함정이라는 특수한 상황에 처해 있는 해군 · 해양인은 좁은 함정생활에서도 엄정한 군기를 유지하고 해양인으로서 긍지와 포부를 가졌으며 조직의 특성을 살리고 상호유대를 강화하는 것을 큰 덕목으로 삼아 왔다. 이 장에서는 이와 같은 해군 · 해양인의 전통과 관습이 고스란히 배여있는 언어를 통해서 살펴보고자 한다.

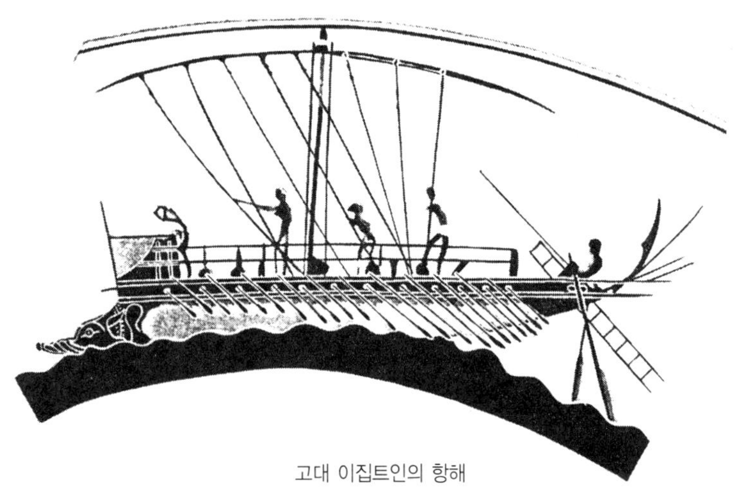

고대 이집트인의 항해

Origin of Navy Jargon

해군 특수용어의 유래

"Aye, aye, sir."

Navy Jargon은 '해군 전문용어' 혹은 '특수 용어'를 말한다. 해군의 관습과 예절을 잘 이해하려면 우선 Navy Jargon의 어원과 의미를 잘 파악해둘 필요가 있다. 함정이라는 특수한 상황을 전제로 한 해군 용어는 일반인들이 쓰는 말과 아주 다른 것이 많을 뿐만 아니라 일부 용어들은 이미 사회에서도 일반화되어 폭넓게 사용되고 있다. 여기서는 우선 함정이나 해군에 관련된 Navy jargon을 살펴보고, 이들 용어가 실제 어떻게 사용되는지를 파악해보고자 한다. 아울러 해군의 특수성을 잘 나타내 주는 경례나 의식 등을 통해 현대적 의미를 살펴보고자 하였다.

All hands(전 승조원)

함정에 근무하는 승조원은 man이나 person으로 지칭하지 않고 유독 'hand'로 부른다. 한때 싸움에 사용되었던 arm(팔)을 현재 우리가 무기(arms)를 의미하는 말로 쓰는 것처럼, hands라는 우리몸의 일부분을 인용하여 사람이라는 전체를 가르키는 말로 쓰였다고 볼 수 있다. 참고로 "함정에 승함하고 있는 모든 사람"(crew members)들은 "All hands"라고 부른다.

"Aye, Aye, Sir"(예, 알겠습니다)

해군에서 명령에 대한 답변을 할 때 "All right" 나 "Okay", 혹은 "Yes, sir"라고 하지 않고 "Aye, aye, sir"라고 한다. "Aye, aye, sir" 라는 말은 우리에게 생소하면서도 자신도 모르게 자연스럽게 쓰는 말이기도 하다. 우선 "Aye"라는 말은 중세영어로서 "Yes"의 뜻이며 [I]를 발음하는 것과 같이 발음한다. "Aye, aye, sir"의 원래의 뜻은 "I understand your order and I will do my best to carry out my duty"이다. 즉 "상관

닭울음으로 육지가 어디인지를 식별하다

의 지시(명령)를 이해하고 그 지시를 최선을 다해 수행하겠다"는 답변으로서, 간단히 우리말로 표현하자면 "예, 알겠습니다" 라는 의미이다. 한편, 하급자(Subordinate)의 이와 같은 답변에 대해서 상급자(Superior)는 "Aye"라고 짧게 응답을 한다. 여기서 상급자의 응답으로 "Aye"는 우리말의 "좋아"(very well, very good)라는 의미이다.

Carry on

"날씨가 좋아질 때까지 선박이 견딜 수 있도록 모든 캔버스를 갖고 오라"는 뜻의 명령어에서 유래된 표현이다. 현재는 "하던 일을 계속하라"는 의미로 쓰이고 있다.

Crow's nest

Viking인은 필수적인 항해용 계기로 까마귀(crow)를 이용하였다. 시정이 불량하여 해안을 볼 수 없을 때 육상에서 가져온 까마귀는 가장 가까운 육지가 어디인지를 식별하게 해주는 항해용 계기로서의 역할을 수행했다. 그들은 까마귀가 언제나 육지를 향해서 날아간다는 속성을 이용하여 시정이 불량할 때는 언제나 까마귀를 풀어서 까마귀가 날아가는 쪽으로 침로를 정했다.

옛 스칸디나비아사람(Norsemen)은 새를 새장에 가두어 마스트 꼭대기에 달아 항해를 하였다. 이후 선박이 대형화되어 견시가 주마스트의 높은 곳에서 망을 보자 이 위치에 견시대로 "Crow's nest"라는 이름을 붙였다.

Cup of Joe

Josephus Daniels(1862~1948)은 1913년 윌슨 대통령에 의해 해군 장관으로 지명되었다. 해군의 개혁을 위해 그는 함대에서 100명의 수병을 미해사에 입학할 수 있도록 훈련을 시키고, 최초로 여성을 복무할 수 있도록 하며, 함내에서는 음주를 금지하는 계획을 세웠다. 이후 함내에서는 음주대신 커피를 마시는 것이 유행하였으며, 이에 따라 한잔의 커피는 "a cup of Joe"라는 말로 일컬어지게 되었다.

Cut and Run

해적이나 적이 출현하거나 폭풍우가 임박할 때 "묘(anchor)줄을 끊고 안전한 곳으로 피항하라"는 뜻에서 유래된 표현이다.

Cut of his jib

범선시대에는 개별적으로 돛을 만들어 배에 부착하는 경우가 많아서 배의 크기와 모양에서 다소의 개성이 드러나기도 하였다. 즉, 당시의 배는 "cut of their jib"에 따라서 식별이 가능하게 되었던 것이다.

Discharge

고대불어 'descharger'에서 나온 용어로서 '배의 짐을 내리다'는 뜻으로 쓰여 선원이 더 이상 배를 타지 않는 것을 의미하였다. 현재는 '가도록 허락하다', '더 이상 의무를 부여하지 않다', '할 일을 그만 두다' 등의 확장된 의미로 사용되고 있다.

Fairway

원래 해양용어로 항구나 강 주변의 선박의 출입항이 가능한 장소를 지칭하는 말이었다. 현재는 골프 티 박스에서 퍼팅그린까지의 골프 경기구간을 일컫는 말로 일반 사회에서도 널리 쓰이게 되었다.

Field day(점검청소의 날)

특별히 청소하는 날을 가리켜 Field day라고 한다. 보통 점검 바로 전에 함 전체를 청소하며 VIP가 방문하거나 혹은 출동 후 부두에 계류한 배는 상륙 나가기 전 말끔히 청소를 한다. 함정을 청소하고 정비하는 일은 아주 중요하다. 특히 많은 부분이 깨끗이 청소가 되고 페인트를 칠해야 되며 다음과 같이 광택을 내는 작업을 해야 한다

- Brightwork는 난간이나, 종, 혹은 함교 주위의 창에 윤내는(polish) 작업.
- Polish한다는 말은 천이나 다른 물건으로 비벼서 반짝반짝하게 하는 작업.
- Chip은 페인트를 칠히기 전에 날카로운 망치로 선체의 녹이나 페인드를 제거하는 작업을 말한다.

Forecastle

올바른 발음은 [fo'ksul]폭슬이다. forecastle은 주갑판의 앞부분, 즉 함수 갑판을 말한다. 이 단어는 바이킹의 galleys에서 목재로 만든 성(castle)이 앞부분과 주갑판의 뒷부분에 아주 높게 제작되어 그곳에서 닻을 내리고 다른 전사들이 활을 쏘고 창과 돌을 던진 데서 유래되었다. 하지만 강풍이 일 때 이 성곽은 큰 골칫거리가 되어 차츰 없어졌다. 오늘날 forecastle은 승조원들의 함수 거주공간으로 사용되고 있다.

Galley

배의 주방(kitchen)을 말하는 것으로 주방은 보통 넓고 쉽게 보일 수 있도록 꾸며져 있었기에 '전시실'을 의미하는 'gallery'를 본따서 사용되었다고도 한다. 즉 gallery가 잘못 쓰여져서 된 용어이다. 아울러 고대의 항해사들이 선박의 중앙에 놓여진 돌(gallery) 위에서 음식을 조리한 데에서 그 유래를 찾을 수 있다. 한편 Galley선은 옛날 노예나 죄수에게 젓게한 배 혹은 그리스, 로마의 군함을 일컫기도 한다.

Go ahead

원래 함정의 '앞부분'(head)이나 배가 나아가고 있는 방향을 나타내는 말이다. 해양용어인 'to go ahead'의 'a'는 정확성, 경제성, 방향성 등을 의미하는 것으로 선박의 속도와 거리이동은 선원들에게 아주 중요한 요소가 됨을 말해준다. 'to go ahead'

의 뜻은 'to move forward', 'proceed'(전진하다), 또는 'to be in the forefront'(맨앞에 서다) 등을 의미하는 말이다.

Happy hour

함승조원들을 위한 짧은 휴식시간을 말한다. 보통 늦은 오후나 초저녁에 많은 선술집들은 happy hour를 정해 놓고 할인 가격으로 술을 제공하였다. 오늘날 happy hour는 사무원이나 교사 등의 단체가 하루중 일을 끝낸 후나 주말에 바닷가 등지에 모여 술을 마시며 함께 자축하는 시간을 말하기도 한다.

Let the cat out of the bag

원래 이 말은 단순히 벌을 주기 위해서 베이지 가방에서(9개의 꼬리를 가진) 고양이를 꺼내던 것을 의미했지만 지금은 '비밀을 발설한다'는 의미로 쓰인다.

Liberty(상륙) & Leave(휴가)

해군은 해육상 부대를 막론하고 함정생활을 가정하여 일정한 휴식기간을 허가할 때 "상륙"이라는 용어를 사용한다. 이 말은 특히 배라는 특수한 상황을 배경으로 생겨난 함상 용어의 특징을 잘 나타내주고 있다.

Liberty는 leave와 달리 개인의 권리(right)가 아니라 지휘관(commander)이 개인에게 부여하는 일종의 특전인 것이다. liberty는 비교적 짧은 기간 동안 허가되며 휴가기간에 가산되지 않는다. liberty는 일과 끝부터 다음날 일과까지 24시간 이내에 귀대보고를 해야 하는데 보통 3일(72시간)을 넘지 않는다. 보통 주말과 휴일에는 liberty가 허용되지만 Slang으로 'Cinderella liberty'는 '자정까지 귀대해야 하는 상륙'이며 'Channel fever'는 상륙을 몹시 열망하고 집에 가고 싶어하는 마음을 나타내는 말이다. 아울러 상륙 중에 문제를 야기한 적이 있는자는 'Liberty risk'라고 한다.

Special liberty(특박)는 3일 내지 4일간 수병들에게 허용되는 것이다. 이것은 의무를 잘 수행했거나 어려운 문제를 해결하는 등의 특별한 경우에 한해 주어지는 것이다.

Leave는 해군에서의 휴가기간으로써 공식적인 권한에 속한다. 미해군에서는 매달 2.5일의 휴가가 인정되어 있다. Leave에는 annual leave(연가), advanced leave(위급 시나 긴급한 문제가 발생 시), emergency leave(직계가족이 위급할 시) 등이 있다.

상륙후 귀대자가 OOD에게 귀대보고하는 요령은 다음과 같다 :

"I report my return aboard, sir."

Log Book(항박일지)

초기 범선 시대에 선박의 행적은 나무 판자 위에 기록되어졌다. 이 판자는 책처럼 접혀지고 열려지게 되어 있으며 기록은 "Log Book"으로 불려졌다. 나중에 종이가 손쉽게 쓰이고 책으로 나올 때도 나무 위에 글을 기록했던 유래를 따와서 "Log Book"으로 일컫게 되었다.

Long shot

초기 범선시대 포의 정확도가 근거리 사격(Long shot) 시에는 아주 높았지만 원거리 사격시에는 정확도가 떨어져 운이 좋은 경우에만 목표물에 명중되었다. 현대에 long shot은 도박사들이 '위험을 감수하며 하는 도박'을 가르키는 말로 변화되었다.

Lucky Bag(분실물 보관함)

함내에서 분실물을 보관하는 큰 서랍을 의미한다. 이 서랍의 분실물은 한달에 한 번씩 분실물은 정리해서 개별 소유주에게 돌려준다. 한편 물건을 분실한 사람들은 다시는 물건을 분실하지 말라는 훈계로 'cat-o-nine tail'로 세 번 맞게 되어있다.

Marine

Latin어 'marinus'(a seagoing soldier의 뜻)에서 나온 말. 복종과 군기로 뭉쳐진 해병도 믿지 않을 것이라는 뜻을 함축하는 용어이기도 하다. "Tell it to the marine"이라는 표현은 '도저히 믿기 어렵다'는 뜻을 내포하고 있다.

Mayday(조난신호)

해상에서 중대한 위험에 처해있는 선박이나 사람을 위한 국제적으로 인식이 되어있는 음성 레디오 신호이다. 1948년도에 공식적으로 제정된 이 말은 프랑스어 m'aidez("help me"의 뜻)가 영어화된 것이다.

Midshipman(해사생도)

사관생도는 cadet이라고 부르지만 해사생도는 남달리 그 전통을 존중하여 midshipman이라고 부른다(midshipman의 slang은 middy이다). 원래 midshipman은 훈련생들로서 문자 그대로 함정의 중앙에 위치한 자이다. 이들은 함정의 전부인 Officer's country와 후부 CPO's country를 오가며 전령 역할을 하거나 작업을 하는 승무원들로서 오랜 수련기간을 거쳐서 비로소 사관으로 임명되었다.

Midshipman은 1915년 영국해군에서 계급화되었다. 미 해군에서는 소위(Ensi-gn) 계급이 도입될 때 진급을 기다리는 생도를 일컬어 midshipman, 재학생을 cadet midship이라고 불렀다. 이제 1999년부터 ROK Naval Academy에서도 최초로 여자 사관생도가 입교하여 남자생도와 함께 생도생활을 하게 되었다. 남성위주 사회에서 생겨난 midshipman이라는 용어가 여생도에게는 향후 어떻게 변화되어 사용될지 귀추가 주목된다.

Mind your Ps and Qs

Mind your Ps ans Qs(취하지 않도록 조심해)

과거에 선원이 봉급을 받아 상륙하면 술집 주인은 그들이 얼마만큼 봉급을 받는지를 알았다. 주인은 선원이 맥주를 마실 때 pint(1/2 quart)는 'P'로, quart는 'Q'로 표시하여 마신 양을 셈하고 저녁 막판에 선원과 담판을 하였다. 만약 술이 취해 선원이 'his Ps and Qs', 즉 그가 마신 양을 기억하는 데 실패하면 곤란에 직면하게 될 것이다.

Moonlighting(부업하는 자)

원래 밤에 밀수를 일삼는 밀수꾼자를 가리키는 용어이다. 현재는 두 가지 직업을 갖고 일하는 사람을 일컫는 바, 낮에는 본업을 하고 본업이 끝난 후 다른 부업에 몰두하는 사람을 말한다.

Pass(합격)

목적한 바가 승인되거나 인정받는 경우를 말할 때 사용되는 용어. 영국의 사관생도는 보통 6년간 함상 생활을 하면서 장교가 되기 위한 시험을 봐야 하는데 이 시험에 합격(pass)하면 "He was said to pass for lieutenant"로 일컬어지게 되었다.

Port holes(선창)

이 말의 유래는 영국의 Henry 6세(1485) 시대로 거슬러 올라간다. Henry왕은 그의 선박에 비해 너무 큰 포를 설치하려고 하였으며 보통 이러한 무기를 선수미에 설치하면 사용할 수 없었다. 하지만 James Baker라는 프랑스 기술자가 이러한 문제를 해결하게 되었는데 그는 현측에 작은 문을 만들어서 선박 내부에 포를 설치하였다. 이 문은 기상악화시에 포를 보호하기도 하고 포를 사용할때는 개방되기도 하였다. "door"에 해당하는 프랑스어는 "porte"이며 이 말은 "port"로 영어화 되었다. 이후 "port"는 포를 사용하는 부분뿐만 아니라 현측의 모든 개구부를 의미하는 말로 사용되었다.

Rudder

선박이 나아가는 방향지시 기구를 일컫는다. 원래 항로를 표시한 항해지도를 뜻하는 고대영어 'ruitter'에서 나온 말이다.

Shake a Leg

Napoleon 전쟁 당시 영국 수병들은 일단 승선하면 1년간 계속 함상생활을 하며 입항하더라도 상륙은 허용되지 않았다. 대신 함정이 입항하면 여성의 승선은 허락되었다. 출항 전 여성들은 모두 배에서 내리게 되어있지만 몇몇은 침대나 담요 아래에 숨어서 나가지 않는 경우가 간혹 있었다. 이에 OOD는 이들을 확인하기 위하여 "Show a leg" 혹은 "Shake a leg"(다리를 꺼내 봐)라는 지시를 내렸던 데서 이 말이 유래되었다. 물론 여성들은 남자와 달리 다리에 털이 적어 쉽게 발각이 되었을 것이다.

Smart Money

17세기 경부터 용감하게 싸우다가 부상을 당한 해군장병들에게 주어지던 연금을 의미하는 말이다. 이 연금은 상해나 고통의 정도에 따라 차등 지급되었는데 현재에 와서 이 말은 '일반인의 의견과 상반되는 생각을 가진자들에게 식자들이 흘리는 표현'을 의미하는 것으로 변화되었다.

S.O.S(조난신호)

S.O.S.는 "Save Our Ship"이나 "Save Our Souls"의 첫 자를 따온 것으로도 알려져 있지만 이것은 사실이 아니다. 이 말은 재난(distress)을 의미하며, Morse 부호에서 각 철자와 철자가 조합된 음이 정확한 발음을 나타내기 때문에 1908년 공식적으로 채택된 호출부호이다.

Sound

Sound는 고대 인도의 Sanskrit 어 'sond'(messenger의 뜻)에서 나온 용어로서 sonar 등을 이용하여 선박의 용골(keel)에서부터 수심을 측정하는 것이었다. 현재는 '그 사람이 어떤 생각을 하고 있는가를 면밀히 관찰하다'('to sound somebody out')는 뜻으로 사용되기도 한다.

Square away

범선시대에 돛이 바람을 맞아 순순히 항해하라는 데서 나온 말이다. 오늘날 이 말은 조직적으로 어떤 일을 준비하는 것을 의미한다. 또한 함정을 보기 좋게 하고 조함을 잘 하는 것을 의미하거나 능력있고 잘 생긴 승조원을 가르키기도 한다.

Stand

Latin어 'stare'('머무르다', '있다')로부터 나온 말. 'standby'는 원래 큰 선박과 붙어 다니는 조그마한 연락선이나 호위선을 나타내는 말이지만 현재 지원자, 보조자의 의미로 사용된다. 아울러 'stand by'(준비하다, 기다리다), 'stand out'(눈에 띄다), 'stand for'(의미하다, 대표하다) 등의 다양한 표현에 사용되고 있다.

Starboard(우현)

바이킹 선박의 현측을 board라고 불렀으며 "star"라고 부르는 노(oar)는 선박의 오른쪽에 두었다. 따라서 오른쪽 현측 우현은 "star board"라고 알려지게 되었다. 한편 노가 오른쪽에 있기 때문에 부두에서 선박은 좌현 계류를 하게 되었다. 이로 인해 좌현은 짐을 운반하는 loading side나 "larboard"라고 알려지게 되었다. 이후 "larboard"와 "starboard"는 너무 비슷하게 들리므로 좌현은 "port(부두)에 계류하는 현측" 혹은 "port"로 부르게 되었다.

Three Mile Limit(3해리 영해)

원래 영해의 경계는 국제법적으로 3해리로 정하였다. 이는 당시 모든 국가에서 가장 성능 좋은 포의 사정거리가 3마일임을 감안하여 자국의 법을 강요할 수 있는 해안포의 도달 거리를 영해의 경계로 삼은 것이다. 한편 국제법과 1988년 영해선언(Territorial Sea Proclamation)은 공해(high sea)의 경계를 12마일로 정했다.

잠깐!

'마도로스'(Matelot)라는 말의 유래는?

Matelot는 네덜란드어 Matroos에서 온 말이다. Matroos의 중세어는 Matte-noot(Matte1Noot)이며 여기서 Matte는 영어의 Mate와 같은 말로써 '식사를 같이하는 동료'의 의미이다. Noot 또한 독일어 Genosse와 같은 말로 '식사를 같이하는 동료'라는 뜻이다.

잠깐! **우리 해군에서는 물걸레질을 '소핑'이라고 한다. 이 말은 적합하게 쓰이고 있는 것일까?**

실제 영미권에서는 이런 용어를 쓰지 않는다. 비누칠을 하다는 뜻의 Soaping이라는 말도 다른 나라 해군 용어에서는 찾아볼 수 없다. 아마도 물걸레질을 의미하는 Swabbing(스와빙)이 잘못 전해져서 '소핑'으로 쓰여지고 있는 것으로 보인다. 따라서 '소핑'보다는 '스와빙'이 더 적합한 표현 아닐까 생각된다.

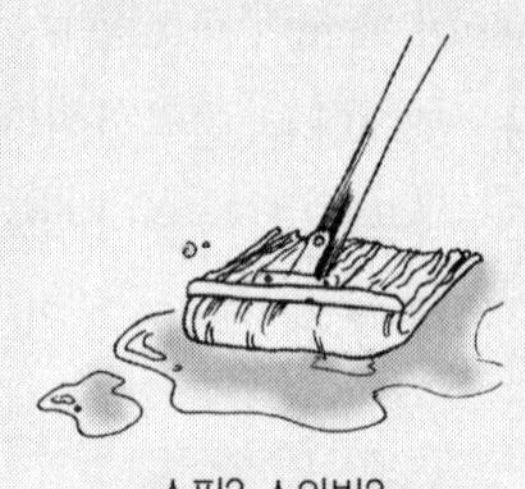

소핑? 스와빙?

비) Sweeping(스윕핑 : 빗자루 질), Buffing(왁스 질)

Speaking Exercise

⚓ When does liberty begin?
상륙(liberty)은 언제부터 나갑니까?

⚓ What would you do if you were on leave?
휴가(leave) 가면 무엇을 하려고 합니까?

⚓ I can't go on leave due to work.
업무에 밀려서 휴가를 갈 수가 없군요

⚓ When do you usually hold field days?
점검 청소(field day)는 주로 언제 합니까?

⚓ What are your instructions for all hands?
함내 총원(all hands)에게 지시하실 내용은 무엇입니까?

Navy Salute & Etiquette
해군경례와 예절

Navy Salute Etiquette(경례예절)

하루의 일과는 경례로 시작해서 경례로 끝난다고 해도 과언이 아니다. 해군의 경례는 육 · 공군과도 다소 차이를 보인다. 경례는 무장한 사람이 자기 신분을 나타내기 위해서 면갑(Helmet visor)을 들어올린 데서 유래되었다.

해군에서는 맨 처음 만나 존경의 표시로 인사를 할 때에 "Good morning, sir"나 "Good afternoon, commander"라고 말하며 경례를 한다. 하지만 모자나 head gear를 쓰지 않았거나 국가가 연주될 때는 상관에게 경례를 하지 않는다. 아울러 함정 내에서 전 장병은 함장을 만날 때마다 경례하며 식사나 오락, 경기 중이라도 함장이 지나갈 때 혹은 호명을 당했을 때에는 차려 자세를 취하고 경례를 해야 한다. 육 · 공군과 달리 해군에서는 오른 손으로 경례할 수 없을 때는 왼손경례를 한다. 좁은 배의 통로나 공간을 감안해서 팔목을 앞쪽으로 모우는 해군경례도 독특한 편이다. 한편, 육 · 공군은 앉아있거나 모자를 쓰지 않은 채로도 경례를 하지만 해군은 이같은 상황에서 경례를 하지 않는다.

✣ 경례에 관한 변함없는 상식 : "When in doubt, salute."(애매할 때는 경례할 것)

"By your leave, sir"(실례합니다)

Step-aside(길차렷)

길차렷(Step-aside)은 통로(passageway)에서 행하는 예절을 말한다. 해군에서 passageway의 개념은 아주 중요하다. 함정에서는 passageway를 통해서 이동하며, 이같은 passageway는 함정의 각 기관의 복잡한 부분을 연결해주는 길과 다름없다. Passageway는 비록 좁지만 우리는 여기서도 다른 사람을 만나면 예의를 표해야 한다. 즉, passageway에서는 길차렷(Step-aside)을 해서 상관이 지나갈 수 있도록 한쪽으로 길을 비켜주게 되어 있다. Step-aside는 좁은 passageway의 여건을 감안하여 상관에 대해 적절한 예의를 갖추는 행위이다.

이야기 도중에 장교가 오고있는 것을 맨처음 본 병사(enlisted men)는 크게 "총원차렷(Gangway)" 구령을 건다. 이에 대해 장교는 "그대로(Coming through)"라고 답례를 한다. 아울러 사병은 장교와 같은 방향으로 걸어가면서 지나쳐야 할 필요가 있을 때 "By your leave, sir(실례합니다)"라며 경례를 한다. 이에 상급자는 "Very well" 혹은 "Permission granted"라고 대답을 하면 병사는 손을 내리고 지나간다. 아울러 장교(혹은 상관)와 동행하는 하급자(Junior)는 항상 상급자(Seniors)의 왼편에 위치한다.

경례해야 하는 경우(When to salute)

경례하지 않는 경우(When not to salute)(from *Naval Orientation*)

Flag Etiquette(국기예절)

Flag와 Colors

후갑판에서의 함정예식(Shipboard ceremony at the guarterdeck)

해군에서는 흔히 국기를 national ensign 혹은 간단히 ensign이라고 부른다. 보통 행사시에는 국기를 national flag로 부른다. 매일 아침저녁에 행해지는 국기에 대한 행사는 Colors라고 한다(보통 국기는 아침 8시에 게양해서 일몰시 하강한다). 국기게양 및 하강식(colors, ceremony of hoisting and lowering the flag) 중에나 분열 도중에 유니폼을 입은 자를 제외하고 모든 사람은 국기 쪽으로 돌아서서 차려 자세로 오른 손을 가슴에 댄다. 군부대에서 운전 중에 "Colors"나 "Retreat" 하는 소리가 들리 때, 자동차를 정지해서 그 식이 끝날 때까지 대기하며 걷는 도중에는 정지해서 국기 쪽으로 돌아서서 경례를 한다.

08:00시에 나는 나팔소리는 "Attention"을 나타내고 곧 "To the color" 구령이 나면 national flag와 Union Jack이 각각 함정의 flagstaff에 게양된다.

Union Jack

미 해군에서는 정박중 함수에 있는 Jackstaff에 작은 깃발인 Union Jack을 단다. Union Jack에는 푸른 바탕에 50개의 별이 세겨져 있다. 함정에서 재판이 열리는 날 마스트의 yardarm에 Union을 단다. 영국에서 Union Jack은 해군수병의 nickname (별명)으로도 불려진다.

항해(Underway)와 정박(In port) 중 국기예절

항해 중인 함정은 24시간 계속 국기를 게양하며 전투 중이거나 전투준비 상태에 있을 때도 국기를 게양한다. 정박 중인 함정은 통상 해뜰 때 국기를 게양하고 해질 때 강하하는 것을 원칙으로 하지만 예포를 발사하거나 외국항을 출입할 때와 같이 식별이 필요할 때에는 국기를 게양한다. 국기 게양장소는 항해 중일 때는 메인 마스트에, 정박 중일 때는 함미 깃대에 게양한다.

National Anthem Etiquette(국가에 대한 에티켓)

국가는 national song 혹은 national anthem이라고 한다. 국가가 연주될 때 항상 국기 쪽으로 돌아서 경례를 한다. 국기가 보이지 않으면 국가가 연주되는 쪽으로 돌아서 경례를 한다.

Gangway Etiquette(현문 예절)

Gangway는 "brow"로 많이 불려지며 함정의 후갑판에서 부두로 연결되는 임시 사다리를 말한다. Gangway에서 "Gang"은 "가다, 통과하다"라는 의미의 Anglo-saxon어에서 유래되었다. 현문은 함정의 유일한 출입구이며 함정의 의례가 행해지는 장소이다. 아울러 "Gangway"라고 하면 길을 비켜주라는 구령으로써 이는 현문을 건널 때 하급자가 상급자에게 통행의 우선권을 주라는 요구에서 나온 말이다.

함정에 승함하는 자는 맨 먼저 현문(gangway)이나 현문 사다리(accommodation ladder)에 올라서 함미에 있는 국기에 경례를 한다. 이후 당직사관에게 가서 경례를 하고 승함 보고를 한다.

함정 귀대 보고요령

귀대자 : (경례 후) "I report my return aboard, sir" 혹은
"I request permission to come aboard."

OOD : (답례 후) "Very well"이라고 말한다.

한편, 함정밖으로 나갈 때는 들어올 때와 반대 순서로 경례를 한다.

상륙자 상륙허가 보고하는 요령

- 상륙자 : "I request permission to leave the ship, sir"로 보고하면

• OOD : "Permission Granted"라고 말하고 답례를 한다.
• 상륙허가를 받은 자는 국기 쪽으로 경례를 한 후 함정을 떠난다.

Speaking Exercise

⚓ At the time of the hand salute in the ships narrow passageways, turn elbow 45° towards the front. Also, at the time of encountering senior personnel, in the passageway, subordinates shall step-aside for the seniors' smooth passage.
함상에서 거수경례 시 팔꿈치를 앞쪽으로 45° 돌려서 경례를 합니다. 또 좁은 통로 통과 시 하급자는 상급자의 원활한 통행을 위해 길차렷을 실시합니다.

⚓ As a boarding procedure, every person salutes to the national flag which is hanging on the stern as he/she boards the ship. Then a person will salute the officer of the deck. When disembarking, every person will take the opposite procedures.
승하함 시 절차로 현문에서 함미 예식갑판의 국기에 대하여 경례 후 현문당직근무자에게 경례 또는 답례를 하며 하함 시는 반대 절차를 따릅니다.

현문 (gangway)

⚓ The gun salute originated from a ceremony to show others that the ship has been disarmed. It is demonstrated upon a visit to foreign countries or during a reception of an honored guest. An example of a gun salute is as follows.

예포는 상대방에게 자신의 무장이 해제되었음을 나타내는 의식에서 유래하였으며 함정이 외국 방문 시 또는 귀빈 영접 시에 발사합니다.

⚓ In the Caravan era the visitors used the ladder to board the ship. The Side-boy originated from the tradition of locating support personnel to help visitors board the ship.

영송병은 범선시대에는 방문자가 사다리를 이용하여 승함하였는데 이때 방문자의 승함을 위해 보조요원이 배치되어 승함을 도와주는 관습에서 유래하였습니다.

Etiquette toward Ships
대함 예절

Change of Command(지휘교대)

보통 지휘교대는 지휘관이 바뀔 때 행해진다. 교대식에 초대받는 것은 자신의 권위를 나타내주는 것이며 초대받은 자는 가능한 이를 수락하여야 한다.

참석자는 식 시작하기 15분 전까지 착석하게 되어 있다. 참석자는 프로그램을 받고 자리를 안내받으며 행사 진행자들은 앉고 서는 시기를 참가자에게 알려준다. 식 후에는 종종 리셉션이 계획되어 있다. 지휘교대 요령으로 전 · 후임자는(당직교대 때와 같은 말을 주고받는다).

- 후임자 : **"I relieve you, Sir(or Ma'am)."**라고 하면
- 전임자 : **"I stand relieved."**로 답변하며 인계한다.

Christening / Launching* Ceremony(명명식/진수식)

진수식은 선체를 완성하여 처음 바다에 띄울 때 거행되는 의식을 말한다. 기원전 2100년에 선박의 진수식이 거행되었다는 기록이 있다. 이 프로그램은 함정을 건조한 사람들이 주관한다. 함정의 스폰서는 항상 여성이 떠맡게 되어 있는데 그 여성은 물의 상징으로서 샴페인을 터뜨리고 함수를 가로질러 와서 다음과 같이 말한다. "I christen thee*___(함정의 이름)! (나는 너를 ___함으로 명명한다)." 이 순간에 dockhand는 마지막 지지대를 풀고 함정은 원래의 활동무대인 바다로 미끄러져 내려간다. 진수식은 해신에게 신고를 하여 노여움을 가라 앉히기 위해 행해오던 관습이기도 하다.

* 원래 'launcher'는 고대 불어 'lancier'('꿰뚫다'는 'pierce'의 뜻)에서 유래하였다.
* 'thee'는 'you'와 같은 뜻의 고어로써 현재의 you가 쓰이기 이전에 쓰던 것이다. 'thy'는 'your'의 의미이다.

Taiwan의 Jin chiang급 Hsin ching함의 진수식('98. 8월)

❀❀ 여성을 함정에 비유한 joke ❀❀

- Paint(화장) 및 powder(화약)을 사서 예쁘게 치장한다.
- 여성(=ship) 주위는 남성에게 둘러싸여 요란스럽다.
- 둘 다 Waist(허리, 중갑판)와 Stay(기둥서방, 지주)를 갖고 있다.
- 여성과 함정 둘 다 잘 다룰 줄 아는 남자가 필요하다.
- Topside(상반신, 건현)는 노출되고 bottom(하반신, 수면하)은 은폐되어 있다.

Commissioning Ceremony(취역식)

Commissioning Ceremony는 함정이 건조되어 해군의 전투세력으로 편입될 때 실시한다. 명명식 이후에 행하는 취역식은 개별함정의 역사에 있어서 가장 중요한 의식이다. 이 식은 해군에서 함내 승조원들이 "plank owners"가 되는 일이다. 함정명은 대통령이 결정하는 것이며 이 명명은 대통령이나 정부를 대표한 인사 혹은 CNO에 의하여 정해진다. 이 프로그램에는 귀빈들의 연설과 국가에서 함정명명과 취역편입이 발표되고 명명장을 함장에게 하달하는 순서가 포함되어 있다. 이어서 국기,

항모 Harry Truman의 취역식 전경

해군기(함수기) 및 취역기가 수여된다. 취역기는 함정에서 최고도의 사격 능력 또는 기관 상태가 양호 시 빗자루를 매달던 전통에서 유래하였으며, 오늘날은 모든 함정이 건조되어 해군의 작전세력으로 편입되어 일선에서 퇴역할 때까지 항상 게양하고 있습니다. 해군기는 함수에, 취역기는 Main Mast에, 국기는 함미에 게양준비를 한다. 취역이 되면 함정명을 그대로 부르게 되며 취역기(Commissioning pennant)를 게양하게 되어 있다.

Fleet Review(취역식)

관함식은 '한 나라의 통치자가 그 나라의 군함을 한곳에 모아놓고 군함의 장비와 행사의 사기를 검열하는 의식'으로 1341년 영국의 에드워드 3세가 영 · 불전쟁에 출전할 때 직접 함대의 위용을 검열한데서부터 비롯되었다.

해군에서는 1998년도에 이어 2008년에는 정부수립

관함식에 참가한 외국군 제독, 뒤에 관함식 로고가 보인다.

독도함의 점등함식 광경(Lighting dress)

및 건군 제60주년을 기념하기 위해 외국함정 및 국내외 주요인사와 일반국민을 초청하는 관함식을 거행하였다.

관함식 행사의 공식 명칭은 "Republic of Korea Navy, International Fleet Review 2008"이다.

Dressing(함식)

군인이 의식이나 행사를 할 때 복장을 갖추어 그 의의를 북돋우는 것처럼 함정에서도 Full dress(만함식), Dressing(함식), Lighting dress(전등함식)으로 함정을 장식한다. Full dress(만함식)는 Fleet Review, 국가의 대식전 및 기타 특별한 경우에 행하는 것으로 Mast 전체에 걸쳐 함수에서 함미까지 신호기를 달고 Mast 꼭대기에는 국기를 단다. Lighting dress는 Fleet Review나 국가적인 의식을 기념하여 CNO가 필요하다고 인정할 때 실시한다. Dress는 Full dress를 하지 않거나 불가능할 때 행하는 것으로 모든 Mast 꼭대기에만 국기를 게양하는 것을 말한다.

Gun-salute(예포)

예포는 상대방에 대해 경의를 표하기 위한 예식절차로서 최고 예우로 21발의 예포를 발사한다. 고대 군함들은 포탄 장전 시간이 많이 걸려서 비상시를 대비하여 항상 포탄을 장전하여 두기 때문에 방문자가 오면 이를 제거해야 했다. Gun-salute는 방문자에게 포탄을 제거했다는 것을 인식시키기 위해서 방문자의 도착과 동시에 장전된 포탄을 모두 쏘아버린 데서 유래한 것이다. 예포 발사 횟수에 관해서는 당시 가장 큰 무장함이 21문의 포를 가졌기 때문에 최고의 예우가 21발의 예포를 발사했다거나 미국의 주가 21개 주였다는 등의 이유로 그러했다는 등의 견해가 있다.*

* Son of a Gun('최고의 수병'이란 뜻)
예전에는 부부가 함께 배를 타고 항해를 떠나던 시절이 있었다. 그 당시 배에 타고 있던 부인이 애를 낳을 상황이 발생하였다. 아버지가 될 수병은 산고가 심한 부인을 위해 포를 발사하여 놀라게 해서 아이를 고통 없이 빠른 시간에 낳게 해달라고 함장에게 부탁하였다. 함장을 이러한 청을 수락하였고 포가 발사되자 아이도 어려움 없이 태어나게 되었으며 'Son of a Gun'으로 지칭되었다. 이후 'Son of a Gun'이라고 하면 '최고의 수병'이라는 의미로 쓰이게 되었다.

Keel-laying(용골거치식)

Keel-laying은 공창(조선소) 관계자들에 의해서 행해진다. 프로그램에는 공창 관계자들과 초대된 귀빈의 연설 등이 포함되어 있다. 이후 안내문으로는 "the keel has been truly and fairly laid"라고 알려준다. 보통 식후 리셉션이 있다.

Line Crossing Ceremony(적도제)

원양항해 중 적도를 통과할 때 용왕에게 안전항해를 기원하며 행하는 예식이다. 적도제를 통해 처음 적도를 건너는 선원을 일컫는 Pollywogs는 비로소 적도통과 경험자인 Shellback으로 전환된다. 해군 함정에서는 적도통과 경험이 있는 사병이나 해상근무를 오래한 사병 중에서 해신 Neptune, 해비, 궁녀 및 도깨비, 신관 등의 역을 맡게 하고 분장을 한다. 적도 통과 직전 Neptune은 Quarterdeck으로 내려와서 착석을 하며 신관은 축사를 읽고 식이 집행된다. 이 행사는 King Neptune이 지켜보는 가운데 재판을 받는 과정으로 되어있다. 이 재판관 중 가장 나이 어린(가장 뚱뚱한) 사람을 Royal Baby라고 하는데 적도제 중에 Pollywogs는 오일이나 salad dressing이 묻은 royal baby의 배(belly)에 키스를 하게 된다. 이처럼 King Neptune의 재판에

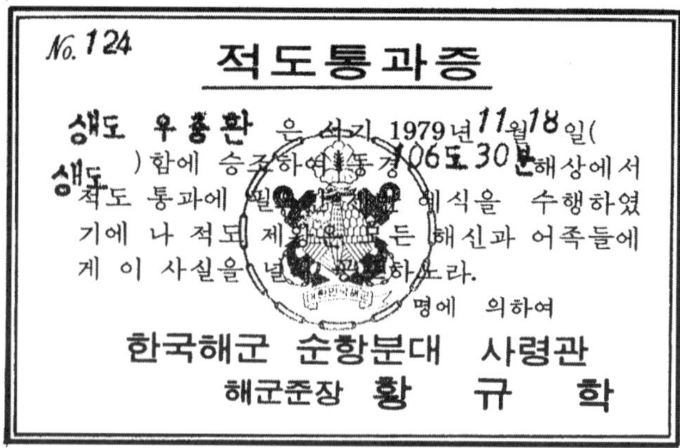

No. 124

적도통과증

생도 우홍환 은 서기 1979년 11월 18일(생도)함에 승조하여 동경 106도 30분 해상에서 적도 통과에 [illegible] 예식을 수행하였기에 나 적도 제[illegible]든 해신과 어족들에게 이 사실을 널[illegible]하노라.

[illegible] 명에 의하여

한국해군 순항분대 사령관
해군준장 황 규 학

적도통과를 기념하여 주는 증서

참가하면서 Pollywogs는 많은 어려움을 겪게되지만 행사가 끝나면 Pollywog는 마침내 Shellback으로 변한다. 이에 Neptune왕이 만족하면 적도통과의 열쇠를 함장에게 줌으로써 제사를 끝마친다. 적도제는 오랜 항해에 지친 승무원들이 잠시 일상을 떠난 휴식의 공간으로서, 주로 재미있고 해학적인 프로그램으로 진행되는 것이 보통이다.

적도제 광경

maning the rail 모습

Manning the Rails(맨레일)

This custom evolved from the centuries old practice of "manning the yards."(같은 간격으로 도열하기) Men aboard sailing ships stood evenly spaced(같은 간격) on all the yards and gave three cheers to honor a distinguished person.

Now men and women are stationed along the rails of a ship when honors are rendered to the President, the heads of a foreign state, or a member of a reigning royal family. Men and women so stationed do not salute. Navy ships will often man the rails when entering a port(입항 시), or when returning to the ship's homeport(모항으로 귀환 시) at the end of a deployment(임무 종료).

Quarter Deck(예식갑판)

Quarterdeck은 옛날에는 "Poop deck"(선미루)이라고 불렀다. "Poop"이라는 어휘는 고어 Puppis로부터 유래되었는데 이는 바로 '교황'을 뜻하는 말이다. 즉 신성을 모시는 성스러운 곳으로 종교적인 제단을 설치한 데서 유래되었다. 통상적으로 후갑판을 예식갑판으로 설정하여 각종 기념식이나 의식을 거행하는 장소로 사용한다. 예식갑판은 정박 중 가장 중요한 장소이지만 항해 중에는 함교(Bridge)가 작전의 중심이 되고 이곳에는 당직자만 출입이 허가된다.

Retirement(전역식)

보통 20년 이상을 복무하여 군무와 국가에 봉사한 것을 기리는 특별행사로서 복무 마지막날에 전역식을 한다. 프로그램으로는 종종 지휘관 및 전역자의 연설과 전역장병에 대한 기념품 증정이 있다.

Burial at Sea(수장)

The tradition of burial at sea is an ancient one. As far as anyone knows this has been a practice as long as people have gone to sea. In earlier times, the body was sewn into a weighted shroud, usually sailcloth. (돛으로 몸을 감아 무겁게 하다) The body was then sent over the side(옆으로 던지다), usually with an appropriate religious ceremony. Many burials at sea took place as recently as World War II when naval forces operated at sea for weeks(몇 주 동안), and months at a time. Since World War II many service members(군인), veterans, and family members have chosen to be buried at sea(수장을 선택하다).

Speaking Exercise

- Step-aside is a courtesy with the navy's peculiar environment in mind.
  길차렷은 해군의 특수성을 고려한 예절입니다.
- In the military, courtesy between seniors and subordinates must be obeyed.
  군에서 상하급자 간의 기본예절은 꼭 지켜야 합니다.
- Navy's gangway etiquette is something that is hard to find in the army or the air force.
  해군의 현문 예절은 육 · 공군에서 찾아보기 힘든 행동입니다.
- How many gun salutes will be fired?
  예포는 몇 발을 발사합니까?
- Please stand for the playing of the National Anthem of the Republic of Korea.
  애국가 연주가 있으니 자리에서 일어나 주시기 바랍니다.
- The wardroom is a meeting, dining, and resting place for officers and you must have a neat and clean appearance.
  사관실은 장교들의 회의 식사 휴식 장소이며 사관실 출입 시는 단정한 복장을 착용합니다.
- The captain's seat in wardroom is not to be used or conceded by the others. This is prohibited by navy's customs, and is to ensure the captain's absolute authority.
  사관실 내 함장석은 해군의 관습에 따라 타인에게 양보하거나 타인이 사용하는 것을 금하며, 이것은 함장의 절대적 권위를 보장하기 위함입니다.
- Ceremonies are usually held on the quarterdeck while in port.
  정박 중 함정에서의 예식은 주로 후갑판에서 행해집니다.
- On the ocean cruise training we had a lot of fun during the line-crossing ceremony.
  원양실습 중 적도제에서는 아주 홍겨운 시간을 보냈습니다.
- I think the change-of-command was executed with seriousness and style.
  이번 지휘교대식은 아주 엄숙하고 멋있게 치뤄졌다고 생각합니다.
- I will attend the commissioning ceremony of your ship.
  당신 함정의 취역식에 참석하겠습니다.

Famous Navy Sayings

해군의 명언

"Men mean more than guns in the rating of a ship."
- John Paul Jones -

해군의 전통은 오랫동안 해상생활을 해 온 선배들이 남긴 언행을 통해서 오늘날까지 잘 전해 내려오고 있다. 그 같은 자취 속에서 우리는 바다사람만이 가지는 독특한 문화를 체험하고 강한 유대감을 확인하게 된다. 해군 생활을 하면서 누구나 종종 듣게 되는 몇 가지 격언만 보더라도 이러한 해군의 전통을 생생하게 확인할 수 있다.

구식 함포(old shipboard gun)

A taut ship is a happy ship!(깔끔하게 정비된 함정에서 행복이!)

'Taut ship'은 잘 정돈되고 정비가 된 '깔끔한 함정'을 말한다. 이러한 함정은 누가 보아도 칭찬을 아끼지 않을 것이며, 함장을 비롯한 모든 승조원은 자연히 행복을 느낄 것이다. 또한 이러한 함정은 상호 협력하고 군기가 잘 확립되어 있다고도 볼 수

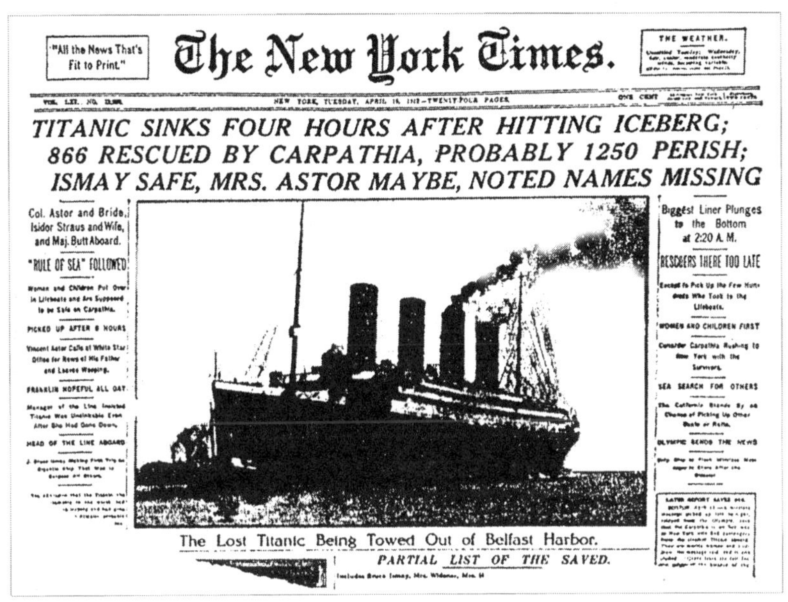

"All the News That's Fit to Print."

The New York Times.

NEW YORK, TUESDAY, APRIL 16, 1912—TWENTY-FOUR PAGES.

TITANIC SINKS FOUR HOURS AFTER HITTING ICEBERG; 866 RESCUED BY CARPATHIA, PROBABLY 1250 PERISH; ISMAY SAFE, MRS. ASTOR MAYBE, NOTED NAMES MISSING

Col. Astor and Bride, Isidor Straus and Wife, and Maj. Butt Aboard.

"RULE OF SEA" FOLLOWED.

Women and Children Put Over in Lifeboats and Are Supposed to be Safe on Carpathia.

PICKED UP AFTER 8 HOURS

Vincent Astor Calls at White Star Office for News of His Father and Leaves Weeping.

FRANKLIN HOPEFUL ALL DAY.

Manager of the Line Insisted Titanic Was Unsinkable Even After She Had Gone Down.

HEAD OF THE LINE ABOARD

The Lost Titanic Being Towed Out of Belfast Harbor.

PARTIAL LIST OF THE SAVED.

Biggest Liner Plunges to the Bottom at 2:20 A. M.

RESCUERS THERE TOO LATE

Except to Pick Up the Few Hundreds Who Took to the Lifeboats.

WOMEN AND CHILDREN FIRST

Cunarder Carpathia Rushing to New York with the Survivors.

SEA SEARCH FOR OTHERS

The California Stands By on Chance of Picking Up Other Boats or Rafts.

OLYMPIC SENDS THE NEWS

LATER REPORT SAVES 866.

Titanic호 침몰 당시 기사

있는데 그것은 상관이 부하의 복지를 생각하고 따뜻하게 대하기 때문일 것이다.

"Don't give up the ship!"(배를 버리지 마라!)

Annapolis에 있는 미 해군사관학교 Memorial Hall에는 침몰하는 함정의 모습을 세긴 조각과 함께 이 격언이 교훈적으로 적혀있다. 전통적으로 바닷사람들은 위기시 목숨을 부지하기 위해서 배에서 탈출하는 행위(Jump)를 가장 큰 수치로 여겼다. 선원으로서 기본 윤리는 자신보다도 승객의 안전과 배의 안전을 먼저 생각하는 투철한 책임감을 의미하기 때문이다. 아울러 바닷사람들은 동고동락해 왔던 동료들에 대한 변함 없는 유대(fidelity)를 중시한다. 이처럼 함정에서는 함장에서 말단 수병에 이르기까지 공동의 운명체라는 의식에 바탕을 두고 Teamwork을 중시하는 조직으로 운영된다.

"He who commands the sea has command of the world" (바다를 지배하는자, 세계를 지배한다)

Alfred Taylor Mahan이 한 말이다. 비슷하게 Themistocles(데미스토클레스)는

USS Leyte Gulf

"Cicero; Epistoloe ad Atticum(He who commands the sea has command of everything)"이라고 말했다. 세계 역사를 보더라도 해상세력이 강했던 나라들이 식민지를 개척하고 그 막강한 영향력을 전 세계에 떨쳐왔음은 주지하는 바이다. 미국의 문학가인 R.W. Emerson도 "The most advanced nations are always those who navigate the most"라고 함으로써 국가의 발달이 해양력과 직결됨을 강조하고 있다.

"I have not yet begun to fight."(나는 아직 전투를 시작도 하지 않았다)

미해군의 초기 전통을 수립한 John Paul John의 말이다. John Paul John은 미혁명 당시 Bonhomme Richard호를 타고 British Captain Pearson이 지휘하는 강력한 영국함 Serapis에 대치한다. 전투의 초기 단계에서 네 번의 포격을 받자 John의 낡은 배는 거의 작전을 하지 못하는 지경에 이른다. 마침내 거의 침몰해 가는 상황에서도 John은 이에 단념하지 않고, 부하가 성조기를 내리며 항복하는 것을 막으며 "I have not yet begun to fight"라고 호령한다. 곧이어 John은 필사적으로 영국군에 대항한 결과 강한 무장을 한 영국전함이 도리어 기를 내리고 항복하기에 이른다. 오늘날에 이르기까지 "I have not yet begun to fight"라는 말은 여전히 많은 사람들에게 fighting slogan이 되고 있다. 같은 맥락에서 A. T. Mahan도 "In giving up the offensive, the navy gives up its proper sphere.(공격적이기를 포기할 때 해군은 그 마땅한 영역을 포기하는 것이다.)"라고 하여 불굴의 투지를 강조하고 있다.

"Once a marine, always a marine!"(한번 해병은 영원한 해병!)

예로부터 해양인들은 일단 자신과 관계를 맺었던 사람들을 져버리거나 배신하지 않는 것을 행동규범으로 삼아왔다. 항상 자신이 선택한 것을 아끼고 주어진 처지가 아무리 어렵더라고 참고 받아들이는 태도를 견지해 왔던 것이다.

우리는 재직 당시는 물론이러니와 전역을 하더라도 항상 동기회나 전우회를 통해서 한때 한 배를 타고 동고동락했던 동료로서 서로의 우의나 따뜻한 정을 나누는 모습을 주위에서 쉽게 볼 수 있다. 개인적 이해관계를 떠나 세파에 따라 부화뇌동하지 않는 이같은 태도는 현대를 살아가는 우리들에게 많은 것을 시사해 주고 있다. 그러기에 "Once a marine, always a marine"의 의미가 우리의 정서에 더욱 쉽게 와 닿는 것이 아닐까?

"Practice makes perfect!"
("연습이 천재를 만든다" "강한 파도가 강한 어부를 만든다!")

항해는 낭만적인 일로 비유되기도 하지만 필연코 강한 파도와 싸워 극복해 낼 것을 요구한다. 15세기 Patrick Spencer 경도 "Be it wind, be it weed, be it hail, be it sleet, our ships must sail the foam."(바람이나 해초나 우박이나 진눈깨비가 와도 우리의 배는 포말을 헤치고 항해해야만 한다)라고 적으며 항해하는 자의 투지와 역경을 보여주고 있다. Hitler도 1940년 자신의 사령관에게 "On land I am a hero ; at sea, I am a coward."라고 한 말은 항해가 얼마나 강한 용기를 필요로 하는지를 잘 나타내주고 있다.

한편 바닷사람들은 험난한 항해를 인간을 강하게 만들고 성숙케 하는 도구로 삼아왔다. 소설가 디포우도 "잔잔한 바다는 유능한 항해사를 만들 수 없다"고 한다. Benjamin Disraeli도 "Patience is a necessary ingredient of genius"라고 하여 천재성도 결국은 인내의 소산임을 말해주고 있으며 서구 속담 "No pain, no gain"나 '고진감래(After the storm comes the calm)'도 고생 끝에는 낙이 오게 마련임을 말해주고 있다. Edward Gibbon은 『로마제국의 흥망사』에서 "The wind and waves are always on the side of the ablest navigators"라고 하여 능숙한 항해자들은 바람과 파도를 잘 활용하는 자임을 강조하고 있다.

"We are ready now, sir"("지금 준비가 되어 있습니다")

1917년 전쟁선포 후 한 달도 안 되어 Taussig 사령관 예하의 6척의 미구축함은 Queenstown으로 들어갔다. 길고도 힘든 원양항해를 감안하여 영국의 제독은 "얼마만큼 지나야 경비나갈 준비가 되겠소?"라고 Taussig 사령관에게 묻자 Taussig사령관은 "We are ready now, sir"라고 대답하였다. 이후 철저한 준비와 계획에 따른 투철한 마음자세에서 나온 이 말은 전쟁 중 fighting slogan이 되기도 했다.

"A Naval officer is an International Gentleman!"

Gentleman은 시대에 따라서 그 개념을 달리한다. 17C의 신사는 "a well-bred man of fine feeling, good education, and social position – a man of refined manner"로 정의 되었다. 당시 Gentleman은 갈고 닦은 감수성과 교양이 있고 높은 지위를 가진 세련된 사람이었다. 하지만 현대인의 신사의 개념은 "a well-bred man of fine feeling who never unintentionally offends another."로서 다른 사람에게 정신적으로 손해를 주지 않는 교양있는 자를 말한다. 또한 신사는 "A man that is clean inside and outside, who neither looks up to the rich, who is considerate of others."로서 안팎으로 청렴하여 모든 사람을 공평하게 대하고 배려해주는 사람으로도 정의된다. 이러

Communication during combined exercise

한 신사의 덕목은 장교나 지도자로서 갖추어야 할 덕목과 크게 다르지 않다고 생각된다. 특히 이 시대에는 세계인의 자질을 두루 갖춘 국제신사가 더욱 요구되고 있음은 주지의 사실이다.

Other Famous Navy Sayings

해군 장병으로서 우리가 가꾸어야 할 품성과 행동규범은 오래전 바다사람들이 남긴 명언이나 성현의 충고에서도 쉽게 찾아볼 수 있다.

- He who will not risk cannot win. - John Paul Johns
  모험하지 않고서는 승리를 쟁취할 수 없다.

- I will find a way or make one. - Robert E. Peary
  방법을 찾거나 (없다면 방법을) 만들 것이다.

- We have met the enemy. They are ours. - Commodore Oliver Hazard Perry
  적과 싸우면 우리가 이길 수 있다.(우리의 손아귀에 달려 있다)

- You don't hurt 'em if you don't hit 'em. -"Chesty" Puller
  적을 공격하지 않고는 파괴하지 못한다.

- An officer is much more respected than any other man who has as little money.
  장교는 청렴한 자보다도 훨씬 더 존경받는 사람이다. - Samuel Johnson

- In war, the proper objective of the Navy is the enemy's navy... In giving up the offensive, the Navy gives up its proper sphere." - Mahan
  공격적이지 못할 때 해군은 그 마땅한 영역을 포기하는 것이다

- If the leader can't navigate the people through rough waters, he is liable to sink the ship. - John Maxwell
  배를 운용하기 전에 사람들을 잘 다스려야 된다.

- Hit hard, hit fast, hit often. - Admiral "Bull" Halsey
  공격은 강하고 신속하며 자주 해야 한다.

- My country! May she ever be right, but right or wrong, my country."
  - Stephen Decatur
  조국이 올바르기를 바라지만, 여하튼 내 조국이기에 소중하다.

• The ship is built to fight. You had better know how. - Admiral Arleigh Burke
함정은 전투를 위해 건조되었으므로 어떻게 사용하는지를 알아야 한다.

• Men mean more than guns in the rating of a ship. - John Paul Jones
함정을 생각할 때 포(무기)보다도 인적자원이 더 중요하다.

• No price is too great to preserve the health of the fleet. - Lord St. Vincent
함대를 건실하게 유지하는 것이 최선이다.

• The backbone and real power of any navy are the vessels which, by due proportions of defensive and offensive powers, are capable of giving and taking hard knocks. - Mahan, 1896
어떤 해군이든지 중심 되는 실제의 힘은 포격을 받고도 강한 공격을 펼칠 수 있는 함정에 있다.

• These naval airmen, bold fellows, always on for an adventurous attack...
- Sir Ian Hamilton, 1915
해군 항공대는 용감하여 저돌적인 공격을 멈추지 않고...

• Communications dominate war; broadly considered, they are the most important single element in strategy, politics or military. - Mahan, 1900
통신이 전쟁의 우위를 점하게 해준다. 좀 더 넓게 보면, 통신은 전략적, 정치적, 군사적으로 가장 중요한 요소이다.

• Logistics comprises the means and arrangements which work out the plans of strategy and tactics. Strategy decides where to act; logistics brings the troops to this point. - Jomini, 1838
전략, 전술계획을 수행하는 방편인 군수는 목표지점에 군을 집결시킴

• I should not deem a man-of-war complete without a body of Marines... imbued with that esprit that has so long characterized the 'old Corps'.
- Commodore Joshua Sands, 1852
오랫동안 '옛 해병'의 특별한 정신으로 무장된 해병대가 있어야 비로소 완벽한 군함이 될 수 있다.

• How little do the land's men know of what we sailors feel, when waves do mount and winds do blow! But we have hearts of steel.
- The Sailor's Resolution, 18th Century

육지에서 일하는 사람들은 바다 사람들의 마음을 잘 모르지만 바다 사람들은 어려움을 견디는 강철과 같은 심장이 있다.

- What is our aim? I answer in one word: Victory – victory at all costs; victory in spite of all terror; victory, however long and hard the road may be; for without victory, there is no survival. - Winston Churchill

나의 목표는 승리이다. 어떤 댓가를 치르고서 라도, 비록 길고 힘든 길이 될지라도; 왜냐하면 승리가 없다면 생존할 수 없기에

- It cannot be too often repeated that in modern war, and especially in modern naval war, the chief factor in achieving triumph is what has been done in the way of thorough preparation and training before the beginning of war.

- Theodore Roosevelt, 1902

현대 해전에서 성공의 열쇠는 완벽한 준비와 사전 훈련에 달려있다.

- Uncommon valor is common virtue. - Nimitz, to Marine Corps, WW II

흔치 않은 용기는 흔치 않은 덕목이다.

Speaking Exercise

⚓ We follow the proud tradition of sailors.
우리는 자랑스러운 해양인의 전통을 따르고 있습니다.

⚓ We are learning a lot from the old sailors' traditions.
오랜 해양인의 전통은 오늘날 우리에게 많은 것을 가르쳐주고 있습니다.

⚓ The crew didn't abandon their ship.
선원들은 배를 버리지 않았다.

⚓ His words have become the fighting slogan of our command.
그가 남긴 말은 우리부대의 fighting slogan이 되고 있습니다.

⚓ The road to becoming a real warrior is not an easy one.
참전사가 되는 길은 결코 쉬운 일이 아니라고 생각합니다.

특강 Practical English 학습전략

군사영어의 범위와 학습

최근 영어교육은 ESP(English for Specific Purpose)와 같이 특수한 목적에 맞는 영어를 선택하여 배우는 추세로 가고 있다. 전자 · 기계 관련 업무에 종사하는 공학도는 Engineering English를, 관광 종사자는 호텔 이용이나 안내하는 데, 사업가는 Business English를 말하고 쓰는 데 주력하고 있다. 군에 종사하면서 군사영어의 필요를 느끼지 않는 사람은 없다. 연합작전(Combined Operations)과 회의, 영문 Briefing, 전문 해독, 외국인 접견 및 함 안내, 전통의 계승 발전, 기술서적 이해 및 제반 정보 습득을 위해서 군사영어는 필수적이기 때문이다. 해군 실무를 다루기 위해서는 다음과 같이 군사영어 학습을 위한 몇 가지 사항을 참고할 필요가 있을 것이다.

✲ **첫째, 군사영어 능력을 위해서는 우선 생활영어(Daily English) 능력을 충실히 닦아야 한다** 군사영어는 홀로 존재하는 것이 아니고 Daily English가 뒷받침되어야 하는 것이기 때문이다. 즉, 군사영어가 'missile'이라면 Daily English는 'missile launcher'에 비유할 수 있다. Daily English를 통한 원활한 의사소통을 위해서는 따라야 할 각종의 언어 규범이 있다. 이는 마치 교통신호를 잘 지켜야만 차량 소통이 잘 되는 것과 다름없다. 일례로, 처음 만났을 때 인사를 나누고("Good morning, Captain Smith"), 자신을 소개("Captain Smith, this is Lieutenant Jung")하는 표현은 일정한 언어규범에 따라 지켜져야 한다. 이외에도 호칭(addressing), 감사와 사과하기, 칭찬하기, 요청하기(requesting), 찬성과 반대, 의견 제시와 권고하기, 상황에 따른 다양한 영어 표현(초대 시, 파티석상, 레스토랑 이용, 관광 등)은 약방의 감초 격으로 사용되는 구문으로서 우선 익혀 두어야 할 생활영어이다.

✲ **둘째, 각종 군사전문 용어를 올바로 이해하고 적절히 활용하는 능력을 배양해야 한다**

해군전문(특수)용어는 'Navy technical(special) terminology' 혹은 'Navy jargon'이라고 하는데, 기술의 진보와 더불어 그 범위와 사용빈도는 점차 커지고 있다. 따라서 자신이 속해 있는 분야에서 자주 사용되는 전문용어나 관련 구문들을 익혀두는 것이 아주 필요하다. 말은 대화자 상호 간의 약속이다. 이러한 실무 상황에 적합한 표현을 사용하면 쌍방의 이해를 높임으로써 불필요한 설명을 줄이고 명확하게 메시지를 전달할 수 있는 이점이 있다. 함정에서는 함 구조, 각종 무기체계, 각종 장비 및 비품, 명령어 및 성분작전 등에 관한 영문 표현이 다각적으로 사용되고 있고, 각 병과나 직별별로 자주 사용되는 영문 표현이 많이 있다. 물론 합동작전(Joint exercise)을 포함한 제반 실무를 위해 육공군에서 자주 사용하는 영어 표현을 익히는 것도 간과해서는 아니 될 것이다.

✲ **셋째, 우리말을 영어로 옮기는 습관을 들이면 표현 능력이 배가된다** 흔히 우리는 영문을 한국어로 바꾸지만, 우리말을 영어로 바꾸어 표현하는 데에는 익숙하지 않다. 하지만 대화할 때 자신의 생각을 정리해서 적시에 표현을 해야 할 필요가 있다. Daily English 표현만으로 의미를 제대로 전달할 수 없는 전문 영어 수준에서 우리는 자신이 가진 특수한 정보를 설득력 있게 표현하여 청자를 이해시켜야 할 것이다. 물론 원어민이 아니라는 데서 표현에 확신이 서지 않겠지만, communication에서 중요한 것은 형식보다는 내용과 idea에 있다고 보며, 표현의 실수를 교정하는 과정을 통해 영어능력은 급성장되므로 꾸준히 나름의 연습을 하는 것이 좋다. 일례로, "'군항제'는 'Naval Port Festival'로 표현할까, 아니면 'Cherry Blossom Festival'로 할까?" "'삼사체전' 은 'Tri-services Academy athletic competition'일까, 아니면 'Inter-academy competition'일까?" 등등으로 미리 생각해 보는 것이 실제 회화에서 적합한 용어를 사용하는 데 도움이 될 것이다. 영어식 사고를 위해서도 이와 같은 연습은 꾸준히 해두는 것이 필요하다. 현실적으로 원어민을 접할 기회가 제한되어 있는 우리로서는 이렇게 영문을 익히고 나름대로 홍얼거리며, 독해 구문은 소리 내어 읽는 것도 영어 숙달 연습이 될 것이다.

✲ **넷째, 유행을 따라가는 것보다 자신에게 맞는 방식을 꾸준히 실행하는 것이 중요하다**
홍수처럼 쏟아지는 '영어에 성공한 사람'의 학습 방법만을 모방하는 자들 중에는 자신이 해 오던 좋은 방식은 접고 더 좋고 손쉬운 방식을 찾는 데에만 관심을 두어 아까운 시간을 낭비하는 사람이 있다. 영어 학습에는 왕도가 없다고 보여진다. 성공한 사람의 방식이 반드시 나에게 맞지는 않으며, 그러한 솔

깃한 방법(?)으로 성공하기까지에는 그 사람이 이전에 영어 학습에 투자한 수년간의 시간과 다양한 노력은 종종 간과되는 경우가 적지 않다. 최신의 흥미있는 Screen English를 보거나 멀티미디어를 활용하여 게임을 하듯이 영어에 몰두하고, 우수 On-line English 사이트에 꾸준히 접속하면서 새로운 영어를 습득하는 것이 효과적임은 두말할 필요가 없다. “Slow and steady wins the race!”라는 말도 있지 않는가?

✲ **다섯째, 영어의 4기능을 골고루 연마하여 전천후 영어능력을 갖추는 것이 요구된다** 군사영어는 일반적으로 회화를 통해서 그 능력이 잘 드러나지만, 실제 제대로 말하기 위해서는 정확하게 듣는 청취 능력이 선행되어야 한다. 정확한 문법 지식은 작문 능력은 물론 회화 실력을 높이는 데 기초가 되는 것임은 두말할 필요도 없다. 아울러 군사관계 전문 지식을 습득하기 위해 정확하게 원서를 이해해야 하므로 높은 수준의 원서 해득 능력도 요구되고 있다. 전보 작성은 물론 문서로 의사전달을 하기 위해서는 실용문 작성능력도 갖추어야 함은 두말할 여지가 없다. 이렇게 볼 때 원활한 업무수행을 위해서 우리는 영어의 4기능, 즉 듣고 말하고 읽고 쓰는 능력을 고루 갖추어야 한다. 따라서 어느 한 기능에 편중된 학습으로는 영어의 전 기능이 뒷받침되어야 하는 실질적인 영어 능력을 키울 수가 없다. 하지만 이러한 4기능은 연계해서 공부하는 방안이 얼마든지 있으므로 자신에게 적합한 방법을 찾는다면 어렵지 않게 활용할 수 있을 것이다. 예를 들어서 영어 독후감 쓰기로 읽기와 쓰기를 연계한다든가, 소리 내어 읽기로 읽기와 말하기를 병행하는 방법이 바로 그것이다.

결론적으로 군사영어 능력은 군사 전문 용어를 영어의 4기능을 포괄하는 생활영어에 접목을 하여 사용할 수 있는 능력이다. 하지만 이러한 실질적인 영어 능력도 해군 실무에서 하루하루 함정 용어를 관심 있게 접하고 각종 실무 영어 표현 기술을 지속적으로 늘여 나아가는 데서 이루어지는 것이다.

English in a Military Setting
군 생활영어

10

자동차를 운전할 때 교통규칙을 지키지 않으면 사고를 유발하는 것과 마찬가지로 언어규범을 지키지 않으면 의사소통에 문제가 야기된다. 화자는 말의 목적, 상내방, 주위 상황 등을 잘 감안한 언어규범을 지킴으로써 상대방과 적합한 대화를 할 수 있는 것이다.

이 장에서는 군 실무에서 각 상황에 따른 적절한 말과 언어규범에 대해서 살펴보고자 한다. 각 상황에서는 외국군과 만났을 때 활용빈도가 가장 높은 영어표현을 다루고 동서 문화간의 차이점을 비교해 본다. 특히 해군의 인사 및 소개 예절, 파티초대, 리셉션 및 식사예절 등 사교 활동에 필요한 에티켓이나 관용구문을 집중적으로 살펴보고자 한다.

함상 오찬 모습

Greeting
인사 예절

"The very essence of all power to influence lies in getting the other person to participate"

- Harry A. Overstreet -

대인 간의 만남은 인사로 시작해서 인사로 끝난다고 해도 과언이 아니다. 인사는 상대방에 대한 관심과 호의를 보냄으로써 상호간 좋은 관계를 유지시키며 개인의 privacy를 존중해주는 역할을 한다. 함정에서의 인사는 상 · 하급자 간에 계급 구분과 존중을 나타내며 일상적인 인사보다 좀더 격식을 갖춘 형태로 지켜지고 있다.

거수경례(hand salute)는 군의 관습에 따라 밝고 존경심이 담긴 말로 하루의 시간대에 맞게 인사를 하는 것이 예의이다.

- 일출 후 정오까지 : "Good morning, 계급(혹은 직함)1이름"
- 정오에서 일몰까지 : "Good afternoon, 계급1이름"
- 일몰에서 취침 전 : "Good evening, 계급1이름"

하급자의 경례에 대해 상급자는 "Good morning(afternoon)"이나 이와 유사한 말로 답례를 한다.

통로에서 사병은 장교를 만나면 길차려(Step aside)를 하여 장교가 지나갈 수 있도록 길을 비켜 준다. 이 외에도 하급자는 상급자를 앞서서 갈려고 할 때 "By your leave, sir(실례합니다)"라고 하면서 상급자에게 양해를 구하고 지나친다.

함상에서 경례는 주로 아침에 처음 만났을 때 한 번만 한다. 그러나 장성(Flag officer)이나 CO에게는 만날 때마다 항상 경례를 하게 되어 있다.

Rules of Greeting(인사 규범)

인사는 별다른 뜻이 없지만 특별한 형식과 규범을 따르게 되어 있다. 우선 인사를 하는 사람에게는 항상 인사로 답변을 하게 되어 있다. 아울러 인사는 기분이 좋던 나쁘던 항상 밝고 명랑한 어조로 한다. 비록 슬픈 날이지만 "Good Morning"이라는 인사를 하고, 기분 좋지 않은 일이 있더라도 "How are you?"라는 인사에는 주로 "I'm fine"식의 답례를 하는 것이 상식이다.

각 나라마다의 다른 인사말

비언어적인 인사 표현은 고개를 끄덕이거나 악수, 시선 접촉 및 미소를 보내는 행위 등이며, 이같은 행위는 각각 지위가 다르다는 것을 강조하거나 상호 결속을 유지하는 데 기여한다.

인사말에는 격식을 차리지 않은 간결한 표현이 많이 쓰인다. 특히 북미인은 가까운 사이일 경우, 격식을 차린 인사말(eg. How are you?) 대신에 "Hi" "Hello" "How are you doing?" "How's it going?" "What's up?" 등의 격식을 차리지 않은(informal) 말을 많이 쓴다. 이에 대한 답례도 "Good" "Fine" "Not bad" "Great" "O.K." 등의 간단한 말을 사용함으로써 간결 명료한 말을 선호하는 북미인의 문화를 잘 반영해 주고 있다.

한편, 낯선 사람을 만나면 다음과 같이 말문을 열어 대화를 부드럽게 한다.

- "Nice day, isn't it?"(날씨에 관계된 구문 사용)
- "Say, don't I know you from somewhere?"(관심의 표현)
- "Excuse me, have you got a light?"(담뱃불 좀 빌려주시겠어요?)
- "Could you help me? I'm looking for the museum."(도움 요청)

Requesting
요청하기

상대에게 무엇을 요청하다 보면 불가피하게 상대에게 부담을 지우게 되므로 화자는 듣는 이에게 강요나 의무감을 줄이기 위해 정중하게 요청을 하는 것이 바람직하다. 정중한 요청을 위해서는 우선 상대에게 허가를 바라거나 요청을 해도 좋을지 사전에 물어 보는 것이 바람직하다.

"May I ask some questions?"
"I have one question for you. Would you do me a favor?"

아울러 요청할 때는 상대방에게 자연스럽게 거절할 수 있는 권한을 많이 주어서 요청자의 요청을 단도직입적으로 거절하지 않아도 되게 한다.

"Would you mind returning my book?"
"I was wondering if you would go with me or not."

한편, 명령형의 표현은 위의 정중하게 요청하는 영어표현보다 훨씬 직접적이고 분명하게 표현된다.

이처럼 정중한 표현은 명령형보다 말수가 훨씬 많은 것을 알 수 있다. 또한 군사전문 영어는 약어나 꼭 필요한 동사를 중심으로 군더더기 말을 최소화시켜 뜻을 간결 명료하게 전달하고 있다.

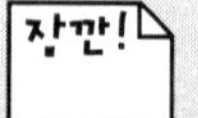

Military Discount(군 할인) 요청

Many attractions and museums give "military discounts." This is intended as a small thanks to people who voluntarily serve our country in the military. Some places, such as the San Diego Zoo and the Aerospace museum, even let military members in free if they are wearing uniforms. Anywhere you go you should ask, "Is there a military discount?"

Speaking Exercise

- He is a squared away officer.
  그는 정말 훌륭한 장교이다.
- You really did good job.
  일을 정말 훌륭히 수행하였습니다.
- You're the man.
  당신 정말 대단합니다.
- Good catch!
  (보고서의 잘못된 점을) 잘 잡아내셨습니다.
- I have the utmost faith in you to conduct successful operations.
  귀 부대가 성공적인 작전을 수행할 것이라는 높은 신뢰를 가지고 있습니다.
- Please, pat Seaman Kim on the shoulder.
  김 수병에게 격려를 해주세요.
- This is the best training that I have ever done in my 5 years in the military.
  이번 훈련은 제가 지금까지 군에서 5년 동안 실시했던 것 중 최고였습니다.
- I will keep my fingers crossed for you.
  행운을 빕니다.
- Keep up the good work.
  계속해서 임무를 잘 수행해주기 바랍니다!

Restaurant Etiquette
식사예절

식사예절은 사교에 있어서 기본이 되는 것으로서 이제 우리 생활에서도 상당히 보편화되어 있다. 일단 레스토랑에 들어가면 휴대품 보관소(check room이나 cloak room)에 옷을 맡긴다. 휴대품을 맡기고 나면 안쪽에서 안내인(usher)이나 웨이터가 나와서 자리를 안내하고 음식 주문을 받는다.

Ordering Food and Drinks(음식주문)

모두가 자리에 앉게 되면 웨이터가 우선 음료 주문을 받는다.

- "Would you like something to drink?" 혹은
- "What would you like to drink?"

이 음료는 애퍼타이저(appetizer)로서 식욕을 돋우기 위해 식전에 마시는 일종의 알코올 음료(liquor)이다. 술을 못하는 사람을 위해서는 알코올이 포함되지 않은 음료(soft drink)를 주문할 수도 있다. wine은 식사를 주문한 후에 주문하며 음식과 함께 든다.

Paying the Check(음식값 지불)

식사가 모두 끝나면 customer(고객)는 cashier(계산대)에서 값을 지불하거나 waiter에게 청구서(check 혹은 bill)를 부탁한다.

- Waiter, could we have the check, please?
- The check, please. (계산 부탁합니다.)

✣ check : American English/bill : British English

청구서에 "Please at cashier"(계산대에서 계산하시오)라는 말이 있으면 팁은 테이블

에 두고 계산대에 가서 지불한다. 일반적으로 팁 액수는 청구금액의 10~20%를 지불한다. 그러나 Cafeteria나 Automat과 같은 셀프서비스 식당에는 팁이 없다. 스텐드식 테이블의 Lunch Counter에서 샌드위치와 커피 정도를 시킬 때는 10% 정도 팁을 지불한다. 팁은 직접 전달하지 않고 청구서를 받치는 작은 쟁반이나 탁자 위에 두고 나온다.

잠깐!

왜 American은 'Go Dutch'로 각자 지불하려고 할까?

It is an American custom that each customer pays their own check in a restaurant. This is not because Americans are not close to each other, but because such a custom makes it possible for everyone involved to lighten their burden. One important exception is: When purchasing liquor, each person in the group will often buy "a round" of drink.

Talking about how to use chopsticks

Speaking Exercise

⚓ What's today's special?
오늘의 특별요리는 무엇입니까?

⚓ How would you like your steak(done)?
스테이크는 어떻게 해 드릴까요?

⚓ May I take your order now?
지금 주문하시겠습니까?

⚓ Could I have the menu, please?
메뉴를 보고 싶습니다.

⚓ What kind of soup do you have?
어떤 스프가 있나요?[와-카이-너브숲 두유-해브?]

✣ soup은 cream soup, vegetable soup, onion soup이 있다.

⚓ Could I have a refill, please?
(free로) 한잔 더 주시겠어요?

⚓ Would you get me another cup of coffee, please?
커피 한잔 더 주시겠어요?

⚓ Can I order take-out here?
포장해 갈 수 있을까요? (take-out restaurant에서)

⚓ This is not what I asked for(=ordered).
이것은 제가 주문한 것이 아닙니다.

⚓ Lunch is on me.
점심은 제가 살게요. (on : '__의 부담으로')

⚓ I'll buy you dinner. / Let me pick up the tab. / It's my treat today.
Please, be my guest. / I'll pay the bill.
저녁은 제가 계산할께요.

⚓ I'll take care of this round. (술을 살 경우)
(제가 지불할게요.)

⚓ Next time I'll treat.
다음에는 제가 내겠어요.

⚓ Let's go fifty-fifty.
반반씩 부담하자.

Invitations
초 대

Invitation letter

초대는 전화, 인편, 편지, 인쇄물이나 카드 등의 수단을 통해서 행해진다. 격식을 갖춘 초대를 위해서는 초청장을 보내는 것이 예의이다. 초청장에는 언제, 어디서, 무슨 일로 초청하는지를 명시해야 한다. 초대는 우선 1) 상대방의 참가를 요청하고, 2) 특별한 일이 있는지를 언급하며 3) 장소와 시간을 정하는 순서로 행해진다.

간혹 초청장 하단에는 "Regrets only"라는 글과 전화번호가 적혀 있는데 이는 참가하지 못할 때에만 전화해 달라는 말이다.

R.S.V.P.

초청장을 받은 자는 전화나 문서로 R.S.V.P. 주소로 회신을 보낸다. R.S.V.P (r.s.v.p.)는 프랑스어의 Repondez, s'il vous plait(Reply if you please)라는 말의 약자로 '초대받는 자는 전화나 편지로 초대에 대한 답변을 해야 한다'는 의미이다. R.S.V.P. 대신 "The favor of a reply is requested" 혹은 "Kindly respond"라고 해도 무방하다.

초대장에 R.S.V.P.나 "Please Respond"라는 글이 적혀있는 경우 초대받은 자는 2~4일 안에 답신을 해주는 것이 좋다. 이 답신은 초대자가 계획을 세우고 참가인원을 정확히 파악하는 기초자료가 된다.

Oral Invitations

파티 초대자(host)는 어떤 종류의 party인지를 언급하여 듣는 사람이 참가 여부를 곧바로 결정할 수 있게 한다.

• I'm having a birthday party on Friday night.

I was wondering if you would like to come.

- Would you like to come to our Cruise Training Ship's Party tomorrow?
- I'd like to go to a concert and I need your company.

또한 host는 상대에게 파티 목적과 파티에 참가할 것인지에 대해서도 언급한다.

- I am planning to have a potluck party on June 10th. Would you like to come to this party?

Responses toward Invitations

초대를 제의 받은 자는 host에게 제의에 응하거나 거절하는 답변을 해주게 되어 있다. 우선 초대 제의에 응할 경우 흔쾌하게 동의 의사를 표시한다.

- "Thank you."
- "OK."
- "Sure, I'd be glad to." 혹은
- "Yes, I'd love to."

한편, 초대를 거절해야 할 경우에는 Host의 자존심이나 기분을 상하지 않도록 정중하고도 완곡한 표현을 해야만 한다. 이때 거절할 수밖에 없는 사유를 밝힌다든가 변명을 해야 하는데, 이러한 변명 도중 '선의의 거짓말'(little white lies)은 어느 정도 용인되고 있다.

- "I'm sorry, but I am tied up now."(죄송하지만 지금 일에 매여 있어서요.)
- "I'd like to come, but I'm busy."(가고 싶지만 너무 바쁘군요.)
- "I'm afraid that's not possible."(사정이 허락하지 않는군요.)

덧붙여 초대 거절은 사과하기와 거절하는 이유대기에 이어서 상대의 초대에 감사하고 다시 사과하는 순서로 한다.

다음 그림은 초대장 견본이다. R.S.V.P를 어떻게 보내고, 초대에 대한 답변은 어떻게 해야 할지를 생각해 보자.

The Commander, Fleet Activities, Chinhae
requests the pleasure of your Company
at the Change of Command Ceremony at which
Captain John E. Sides, United States Navy
will be relieved by
Commander Phillip R. Lamonica, United States Navy
on Wednesday, the twenty-third of August at ten o'clock
at Fleet Activities, Chinhae Pavilion

RSVP: 762-5310
ROKN: 4081
COMM: 0553-40-5310

Participants: Full Dress White
Guests: Summer White or
appropriate civilian attire

지휘관 교대식에 초대 편지

On the occasion of the visit of the Korean Navy to Vancouver

Commodore Ken McMillan
Commander Canadian Fleet Pacific
on behalf of
Rear-Admiral Ron Buck
Commander Maritime Forces Pacific

requests the pleasure of your company
at a reception in honour of the Korean Navy visit
on board HMCS REGINA at Canada Place
on Sunday, 12 November 2000 from 6:30 to 8:30 pm

RSVP: (604) 666-4321

Dress: Military: Tunic without medals
Civilian: Business Suit

캐나다 태평양함대 사령관 주최 리셉션 초대장(2000년 밴쿠버 방문 시)

Speaking Exercise

- It's late. It's almost time to leave for our ship.
  늦었어. 함정으로 돌아가야 할 시간이야.
- When I go to Korea, I won't see you again(for a long time).
  한국에 가면 (오랫동안) 너를 볼 수 없겠구나.
- Are you doing anything tonight?
  오늘밤에 무슨 일이 있나요?
- Are you free tonight?
  오늘 시간 있으세요?
- Let's put it off* until tomorrow.
  내일로 연기합시다.

  * put it off[푸리로프]는 postpone처럼 '연기하다, 미루다'의 뜻이다.
- Never put off till tomorrow what you can do today.
  오늘 할 일을 내일로 미루지 마라.
- I have to call it off. I'm behind schedule.
  취소해야 되겠어요. 일이 밀려있거든요.
- The airplane arrived ten minutes behind schedule.
  비행기는 예정보다 10분 늦게 도착했다.
- I'm off every Saturday.
  매주 토요일은 쉽니다.

Navy Uniform
해군복장

복장은 개인의 품위와 긍지를 나타낼 뿐만 아니라 자신이 속해 있는 군이나 국가를 더욱 돋보이게 하는 수단이 되므로 초대받았을 때는 복장에 특히 유의하여야 한다. 보통 초대장에는 행사 시기, 장소 및 복장이 명기되어 있는데 그렇지 않은 경우에는 평상시의 간편한 복장도 가능하다는 의미이다. 이때 남성은 양복을, 여성은 드레스를 입는 것이 적합하다.

때와 장소, 격에 따라서 서구에서는 다양한 Party복장을 입는다. 일례로 Coffee(커피) 브레이크에서는 드레스, 슬랙, 스커트 및 블라우스나 스웨터를 입는다. 짧은 옷과 청바지는 초대하는 자가 특별히 가능하다고 말해주지 않는 한 결코 입지 않도록 한다.

Cocktail Party는 격식을 차리지 않은 뷔페식 파티이므로는 칵테일 드레스와 혹은 이브닝 바지와 적합한 상의가 바람직하다. 남성은 코트와 타이가 좋다.

Dinner(만찬)파티에서는 초대장에 특별히 명기되어 있지 않은 한 여성은 긴 드레스를, 남성은 슈트를 착용하는 것이 좋다.

한편, 바지 끝 부분이 넓은 나팔바지는 해군이 갑판 물걸레질이나 물이 있는 부분을 건널 때 바지를 접어 올리기 쉽도록 만든 것으로서 6·70년대에는 사회적으로도 크게 유행하였던 옷이기도 하다.

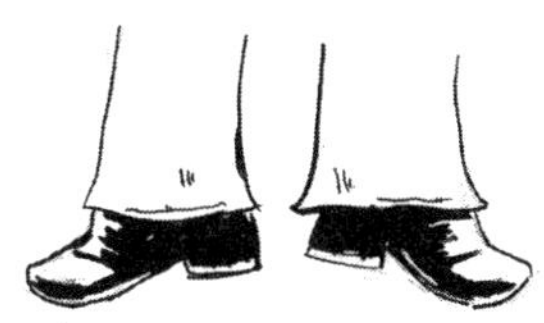

나팔바지(bell-bottom trouser)

오늘날 많은 양복 재킷, 스포츠용 외투나 윗도리에 달린 장식용 단추는 배에 타고 있는 어린 견습생이 소매로 코를 닦는 것을 막기 위해 Nelson 경이 그들의 소매에 큰 단추를 달았던 데서 유래되었다. 이후 장식용으로 단추가 진가를 얻게 되자 런던의 재단사들이 코트나 재킷에 추가로 달게 되었다.

흔히 우리가 사복정장이라고 할 때의 '사복'은 실제 "Casual"에 속하며, 원래의

함상 reception 띄우기 광경

'Civilian formal'과는 다른 의미로 쓰이고 있다. 영어식 복장 표현의 정확한 의미를 살펴보자.

- Casual : 남성은 넥타이를 매지 않은 셔츠나 슬랙을 입고, 여성은 블라우스나 스웨터 차림의 스커트나 슬랙을 입는 정도이다.
- Civilian informal : 남성은 코트와 넥타이를 착용한 양복을 입고, 여성은 양장이나 외출복을 입는 정도이다.
- Civilian formal : 남성은 넥타이와 턱시도를 착용하며, 여성은 긴 정장 가운이나 칵테일 드레스 차림을 하는 정도이다.

❖ 앞에서 언급한 복장은 날씨, 지역 및 현지의 관습에 따라서 변경이 가하다. 복장을 확실히 모를 때에는 R.S.V.P.를 보낼 때 문의하면 된다.

Name of Uniforms

한 국 어	영 어	한 국 어	영 어
동정복	Service dress blue(SDB)	군화	Combat boots
하정복	Service dress white	운동화	Running shoes
하약정복	Summer white	완전무장	Full gear
예식복	Ceremonial dress	현재 복장	In current state
외투	Overcoat	백색목도리	White muffler
동잠바	Winter jumper	예식모 깃털	Ceremonial hat feather
춘추잠바	Spring jumper	(흑, 카키, 백)요대	(Black, Khaki, White) belt
동근무복	Working uniform blue	국방색요대	Green belt
하근무복	Summer khaki	손수건	Hankerchief
전투복	Utilities	대형가방	Large bag
동운동복	Winter PE(Physical exercise) gear	여행용가방 (휴가백)	Suitcase
하운동복	Summer PE gear	외출가방	Briefcase
반바지	Shorts	책가방	School bag
와이셔츠	Shirts	운동가방	Training bag
우의	Raincoat	태권도복	Taekwondo uniform
동잠옷	Winter pajamas	유도복	Judo uniform
하잠옷	Summer pajamas	검도복	Fencing uniform
비닐모 카바	Rain cover	죽도	Bamboo sword
동내의	Winter underwear	예식밴드	Ceremonial band
춘추내의	Spring underwear	예식견장	Ceremonial shoulder board
방한내의	Wind break underwear	견장	shoulder board
런닝셔츠	Undershirt	대검	Bayonet
예식모	Ceremonial hat	팬티	Underwear
정모	Combination cover	(흑,백)장갑	(Black/white) gloves
근무모	〃	모양말	Wool socks
얼룩무늬 전투모	Field cap, Utility cover	탄띠	Ammunition belt
약모(흑,카키)	Garrison cover	(백색,흑색)양말	(White/black) socks
(동,하)체육모	Ball cap	(백,흑)단화	(White/black) shoes

✣ 가정에 초대받았을 때 티셔츠나 넥타이를 매지 않은 차림이나 청 바지는 바람직하지 않다. 격식을 차린 파티(Formal party)에서는 턱시도에 나비 넥타이를 맨 정장 차림이 적합하며, 격식을 차리지 않은 파티(Informal party)에서는 싱글 양복(suit) 차림이 바람직하다. 우리나라에서는 suit 차림을 사복정장으로 여기는 경향이 있다.

Speaking Exercise

- What is the dress code for today's dinner?
  금일 만찬의 복장은 무엇입니까?
- Will you please prepare coat hangers in the reception area?
  리셉션장에 옷걸이를 준비해 주시겠습니까?
- When would be the best time for presenting the commemorative?
  기념액자를 언제 전달하면 좋겠습니까?
- What time does the reception begin and end?
  리셉션은 몇 시부터 몇 시까지입니까?
- Admiral sedans to get to the luncheon.
  장성급은 승용차를 이용하여 오찬장으로 이동합니다.
- There will be a (surprise) birthday party in honor of the Captain at the Wardroom.
  함장님(깜짝) 생신 파티가 사관실에서 있을 예정입니다.
- Each side will pay half the cost of the reception.
  리셉션 비용은 반씩 부담합니다.
- Unlike the army or the air force, the Navy marks ranks with gold stripes on the formal dress.
  해군은 타군과 달리 정복에 골드라인으로 계급을 표기
- The ROK Navy wears its Service dress blue and Working blue uniform from october until April and Service dress white from May until September. In addition, from May until September, the Navy wears its Summer whites and Summer khakis.
  해군복장은 동계절인 10월부터 그 다음 해 4월까지 착용하는 동정복과 동근무복이 있으며, 5월과 9월에만 착용하는 하정복이 있습니다. 또한 하계절인 5월, 6월부터 9월까지 착용하는 하약정복과 하근무복이 있습니다.

Reception
리셉션

북미는 파티의 나라라고 할 정도로 파티를 자주 열며 그 종류도 다양하다. 리셉션은 주요 손님을 환영하거나 중요한 일을 기념하기 위한 파티를 지칭한다. 예를 들어, 결혼식이 끝난 후에는 Wedding reception이, 지휘관 교대식 후에는 곧 이에 따른 리셉션이 행해진다. 리셉션은 식사를 포함하지 않는 오후 시간대에 행해지며 시종 정중한 분위기에서 진행되는 것이 보통이다.

Receiving Line(리시빙 라인)

리셉션 시작 30여 분 전에 리시빙라인을 선다. 리시빙라인은 특별(명예)인사, Host 내외 및 보좌관 등 관련 인사들이 도열해서 손님을 맞는 것이다. 리시빙 라인을 서는 순서는 리셉션의 형태와 host의 공적인 의도에 따라서 다르지만, 전통적으로 여

Receiving Line 통과

성은 결코 줄의 끝에 도열하지 않는다. 손님이 도착하면 리시빙 라인의 맨 첫 번째에 있는 Aide(보좌관)에게 자신의 이름을 말한다. Aide와 손님이 악수를 할 필요는 없다.

Receiving Line통과

해군에서는 남편, 부인 구분 없이 부부가 서로 따라가며 receiving line을 통과하도록 되어 있다. 그러나 해병에서는 부인은 항상 남편보다 먼저 receiving line을 통과하게 되어 있다. receiving line을 통과해 가면서 아무도 뒤에 없으면 간단한 대화는 가능하다. 계속 통과해야 할 경우에는 "(I'm) happy to meet you"나 "(It's) nice to see again" 등의 간단한 인사말이면 충분하다. 다 통과하고 나서 다른 손님들과 자유롭게 어울리면 될 것이다. 만약 receiving line을 통과하기 위해 많은 사람이 기다리고 있다면 손님은 음료나 가벼운 음식(refreshments)을 들면서 줄이 줄어들 때까지 기다려야 할 것이다. 하지만 receiving line에 들어서기 이전에 음식이나 음료는 치우고, 피우던 담배는 끄고 들어가야 한다.

Reception Procedure

리셉션이 시작되면 사회자의 진행에 따라 행해지는 간단한 절차가 있다. 보통 Host가 Guest를 환영하는 환영사를 하게 되고 Guest는 이에 답사를 보낸다. 이어서 간단히 주최 측에서 마련한 프로그램에 따라 여러 가지 event가 펼쳐진다. 원양 중 함상 리셉션에서는 보통 사물놀이나 Navy band의 흥겨운 가락으로 흥을 돋우는 순서로 리셉션의 절정을 이룬다.

Party Manners

서구인은, 우리가 음식을 즐긴다던가 알고 있는 사람들 간의 친목을 도모하기 위한 것과 달리, 주로 모르는 사람과의 사교와 친목을 위한 목적으로 파티를 연다. 따라서 파티중 가능한 많은 사람과 얘기를 나누고 낯선 자에게도 자신을 소개하고 매너를 지키며 특히 복장을 잘 차려입는 것은 아주 중요시된다. 일반적으로 파티 중에 지켜야 할 예절은 다음과 같다.

- 목소리를 크지 않게 하여 다른 사람에게 방해를 주지 않는다.
- 여성과 대화할 때 담배는 양해를 얻은 후 피운다.

"Do you mind if I smoke?"(담배를 피워도 될까요?)

• 아는 사람들하고만 계속 얘기를 나누기보다는 주위의 참석자들과도 어울린다.
"Won't you join us?"(함께 얘기하고 싶은데요?)

• 잘 모르는 경우는 출신지나 이름을 물으며 자연스럽게 대화를 풀어나간다.
"Good evening. Where are you from?"

◎ 주요 파티 절차

Dinner party(만찬)

가장 격식을 차린 파티로서 초대받은 사람은 정시에 파티장에 도착해야 하며 복장도 반드시 넥타이를 착용한 정장 차림이어야 한다. 정식 만찬에서 주최측이 늦게 오는 손님을 배려해서 만찬 시작 시간을 연기하는 경우, 15분 정도가 그 한도이다. 그 이상 연기된다면 다른 손님이 너무 많이 기다리게 되기 때문이다. 부득이 뒤늦게 도착했을 때에는 여주인에게 "I'm very sorry to be late"(늦어서 죄송합니다)라고 사과를 한 후 자리에 앉는다. Dinner party는 식사가 주가 되며 처음에는 soup을, 식사 후에는 응접실로 돌아와서 후식으로 커피나 크림을 먹으며 담소를 즐긴다. 이러한 식후 모임은 한시간 정도 지속되는 것이 보통이다.

Cocktail party(칵테일 파티)

북미 지역에서 가장 흔한 격식을 덜 차린 파티로서 음식은 즉석에서 대접할 수 있는 것이 대부분이다. Cocktail party는 가능한 많은 사람과 얘기를 나누며 우의를 두텁게 하는 것이 목적이다. 따라서 서서 여러 사람과 번갈아 가며 얘기를 나누는 것이 보통이며, 의자가 있다고 하더라도 오래 앉아 있지 않는 것이 예의이다. 초청장을 보낼 경우 'Cocktail party' 대신 'Reception'으로 명기를 한다. 파티 시간은 저녁식사 이전 오후 5시부터 9시 사이에 행해지는데 참석자는 반드시 제 시간을 지키지 않아도 된다.

파티 도중 술을 잘 못하는 사람들에게 억지로 술을 권하는 것은 실례이다. 술을 마시지 않을 경우에는 상대방이 더 이상 권하지 않도록 정중히 거절하는 표현을 하는 것이 좋다.

• "I don't care for any, thanks."(고맙습니다만, 마실 생각이 없습니다.)

- "No, thank you. I don't drink."(고맙습니다만, 술을 마시지 않습니다.)
- "No more, thank you."(고맙습니다만, 더 이상 마시지 않겠습니다.)

Dance Party

Dance Party 에서는 "Dance"보다 "Ball"이 더욱 대규모의 공식적인 행사로 간주된다. 댄스 타임이 되면 남성은 자기 파트너는 물론 여주인, 주빈, 혹은 식사 때 옆자리에 앉았던 여성에게 댄스를 권유하는 것이 예의이다. 댄스를 권하고 이를 승낙하거나 거절하는 말도 사교 에티켓에 속한다. 댄스 권유 순서를 보자.

- 남성이 먼저 여성에게 댄스를 권한다.
  "May I have the pleasure of this dance?"
  "Would you like to dance?"
  "Want to dance?"(격식을 차리지 않은 표현)

- 여성은 댄스 권유에 응하거나 거절할 때 밝고 정중한 태도로 대꾸를 한다.
  "Certainly." "Yes, I'd like to very much."
  "Thank you, but I'd like to take a rest."
  "Not just now - I'm very tired. Like to sit with us?"

- 댄스가 끝나면 남성이 먼저 고마움을 표시하고 이에 여성도 답례를 보낸다.
  남성: "Thank you very much." "That was really wonderful."
  여성: "Thank you so much. I enjoyed it, too."
  "Thanks, it was fun." "That was great!"

Welcoming Party(환영 회식)

- Ladies and gentlemen, may I have your attention, please. The welcoming party will begin soon.
  여러분, 잠시 주목해 주십시오, 행사가 곧 시작되겠습니다.

- Thank you for coming to the welcoming party for CDR Kim.
  오늘 김 중령의 환영 회식에 참석하여 주셔서 감사합니다.

- Tonight's party will start with the Chief of the Division's remarks and a toast, and

it will be followed by dinner and another toast from CDR Kim.
오늘 환영 회식 순서는 처장님 말씀과 함께 축배 제의, 식사, 김중령의 축배 제의 순으로 진행되겠습니다.

- Please fill up your glasses.
  자, 다들 잔을 채워 주십시오.

- First, the Chief of the Division will make some welcoming remarks and will offer a toast. Please welcome him with a round of applause.
  먼저 처장님의 환영 말씀과 축배 제의가 있겠습니다. 따뜻한 박수로 환영해 주시기 바랍니다.

- Once again, I'd like to welcome him to our division and let's celebrate this moment by offering him a toast. For everyone's health and happiness within each one's family, and for the prosperity of our division as well! Cheers!
  김 중령의 전입을 다시 한 번 진심으로 축하하며 축배를 제의합니다. 여러분의 건강과 가정의 행복, 그리고 우리 처의 발전을 위하여!

- Bottoms up*, all hands! [바럼즈-업] : 총원 죽 들이켜요!

* Bottoms up : 바닥(Bottoms)이 위로 가게 마시는 것이니까 '단번에 마시다' 라는 의미

- One shot! : 한번에 마셔요!

- I propose a toast to our health! 건강을 위해서 건배를!

- To your health/friendship! 당신의 건강 / 우정을 위하여!

- Here's to our friendship! 우리의 우정을 위하여!

- To the sea, to the world! 바다로 세계로

- Please help yourselves and enjoy the meal.
  많이 드시기 바랍니다.

Leave-taking after a party(작별인사)

파티장을 떠나면서 손님(guest)은 항상 주인(host)에게 thanks를 표해야 하며, host는 guest가 참석해주어 고맙다거나 즐거운 시간을 보내게 되었다는 감사 인사를 한다.

- guest : "Thank you so much for the lovely evening, B.
  Frank and I had such a good time."
- host : "You're quite welcome, A. Thank you for coming.
  We'd been looking forward to seeing you for a long time."

작별인사는 부인에게 하는데 보통 세 가지 내용이 포함된다.

- 즐거운 시간을 보냈다는 말
- 초대해 주어서 감사하다는 말
- 알고 지내는 사람에게 안부를 전해달라는 말

작별인사를 해야 할 단계가 되면 북미인들은 종종 상대로부터 점차 멀어지면서 쌍방 시선 접촉도 줄어들게 된다.

A : It was nice meeting you.(1피트 간격을 두고)

B : Hope to see you again sometime.(6피트 간격을 두고)

A : Take care.(15피트 거리를 두고)

Thank-you notes after a party(파티참석 후 감사서신)

행사가 끝난 후 초대받은 자가 host에게 간단히 감사의 편지를 보내는 것이 예의이다. 이 편지에는 남편 이름을 본문에 넣되 수신인은 부인으로 하는 것이 일반적이다.

> Dear Juliet,
>
> Insoo and I would like to thank you and John for inviting us to your home for dinner. . . .
>
> (인수 씨와 저는 존 내외분께서 정찬에 초대해 주신 데 대해서 감사드립니다)

Speaking Exercise

⚓ Good night, it was really great. Give my best wishes to your father.
안녕하세요, 정말 멋진 파티였어요. 당신 아버지께도 부디 안부 전해주세요.

⚓ I enjoyed your company. I had a good time.
(함께해서) 즐거웠습니다.

⚓ Thank you for a very delightful time. I enjoyed myself so much. Say hello to your sister when you see her.
매우 즐거운 시간을 보내게 되어 감사합니다. 당신 언니를 만나면 안부전해 주세요

⚓ I hate to leave but I really must go now. Thank you for a perfect evening. Kind regards to your mom.
떠나기는 정말 섭섭합니다만 돌아가야 해요. 아주 멋진 밤이었습니다. 당신 어머니에게도 안부 전해주세요.

Leave-taking

Gift Exchange

선물 교환

Bringing Gift

선물은 가능한 상대방이 부담을 느끼지 않는 것이어야 한다. 보통 초대받아서 방문하게 될 때 음료나 wine이나 토속상품 정도를 가지고 가는 것이 적당하다. 때때로 방문 때는 무엇을 갖고 가는 것이 좋을지 미리 물어봐도 좋다.

A : Can you come for dinner Sunday?
(일요일 정찬에 올 수 있겠습니까?)

B : I'd love to. What can I bring?
(좋습니다. 무엇을 가지고 갈까요?)

A : Some white wine would be fine.
(백 포도주면 충분하겠습니다.)

B : OK. See you then.
(그때 봅시다.)

Giving Gifts

선물은 항상 겸손함과 감사한 마음으로 전달한다.

A : I have a little present for you. It's not much, but I hope you'll like it. This is a small token of our esteem and affection.
조그마한 선물입니다. 작지만 마음에 드시길 바래요 이는 저희들의 존경과 사랑을 나타내는 조그마한 표시예요.

B : Thank you, How nice of you! May I open it?
고맙습니다. 멋져요. 열어봐도 될까요?

A : Certainly. Please do.

물론이죠. 열어보세요.

B : Oh, this is just what I've wanted. Thank you very much.

야, 이것은 바로 제가 갖고 싶었던 것입니다. 고맙습니다.

A : You are welcome. It's my pleasure.

천만예요. 저도 기쁘군요.

Appreciation toward Gifts(감사표시)

선물을 받은 자는 보통 다음의 3가지 형태로 감사표시를 한다

- "감사하다"는 어구를 사용한다.
  "I really appreciate it."
- 선물 자체에 대해서 칭찬하고 아주 좋다는 표시를 한다:
  "Oh, thank you! It's beautiful! I don't have any cups like this. But you shouldn't have."
- 선물의 사용, 제작자 및 기원 등에 관해 물어 관심을 드러낸다.
  "Oh, thank you! I just love roses! Are they from your garden?"(꽃을 받은 후)
  "It's beautiful! Thank you very much. I've always wanted a picture from Mexico. Did you get it in Mexico city?"(사진을 받은 후)

잠깐!

'선물' 이라는 뜻의 'Present' 와 'Gift, Souvenir' 의 차이는?

Gift는 답례로서의 의미를 가지지도 않고 또한 답례를 바라지도 않으면서 주는 기념품(방문 기념 등)을 뜻하며, Present는 찬사나 호의의 표현으로 주어지는 정성이 담긴 물질적인 선물(생일, 졸업식, 크리스마스 등)을 뜻한다. Souvenir는 특별한 행사나 외국의 방문한 곳을 기념하기 위한 것으로써 선물이라기보다는 기념품이다.

(Merriam Webster's Dictionary of Synonyms, Webster's Third New International Dictionary)

특강 Practical English 학습전략

북미인들의 언어규범

북미인과의 사교모임이나 개별 대화에서 꼭 지켜야 할 언어규범이 있다. 이것을 제대로 지키지 못하면 아무리 영어회화 실력이 뛰어나더라도 대화에는 실패하기 십상이다. 그런데 문제는 말하는 사람이 실수를 해놓고도 정작 자신은 그것을 모르는 경우가 많다는 것이다. 왜 그럴까? 다른 문화 간에 일어나는 갖가지 대화패턴의 차이를 통하여 그 이유를 한번 살펴보자.

✻ "No gap no overlap"은 영어회화에 있어서 불문율이다 북미인들은 대화에서 말과 말 사이의 간격(침묵)이 아주 짧은 편이다. 그들은 단 3초간의 침묵에도 참지 못해 안절부절한다. 우리에게 침묵은 과묵하다거나 점잖은 사람에다 비유하는 것처럼 긍정적으로 인식이 되지만, 북미인들에게 침묵을 지킨다면 무엇을 모른다거나 부정적인 감정을 갖고 있어서 그렇다는 오해를 받기가 일쑤이다. 영어권에서는 가만히 듣고만 있는 자보다는 반대의견이라도 자신의 의견을 제시하고 대화에 참여하는 자를 더욱 선호하는 편이다.

✻ Small talk는 대화 중 약방감초이다 Small talk는 대수롭지 않은 이야기를 말한다. 말교대 중에 막상 "no gap no overlap"의 원칙을 따르기 위해 침묵을 피하려다가 보니 자동적으로 대수롭지 않은 화제를 끄집어내어 우리가 보기에도 시시콜콜한 얘기를 자주 나누게 되는 것이다. 한편 일상의 사교적인 대화는 협상이나 회의가 아니며 대화 그 자체로서도 의미가 있다는 점을 감안할 때 원활한 의사소통을 위해 small talk를 이끌어 나가는 방법을 제대로 익힐 필요가 있다고 보여진다.

✻ Negotiation of meaning(의미의 협상)을 잘할 줄 알아야 많은 청중 앞에서 말하는 것과 달리 일대일로 대화를 하게 되면 상대방에게 무슨 말이 잘못되었는지를 묻고, 말이 맞는지를 확인(confirm)하고 분명히 이해할 수 있게 하며(clarify), 대화 도중에 서로가 말을 수정해 나갈 수 있다. 이처럼 서로 대면해서 대화하는 face to face conversation은 상대방에게 의미를 전달하고 새로운

것을 익히는 데 아주 중요한 구실을 한다. 따라서 영어로 마주 보고 직접 대화하는 것이 말하기 기회를 최대한 부여해 주는 방법이 될 수 있을 것이다.

✲ **영어 회화에서는 Accuracy보다 Fluency(유창성)에 비중을 두어야** 정확하게 말을 하기보다는 상황에 적합한 말을 하는 것이 중요하다. 한국인은 영어를 쓰는 데 실수할까 봐 말을 꺼리는 경향이 있다. 그런데 정작 말은 말을 통해서 늘게 되는 것이고 실수를 해봐야만 자신이 고쳐야 할 부분이 무엇인지를 확실히 알게 되어 회화 능력이 느는데도 말이다. Fluency(유창성)는 부분적인 실수에 개의치 않고 실제 대화처럼 자연스런 말을 하도록 유도한다. Fluency(유창성)에 중점을 둠으로써 상황에 적합(appropriate)하게 말하도록 하고 전체적인 의미 파악과 메시지 전달을 가능하게 한다. 중요한 것은 실수를 겁내어 말하기를 꺼리기보다는 자신의 역량을 최대한 발휘해서 메시지를 전달하려는 자신감이라고 본다.

✲ **영어 회화에서는 Yes, No가 분명해야** 북미인은 상대의 의견에 동의하지 않을 경우 "No"라고 분명히 밝히는 반면, 동양인은 자신의 생각과 느낌을 명확하게 표현하는 것을 꺼린다. 동양인은 주위 분위기를 대화에 많이 고려하기 때문이다. 아울러 동양인이 논쟁을 꺼리는 이유는 집단 내에서의 화해와 조화를 유지하려는 동양 문화적 특성에서 살펴볼 수 있다. 굳이 상대방의 의도를 어기면서까지 "NO"라고 하기보다는 모호하게 상황을 이끌어 나가는 편이 동양 문화에서는 더욱 정중한 태도로 여겨지기도 한다. 또한 북미인은 화자 중심의 말을 하지만 동양인은 듣는 사람을 중심으로 해서 말을 하는 성향이 있다. 논쟁을 싫어하고 집단 구성원 간의 조화를 중시하는 동양인의 특성 또한 이와 같은 청자 중심의 조심스런 발화 패턴을 형성하는 데 영향을 미친 것으로 볼 수 있다.

✲ **복잡한 표현보다 간결 명료한 영어표현이 더 좋아** 북미인은 분명하고 간결하게 제안하는 것을 일상의 규범으로 삼고 있다. 예를 들어서 Fast food점에서 음식을 주문할 때 "여기서 드실 겁니까, 혹은 가지고 가실 겁니까?" 라는 질문을 점원으로부터 꼭 받게 되는데 이때의 질문은 단지 "For here or to go?"이다. 질문에 대한 답으로서는 "For here."이라든지 "To go, please" 정도면 충분하다. 이 얼마나 간단한 표현인가?

물건값을 현금으로 지불할 때는 "I'll pay in cash"라고 하고 카드로 지불할 때는 “Charge, please.”라고 하면 된다. 수표로 지불할 경우에는 “I'm going to use a check”이라고 한다. 그러나 어느 상점이건 간에 점원이 묻는 말은 “Cash or charge?”나 “Cash or credit card?” 정도이다. 이어서 점원(cashier)은 “Paper or plastic?”이라고 묻는다. 곧 종이 봉투를 사용할 것인지 혹은 비닐 봉지를 사용할 것인지를 묻는 말이다. 이때 둘 중 하나를 선택하여 “Paper, please.”라고 간단히 대답하면 될 것이다.

✻ **대화 중 북미인들에게 피해야 할 질문** 보통 영미인들은 인종(race), 종교(religion), 정치(politics)에 관계되는 질문은 특별히 잘 아는 사이가 아니고서는 하지 않는다. 이같은 주제를 두고서 자기 자신의 견해를 주장하다 보면 상대방의 마음을 상하게 하거나 대화를 망치기가 일쑤이기 때문이다.

또한 영미인들은 사적인 일, 즉 자신의 봉급액수, 나이, 몸무게, 계급이나 인종적인 이슈나 특정 물건의 가격 등에 관해서는 직접적으로 얘기하기를 꺼린다. 예를 들어 영미인과의 대화 시 다음의 질문은 삼가하는 것이 바람직하다.

What's your religion? Are you a Democrat or Republican?
How much money do you make? How old are you?
Why are you single? Why don't you have a child?

잠깐! **영미권의 일상생활에서 항상 중요하게 취급되는 몇 가지 행동규범을 살펴보자.**

- 길에서 다른 사람과 부딪히거나 진로를 방해했을 때는 반드시 “Excuse me”나 “I am sorry”라는 사과를 한다.
- 두 사람이 한꺼번에 통과하지 못할 때에는 상대에게 “Go ahead”라고 말하며 양보한다.
- 문을 열고 통과 후에는 손잡이를 잡아주어 뒤에 오는 사람이 쉽게 들어올 수 있도록 문을 열어 준다.
- 낯선 사람에게도 눈이 마주치거나 1:1로 마주치면 가볍게 인사를 한다.
- 아무리 화가 나더라도 bad language는 대부분의 사람들에게 반감을 불러 일으키므로 피한다.

Naval Leadership
해군의 리더십

11

계급이 높아짐에 따라 장교의 권한과 책임도 커지게 되며 리더십에 대해서 더욱 신경을 써야 한다. 해군장교는 함정생활의 특수성을 감안한 리더십을 발휘하기 위해 지속적인 수양으로 폭넓은 안목(wide perspective)을 갖추어야 한다. 이 장에서는 장차 지휘관으로서의 인격형성에 보탬이 될 수 있도록 Naval Leadership(1987)과 여러 문헌을 참조하여 관련내용을 요약 정리하였다. 실무생활을 통해 터득한 리더십에 근거하여 loyalty, tact, example, discipline 등 핵심어의 개념을 파악하고 이에 따른 영문 표현법을 익힐 수 있도록 해보자.

해군장교 동정복의 금선(Sleeve line)

Principles of Leadership

리더십 원칙

To lead, you must first be able to follow; for without followers, there can be no leader.
- Navy saying -

discipline, example, giving orders, loyalty, modest, moral principle, obedience, professional ethics, reprimand, supervision, tact, virtue

옛말에 "There are no bad troops; There are only bad leaders"라는 말이 있다. 이 말은 지휘관의 역할이 얼마나 중요한지를 단적으로 나타내고 있다. 하지만 사람들은 value (가치관), belief(신념), world view(세계관) 등이 모두 다르며, 각자 자신의 경험과 지식에 따라서 우리는 사물을 서로 다르게 보기 때문에 이들을 일률적으로 통솔하기는 쉽지 않다. 따라서 여러 선각자들의 폭넓은 경험을 접해 보면서 장차 지향해야 할 보편적인 value를 끊임없이 찾아가야만 되리라고 본다.

본래 리더십은 "the art of influencing people to progress toward the accomplishment of a specific goal"로서 특별한 목표를 달성하기 위해 다른 사람에게 영향을 미치는 기술로 정의된다. 이와 같은 리더십은 다음과 같은 요건과 원칙에 의해 행해진다.

Leadership의 요건

리더는 "만들어지거나 타고나는 것이 아니라 "키워진다(trained)"고 하듯이 해군의 지도자가 되기 위해서도 끊임없는 수련을 통해 다음의 3가지 요건을 갖추어야 할 것이다.

1 **Moral principle**(도덕성)

- The key to leadership is the emphasis you place on personal moral responsibility.
- When we speak of moral principles, we think of honesty, integrity(고결한 성품), and loyalty(충성심).

사람들이 상대의 말에 귀를 기울이는 것은 그 말이 반드시 진실이기 때문만이 아니라, 그 화자를 존중하기 때문이 아닐까?

2 **Personal example**(모범)

- Lead your workers; don't drive them.
- Effective leaders have many different leadership traits, such as know-how, sincerity, and courage.

진정한 지휘관은 말을 앞세우기보다는 행동으로 보여 주며 몇몇 상급자에게 영향을 주기보다는 주위에 있는 모든 사람에게 영향을 주는 사람이 아닐까?

3 **Administrative ability**(행정능력)

- Administrative ability include the ability to organize, manage, and work with others.
- Learn to apply a personal touch in dealing with each of your workers.

행정능력은 일을 조직 관리하고 다른 사람과 함께 일하는 능력이다.

✣ "High" speed, low drag"은 아주 강한 행동가인 hot runner(or high performer)를 의미하거나, 자기 일만하고 주위의 다른 사람은 배려하지 않는 자, 혹은 쉬운 일이나 대부분 허용된 일을 의미하는 말이다.

Principles of Naval Leadership(해군 지휘의 원칙)

해군 지휘관으로서 지켜야 할 원칙과 이와 연관된 선각자들의 의견을 종합하면 다음과 같다.

1 Know yourself and seek self-improvement.

자신을 알고 자기 발전을 꾀한다.

2 Be technically and tactically proficient.

기술과 전략이 뛰어나야 한다.

"A leader is one who sees more than others see, who sees farther than others see,

Operation briefing

and who sees before others do." -Leroy Eims

3 Know your followers and look out for their welfare.

부하를 알고 그들의 복지를 돌본다.

"The proof of leadership is found in the followers." -J. Maxwell

4 Keep your followers informed.

부하에게 일이 진행되는 것을 알려준다.

5 Set the example.

모범을 보인다.

6 Insure the task is understood, supervised and accomplished.

업무를 이해하고 감독하며 성취하고 있는지를 확실히 한다.

7 Train your unit as a team.

부대를 하나의 팀으로 훈련시킨다.

"The very essence of all power to influence lies in getting the other person to participate." -Harry A. Overstreet

8 Make sound and timely decisions.

건전하고 시의 적절한 결정을 내린다

"A leader is the one who climbs the tallest tree, surveys the entire situation, and yells, 'Wrong jungle!'" - Stephen Covey

9 Develop a sense of responsibility among your subordinates.

부하들 스스로가 책임감을 갖도록 개발시킨다.

10 Employ your command in accordance with its capabilities.

자신의 능력에 부응하는 지휘권 행사를 한다.

11 Seek responsibility and take responsibility for your action.

책임질 일을 모색하고 자신의 행위에 대한 책임을 진다. (실제 leadership이 커질수록 책임은 증가하고 권한은 줄어든다.)

A Leader's Virtue

지휘관의 덕목

6가지 지휘관의 덕목

스포츠에서 coach가 경기의 승리를 위해서 좋은 선수를 필요로 하듯이, 조직(organization)은 성공을 위해서 일단의 훌륭한 지휘관을 필요로 한다. 다음의 여섯 가지 덕목은 지휘관이 과연 어떻게 사고하고 행동해야 하는가를 잘 말해주고 있다. 이러한 덕목은 여타의 성현들이 남긴 메시지와도 일맥 상통한다.

1 **Loyalty to country**

✣ loyalty : a true, willing, and unfailing devotion.

공적인 일에는 충성을 다해야 한다. 지휘관은 자신이 부하에게 베풀면 그만큼 부하로부터 충성을 받는다.

2 **Courage**

용기는 반대나 어려움, 역경에 굴복하려는 유혹에 맞서는 마음 자세이다. 용기를 갖기 위해서는 상황을 잘 파악하고, 모르는 것을 최소화해야 한다. "Our greatest fear is of the unknown.(우리가 가장 두려워 하는 것은 모르는 것에 대한 것이다.)"

3 **Tact**

✣ tact : a quick or intuitive appreciation of what is fit. "역지사지"("putting of one's self in the other person's place")의 자세로 다른 사람의 생각을 잘 알고 있어야 한다.

"You can't move(감동시키다) people to action unless you first move them with emotion. The heart comes before the head." "To lead yourself, use your head(이성) ; to lead others, use your heart(감성)." - J. Maxwell

④ **Self-control**

규범을 준수하고 어떤 위기상황(emergency)에서도 냉철함을 잃지 말아야 한다.

⑤ **Modesty**

긍지를 가지지만 '나'보다는 '우리'를 앞세우고 다른 사람을 배려하는 정신을 말한다.

"The greatest things happen only when you give others the credit."

"When you become a leader, you lose the right to think about yourself."

- Gerald Brooks

⑥ **Example**

우리는 다른 사람의 행위를 통하여 배우게 되므로 항상 모범을 보여야 한다.

"Leadership means setting an example. When you find yourself in a position of leadership, people follow your every move." - Lee Iacocca

Leadership Competence(지휘능력)

해군 지휘관이 갖추어야 할 소양이나 능력으로서 우리에게 지침이 될 수 있는 사항을 살펴보자.

① **Communication**(의사소통 능력)

Effective communication occurs when others understand exactly what you are trying to tell them and when you understand exactly what they are trying to tell you(표현 및 이해능력이 중요).

② **Supervision**(감독)

You must control, direct, evaluate, coordinate, and plan the efforts of subordinates so that you can ensure the task is accomplished.

③ **Teaching and counselling**(교육 및 상담)

Teaching your sailor is the only way you can truly prepare them to succeed and survive in combat. Personal counseling should adopt a problem-solving, rather than an advising, approach.

④ **Team development**(협조심 함양)

You must create strong bonds between you and your sailors so that your command functions as a team. Since combat is a team activity, cohesive teams* are a requirement for victory.

* 응집력이 있는 성공적인 계획을 막는 요인으로는 변화에 대한 두려움, 무지, 미래에 대한 불확실성, 상상력의 부족 등을 들 수 있을 것이다.

⑤ **Technical and tactical proficiency**(전문지식과 기술)

You must know your job. You must be able train your sailors, maintain and employ your equipment, and provide combat power to help win battles.

⑥ **Decision making**(합리적인 판단)

Decision-making refers to skills you need to make choices and solve problems. Your goal is to make high-quality decisions your sailors accept and execute quickly.

⑦ **Planning**(목적에 적합한 계획수립)

Planning is intended to support a course of action so that an organization can meet an objective.

⑧ **Use of available systems**(가능자원 활용능력)

You must use every available system or technique that will benefit the planning, execution, and assessment of training.

⑨ **Professional ethics**(소속부대에 대한 직업 윤리)

Military ethics includes loyalty to the nation, the Navy, and your unit; duty; selfless service; and integrity. As a leader, you must learn to be sensitive to the ethical elements of the situation you face, as well as to your orders, plans, and politics.

(from *Navy Leader Planning Guide*, 1996)

Toward Followers(부하를 다스리는 원칙과 부하로서의 자세)

Frederick 대제는 "지휘관은 그의 부하들에게 친절해야 한다. 행진 도중에 부하들과 얘기를 나누고 식사 준비하는 것을 지켜보며, 복지 혜택은 제대로 받고 있는지 파악하고, 부하들이 필요로 하는 것은 속히 마련해 주어야 한다"고 했다. 지휘관으로서의 임무는 단순히 군림하는 것이 아니라 부하에 대한 배려와 막중한 책임에 있는 것임을 단적으로 드러내 주는 말이다. 부대를 원만하게 다스리기 위해 지휘관이 지켜야 할 원칙은 다음과 같다.

- Never do yourself any job that has been assigned to any officer or enlisted men in your organization so long as he is doing it to your satisfaction.
  조직 구성원이 맡아서 잘하고 있는 일들을 스스로가 나서서 하지 않는다.

- Clearly explain the duties and the responsibilities of each man in your organization.
  조직 내의 각 개인의 책임과 임무를 분명히 설명해 준다.

- Provide him with an opportunity to learn.
  교육 기회를 부여해준다.

- Train your men to the very top limit of their operating capabilities.
  부하의 능력을 최대한 발휘할 수 있도록 교육한다.

- Provide your men with the opportunity to make suggestions.
  부하가 제안할 수 있는 기회를 준다.

※ "Benny sugg"은 이득이 가는 제안 프로그램(beneficial suggestion program)을 말한다.

(from *Naval Leadership*)

한편, 해군장교는 리더십을 갖추어야 할 뿐만 아니라 누구나 상급자를 모시고 있기 때문에 동시에 훌륭한 부하가 되어야만 한다. 좋은 부하로서 갖추어야 할 자질을 살펴보자.

- Loyalty–Always be loyal to the personnel above you in the chain of command, whether or not you agree with them.
- Initiative–Do what must be done without waiting to be told. Showing initiative demonstrates your ability to be a leader.
- Dependability–Be dependable. The person in charge must have help in carrying

사관생도의 근무교대식(Change of Command)

out the mission. Dependable followers increase the efficiency of the leader and the command.

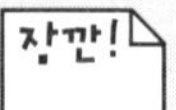

★ **Command와 Order의 차이는?**

'Command'는 '수명자의 어떤 재량이나 편의도 허용되지 않는 명령'이며, 'Order'는 임무를 완수하기 위해 지시하는 것'이다.

★ **Discipline(군기)과 Teaching의 차이는?**

Discipline은 원래 라틴어로서 "가르친다"(to teach)는 뜻이지만 개인의 특성과 능률성을 개발하거나 그러한 교육을 통해 나타난 결과를 말한다. 따라서 올바른 의미의 discipline은 개성을 살리는 것이지 말살하는 것이 아니다. 해군에서는 discipline을 세우기 위해서 신상필벌(reward and punishment) 통해 동기부여를 하고 자기 개발을 할 수 있도록 한다.

Giving Orders(명령 하달과 수명태도)

명령은 간략하고 명확하며 완전해야 하며 모두가 이해했는지도 확인해 보아야 한다. 좋은 명령의 구비조건을 살펴보자.

- What is to be done.
- When to do it.
- How to do it.
- Why it must be done.

위의 구비조건은 명령에는 무엇이, 언제, 어떻게, 왜 그렇게 해야 하는 것인지를 명시적으로 포함해야 한다는 의미이다.

한편, 함정의 특수한 여건을 감안, 해군에서는 상관의 명령에 대해 즉각적이고 합리적으로 이행(Obedience)을 해야 한다.

- Immediate Obedience

  지시나 명령에 대해서는 의문을 달지 않고 자동적으로 반응(automatic response)을 한다. 이는 신속하고 정확하게 지시나 명령에 따르는 것을 말한다. 군에서 '총명' 한 사람은 어떤 일을 할 시기와 방법을 재빨리 가려낼 수 있는 자를 의미한다고 볼 수 있다.

  "The secret of success in life is for a man to be ready for his time when it comes"

  - Benjamin Disraeli

- Reasoned Obedience

  이 말은 명령에 대해 적합하게 반응(proper response)을 하고 명령을 수행하는 데 있어서 자신의 판단력을 사용하는 것을 의미한다.

Praise and Reprimand(칭찬과 질책)

칭찬과 질책에 관한 한 상급자는 다음의 두 가지 원칙을 지키는 것이 통솔에 아주 효과적이다.

- Praise in public : 부하들은 노력을 공공연히 인정받을 때 더욱 일을 잘한다.
- Reprimand in private : 무엇이 잘못되었고 왜 잘못되었는지를 개인적으로 설명해

주고 어떻게 수정해 나갈지를 얘기해 준다.

이렇게 볼 때, 칭찬은 공공연히, 질책은 개별적으로 하는 것이 좋다. 그런데 현실적으로는 어떠한가? 혹 칭찬에 인색하고 잘못한 것을 나무라는 풍조에 익숙해 있지는 않은지를 한번 돌이켜 볼 일이다.

잠깐!

칭찬과 관련하여 지켜야 할 규범은 어떠한가?

북미인은 칭찬을 자주 하는 편이며 칭찬에 익숙해 있다. 칭찬은 대화자 상호 간에 신뢰감을 조성하고 우호적인 관계를 유지시킬 뿐만 아니라 대화를 활성화하는 효과를 지닌다.

- 칭찬은 보통 상급자가 하급자에게 하는 경우가 많으며 하급자가 상급자에 대해 칭찬을 할 때에는 간접적이거나 조심스럽게 한다.
- 칭찬은 너무 자주 하면 말의 진의를 떨어뜨리거나 아첨한다는 인상을 줄 우려가 있다. 해양 소설가인 Joseph Conrad도 "배를 최고로 칭찬한 표현은 배의 이름을 부르면서 단지 '괜찮은데' 하는 것이다. '훌륭해', '놀라워', '굉장한데'가 아니라 단지 '그럭 저럭 잘 만들었군' 정도로써 칭찬을 한다"고 말한 바 있다.
- 칭찬은 구체적으로 해야 한다. 막연한 칭찬은 누구에게나 보내는 인사치레로 받아들여질 수 있다. "He is a good person"보다는 그의 어떠한 행위가 무엇 때문에 인상 깊었는지를 구체적으로 말하는 것이 필요하다.
- 칭찬 어구로서는 'good', 'wonderful', 'lovely', 'pretty', 'beautiful' 등이 가장 자주 쓰인다.

"You did good job." "Good job." "That's great!"
"This is much better than I expected."
"You've been a great help."

훌륭한 함 승조원의 행위

해군을 대표하는 함승조원의 자세는 그들의 외모와 행위에서 잘 드러난다. 긍지를 지닌 승조원은 다음과 같은 자질을 보인다:

- Acts in a military and seaman-like manner.
- Puts the good of the ship and the Navy before personal likes and dislikes. Obeys the rules of military courtesy and etiquette as well as the rules of military law.
- Demonstrates loyalty, self-control, honesty, and truthfulness.
- Knows what to do in an emergency and how to do it with the least waste of time and with minimum confusion.

앞에서 반복적으로 나타낸 바와 같이 훌륭한 리더는 질적인 업무수행 능력과 덕목을 갖추고 부하들의 복리 증진을 위해 지속적으로 애쓰는 자임을 알 수 있다.

Speaking Exercise

⚓ What would you say is more important, training or education?
당신은 수련과 교육 중 어느 것이 더 중요하다고 생각합니까?

⚓ As the commander, what kind of actions are you taking to improve the welfare of the troops?
지휘관인 당신은 장병의 복지를 위해서 어떠한 조치를 하고 있습니까?

⚓ How would you increase morale?
군의 사기는 어떻게 올릴 수 있다고 생각하십니까?

⚓ What virtues must a commander have?
지휘관으로서 갖추어야할 덕목은 어떠해야 된다고 생각합니까?

⚓ What are the things to keep in mind and obey while giving orders?
명령을 하달할 때 지켜야 할 사항은 무엇입니까?

⚓ Where would you say competent leadership comes from?
지휘능력은 어디에서 나온다고 생각합니까?

특강 Practical English 학습전략

표현 중심의 학습 전략

혹자는 대한민국에 살면서 '왜 이렇게 영어와 씨름해야 하는가?' 하고 반문하겠지만 국제화 시대 무한경쟁에 대비해서 영어능력을 쌓기 위한 투자는 불가피한 선택으로 보인다. 문제는 바쁜 하루 일과 중 극히 제한된 시간 동안만 영어공부를 할 수밖에 없는 외국어 학습환경(EFL environment)에서 어떻게 알찬 영어 실력을 갖출 것인가에 있다. 목적 달성을 위해서는 방향을 잘 설정해야 하므로 우선은 그동안 우리가 답습해온 영어 학습법에 대한 반성과 궤도 수정에 박차를 가해야 할 것이다.

전통적으로 우리는 영어공부를 위해 문법 분석과 번역을 주로 하는 Grammar-Translation Method에 의존해왔다. 이 방법은 19세기까지 당시 세계어이면서도 사어(dead language)가 되어 버린 Latin어를 가르치던 방식을 따른 것으로, 언어의 실제 사용(use)은 감안하지 않은 것이다. 이로 인해 유학생들의 영문법 성적은 영어 원어민보다 높게 나오면서도 실제 의사소통 능력은 원어민에 훨씬 못 미치는 결과를 낳고 있다. 또한 말은 실제 말하는 과정에서 자연스럽게 습득되는데도 불구하고 우리는 앵무새처럼 기계적으로 따라하는 청화형 방식(Audio-lingual Method)을 주로 사용해왔다. 이와 같은 방법에 의존하다 보니 10년 이상 영어 공부에 매진했음에도 불구하고 실제 외국인을 만나서는 입이 잘 안 떨어지고 대화에 자신을 갖지 못하게 된 것이다.

한국인 영어의 취약점은 TOEFL 성적에서도 잘 드러난다. 한국인의 TOEFL 성적은 지난 10년간 지속적으로 성장해 세계에서 중위권으로 진입했지만, 최근 말하기 영역이 추가되면서 이 성적순위는 다시금 하위권으로 밀려났다. 이러한 결과는 한국인들이 말하기 능력을 높이기 위해 더욱 많은 노력을 경주해야 한다는 점을 말해 주고 있다. 다시 말해 지난날 우리가 강조해온 읽거나 들으면서 이해(comprehension)하는 능력 외에, 말하고 쓸 수 있는 표현(production) 능력이 더욱 크게 요구된다는 것이다. 실제 영어 능력은 4기능

(듣기, 읽기, 말하기, 쓰기)을 총망라한 것으로서, 이해 능력뿐만 아니라 표현 능력까지 갖추는 것을 말한다. 앞에서 언급한 '국가영어능력 시험'도 그동안 우리가 다루지 않았던 말하기와 쓰기를 추가하여 영어의 4기능을 통합적으로 측정하는 데 중점을 둔다. 아시아권에서 영어를 가장 잘하는 인도나 싱가포르, 필리핀에서도 현재 말하기와 쓰기를 포함하는 통합적 교육을 하고 있음은 주지의 사실이다.

우리의 영어 능력 향상을 위한 대안(alternatives)도 우리가 취약한 표현 능력을 보강할 수 있는 통합적 방식에서 찾을 수 있다. 영어의 각 기능들을 통합해서 익히면 굳이 외국에 가지 않더라도 실제적인 영어 능력을 키울 수 있다. 얼마 전 통역요원으로 선발된 5명 중에서 2명은 해외 체류 경험이 없는 순수 국내파였다. 이들은 강한 학습동기로 말하기에 중점을 두고 학습하여 발군의 유창성(fluency)을 갖추게 된 것이다. 이와 같이 마음먹기에 따라 현 우리의 여건에서도 영어 표현 능력 향상을 위해 실행 가능한 방법은 얼마든지 있다.

✻ **우선, 영어를 체면에 구애받지 말고 자신감 있게 의사표현을 하자** 월남전에 참전한 한 미군이 베트남어를 능숙하게 구사하자 종군 기자가 그에게 따로 베트남어 공부를 했는지 물었다. 그는 "그냥 되는 대로 막 말하다 보니 유창해지더라고요. 내가 만약 불어로 말하다 실수하면 사람들이 비웃겠지만 베트남어를 틀린다고 뭐라고 할 사람은 아무도 없거든요"라고 대답했단다. 한편, 한국의 초등학생들은 생소한 영어를 대하면서도 실수를 아랑곳하지 않고 말하려고 하는데, 학년에 올라갈수록 말수가 적어지고, 대학생이 되면 알고 있는 영어도 잘 말하지 않는다. 혹자는 나중에 자신감이 생기면 말을 하겠다고 하지만, 자신감이라는 것도 실수를 거듭하면서 커 가는 것이 아닐까? 굳이 체면 때문에 상대에게 직접 말하기가 꺼려진다면 영어를 잘못 말해도 부담이 없을 아이들이나 심지어는 동물에게도 말을 건네며 회화연습을 해보자. 이도 저도 부끄러우면 차라리 벽을 보고 연습해도 좋다. 'Friends', 'Lost'나 'Prison Break' 등의 인기 시트콤을 보면서 한 사람의 배역을 맡아 따라해 보자. 영어 말하기에 필수적인 문화 차이와 대화기술까지 함께 익힐 수 있을 것이다.

✻ **다음으로 영어일기나 메일 등을 통한 글쓰기를 습관화하자** 학교에서 영작문 과목을 충분히 다루지 않고, 생활 속에서도 영어작문 기회가 그리 많지 않은 현실에서 통합적인 영어능력 보강을 위해서는 개인별 쓰기 활동이 절실히 요구된

다. 개별 쓰기 활동은 영어일기나 메일 등을 일컫는데, 이들은 일상생활 속에서 영작문 연습을 손쉽게 할 수 있게 해준다. 영어일기는 문법이나 내용에 구애받지 않고 자연스럽게 써나가면 된다. 어떤 글을 읽고 독후감을 쓰거나 자신이 지금까지 영어를 습득했던 과정을 기록하는 것도 의미 있는 영작문 연습이 된다. 인터넷을 활용하여 쓰기 연습을 하는 것도 효과적이다. 한 학생은 인터넷 영어 학습 까페를 운영하며 영작문을 게시하고 메일을 2년 정도 썼더니 놀랍게도 영어가 입에서 술술 나오더라고 한다. 쓰기와 말하기 기능이 연계되어 나타난 이러한 결과와도 같이 영어의 각 기능을 통합하여 사용하면 의사소통 능력 향상에 많은 효과를 볼 수 있다.

요약하여 통합적인 영어 능력을 향상하기 위해서는 영어를 공부로 대하기보다는 생활 속에서 흥미 있는 일과로 폭넓게 접하는 것이 효과적이다. 우리도 전통적인 학습 방식에 얽매이지 말고 의사소통을 목표로 하는 영어능력 향상을 위해 작은 변화를 시도해 보도록 하자. 표현 기능에 더욱 강조를 두어 영어의 4기능을 골고루 갖추려고 하는 이와 같은 시도는 실무 의사소통 능력 향상을 위해 큰 결실을 맺게 해줄 것이다.

Navy Terminologies
상용 해군 용어

I. 해군 특수 용어 (알파벳순)

◉ 용어 선택 기준 : 현재에도 자주 사용되는 Navy Jargon, 해군의 전통과 관습을 내포하는 용어, 언어의 다양한 기원이나 유래가 담긴 용어

II. 해군 무기체계와 작전 용어 (각 주제별 알파벳순)

- 함정 영문 명칭
- 잠수함 관련 빈출 용어
- 함 제원 표시 용어
- 무기체계 관련 빈출 용어
- 국방백서 빈출 두문자어
- 영문 직책명칭
- 함 준비태세 및 검열 명칭
- 작전/훈련 명칭
- 해군작전 관련 용어
- FAC 통제 구문
- 보고서/전보 약어

I. 해군 특수 용어 (Navy Special Terms, Navy Jargon, A-Z)

A

Abaft : 배의 후반부로. "Aft of"라는 말은 쓰지 않는다.

Abeam : 정우현(정좌현)으로.

Aboard : 배 위에 있거나 안에 있다는 뜻. 'close aboard'는 '배에 가까이 있다'는 뜻. 'board'는 사람이 타고 있다는 뜻.

Abreast : 나란히, 병행해서.

Accommodation ladder : 현문사다리. 함정의 현문으로부터 흘수선까지의 이동식 층층 사다리.

Admiral : 아라비아어 Amir-al-Bahr('해상 지휘관'이라는 뜻)에서 유래된 해군 계급용어. 준장에서 원수까지 다섯 등급의 admiral이 있으며 '제독'으로 부른다.

Adrift : 표류해서, 매어 놓지 않은, 안정되지 않은.

Advance : 키를 돌릴 때와 배가 새로운 침로로 바뀌는 사이 앞으로 전진하는 것.

Aft : 함정의 안, 가까이, 함미(stern) 방향. "Move aft immediately."

Afternoon watch : 1200~1600시 사이의 당직.

Aground : 좌초된 부분. 얕은 갯바닥에 얹힘.

Ahoy : 주의 끄는 큰 소리. 이봐! "Ahoy! ship. (이봐, 그 배.)"

Air Wing : 함정에 탑재한 항공기의 조종사나 항공요원.

Airdale, airdale : 해군 항공조종사, 항공단의 일원. 별칭은 "Brownshoe."

Alee : 바람 부는 쪽으로.

Alert : 명령권자가 해상 단위부대 지휘관에게 실제 상황이 절박함을 알릴 때의 통신 용어.

All hands : 배의 전 승조원. "All hands must assemble at 1500(총원 15시에 집합.)"

All standing : 갑작스럽거나 예기치 않게 멈추게 하기.

Aloft : 함정의 최상부의 견고한 구조물 위, 상부층.
Alongside : 옆으로 대어, 부두나 함정의 옆 부분.
Amidships (or midships) : 함정의 중앙부, 용골의 선을 따른 부분.
Ammo : 탄약(ammunition) "The greatest limitation is ammo(가장 큰 제약은 탄약임.)"
Anchor cable : 닻과 배를 연결시켜 주는 선, 줄, 체인.
Anchor clanker : 갑판부 승조원, 보통의 선원.
Anchor watch : 투묘 시 닻 당직자.
Anchorage : 투묘지.
Anchoring : 묘박. 선박이 일정 해역에 닻을 내려 정지하는 것.
Angled deck : 최신 항모의 착륙 지역으로서 안전한 볼터를 위해 함 중앙에서 우현으로 10도 치우쳐 있는 갑판.
Angles and dangles : 잠수함의 급격한 상승과 하강 그리고 빠른 회전운동.
Armament : 장비, 병기.
Arresting Gear : 함정이나 육상에 항공기를 신속히 착륙하게 하는 기계장치.
ASAP : 가능한 한 빨리(as soon as possible). 보통 "A-sap"으로 발음.
Ashcan : 원통 모양의 폭뢰.
Ashore : 뭍가로, 뭍으로.
Astern : 함미 쪽으로. 사물이나 다른 함정 후미에 있는 함정. "Go Astern! (후진!)"
Athwart : 좌우로, 옆으로. 가(side)에서 가로 달리기.
AUX : 'ox'로 발음. 'auxiliary'의 약음.
Auxiliary : 보조함(수송선, 보급선, 기뢰 부설선과 같이 직접적인 전투를 목적으로 하지 않는 함정)
Avast : 서다. 중지하라는 명령.
Awash : 해수면의 수준.
Aweigh: 배가 닻을 올렸을 때, 닻이 해저면과 더 이상 접촉하지 않는 순간 "aweigh"라고 한다.
AWOL : Absent Without Leave의 준말. 적법한 휴가절차를 밟지 않은 채 부대에서 이탈하는 행위. 탈영.
Aye, aye, sir : 지휘관이나 상관의 명령을 받아서 따를 때 답변하는 용어. 의미로는 "명령을 듣고 이해했으며 그것을 수행하겠습니다."라는 뜻이다.

B

Back up : 잡는 것을 도와주다. 지원하다. "The division officer backed up his juniors."

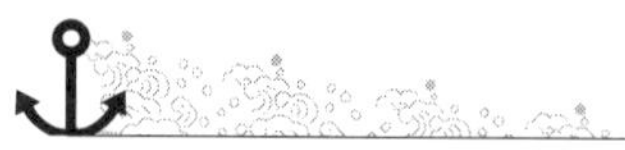

Ballast Tank : 해수가 자유로이 출입하고 흘수에 의하여 직접 수압을 받지 않는 탱크.

Balls to the wall : 최대 속력.

Barge : (함대사령관의) 전용 보트. 장성급 장교의 배. 자체 추진력이 없는 화물 운송에 사용되는 작은 배.

Barnacles : 만각류(굴, 조개삿갓 따위). 배나 다른 해상구조물의 바닥에 붙는다.

Barrack Stanchion : 육상근무를 오래한 사람을 지칭. 드물게 항해를 하는 선원.

Batten down : 해치 누름 대를 대고 밀폐를 시키다.

Battle cover : 현창이나 현측에 덮 입힌 강철.

Battle lantern : 비상시에 사용하는 건전지형 전등.

Bea : 특별한 위치에 놓여 있다. 즉, 방위가 얼마이다.

Beam : 배의 최대폭, 들보.

Beam ends : 도와주라는 명령.

Bear a hand : 도움을 주다.

Bearing : 기준점에서 시계 방향으로 측정한 물표의 방향, 방위.

Bearing Drift : 위급한 상황에서 함정이 왼쪽 혹은 오른쪽으로 즉각적인 이동하는 것.

Belay : (홋줄 걸이에) 홋줄을 감아 매다.

Belay : 멈추다. 빠르게 하다. 취소하다(Belay my last).

Bells : 항해 중인 배에서 시간을 나타내는 것으로 각각의 bell은 30분을 의미하고, 쌍으로 울린다. 또한 기관실에 내리는 속력 명령을 의미한다.

Berth : (고급 선원의) 선실, 배의 정박지.

Big league : 가장 중요한. "Committing the entire force made this a big league."

Big picture : 전체적 상황. "After the briefing, he could see the a big picture more closely."

Bight : 홋줄의 중간 부분.

Bilge: 함정의 선체의 최하단, 시험에 떨어지다.

Billet : 함정 조직에서 항해사의 위치. 업무 분담.

Binnacle : 나침의 함.

Binnacle list : 신체 이상으로 당직에서 열외하는 자의 명단. 환자.

Bird : 함장(미 해군/해안경비대) 또는 미군 대령(은색 독수리, 0-6호봉). 육상의 미사일.

Bird Farm : 항공모함.

Bitter end : (홋줄, 닻줄) 등의 배 안쪽 끝 부분.

Black shoe : 수상함 또는 잠수함 요원을 지칭. 얼마 전까지 검정색 신발만이 함정에서 허용되다가 최근에는 갈색 신발도 착용할 수 있게 되었다.

Block : 용골대.

Blow(blow up) : 폭파시키다. "You can blow up the bridge after 1700."

Blowdown : 청소나 환기 과정. 보일러의 안쪽을 청소하는 과정.

Blue forces : War game에서 우군을 말함.

Blue jacket : CPO 계급 이하의 해군사병.

Blue-Shirt : 항공대 갑판장 혹은 덩거리 복장을 입는 E-6 이하 계급자. bluejacket과 비슷함.

Blue water : 말 그대로 보면 '심해수' '심해해류'. 그러나 보다 전통적으로 '육지에서 멀어지다'라고 쓰인다. Yellow water(천해)의 반대말. '대양해군'은 적절한 규모의 안전하게 버틸 수 있는 함정을 이용하여 연안 기지로부터 먼 곳에서 전투를 수행할 수 있다.

Blue Water Ops : 빙고점 혹은 전환점의 범위를 넘어서서 수행되는 비행작전.

Board : 함정 현측(side)을 의미하는 고어. "to board and enter(승선하다)" "inboard(함정의 안)", "outboard(함정의 밖)"

Boarding Rate : 성공적인 작전 수행을 위하여 항모에 탑재해야 하는 무장의 비율을 뜻한다. 이것은 조종사의 수, 전대의 수, 혹은 항공기의 수 등으로 계산된다.

Boat : 배에 탑재할 수 있는 작은 배. ship에 비해서 작으며, 동력이 없어 공해에서 독자적으로 일상적인 항해를 할 수 없는 작은 함정. 잠수함.

Boatswain : 갑판장.

Boatswain's chair : (로프를 매달아 높은 데서 일할 때 쓰는) 수평으로 매단 의자.

Boatswain's locker : 갑판용구, life jacket 등을 보관한 갑판창고.

Bogey : 미식별 공중 접촉물. 아군, 중립국 혹은 적성으로 판명될 수 있다.

Bogey Dope : 미식별 공중 접촉물의 위치, 침로, 고도 등의 정보를 계속적으로 차단기에 제공하는 무선 통신.

Bollard : (부두의) 배를 매는 기둥.

Boom : 돛의 하활, 돛자락을 펴는 데 쓰는 긴 원재.

Boomer : (해군) 잠수함 탄도 미사일. 주요 임무는 핵 억제이다.

Boot camp : 신병 훈련소 "He went to boot camp at Jinhae."

Boot topping : 수면을 따라서 배의 측면에 칠해진 검은 페인트.

Bounce : 항공모함 이륙 연습.

Bow : 뱃머리, 함수.

Brass : 고급장교. "The brass will inspect us today, so get everything ready."

Bravo Zulu : NATO 호출신호인 BZ를 발음한 것으로서 'Good job'

Break out : 창고로부터 장구나 군수품을 가져오다. 쓸 수 있도록 준비하다.

Breast line : 배에서 부두까지 계류시키는 홋줄.

Bridge : 함교함정의 상갑판 위에 있는 함장의 지휘소. 보통 함정의 전부에 위치한다.

Brig : 통상 배에서 감옥(jail)으로 지칭되는 곳.

Brightwork : 페인트칠보다는 광을 내는 작업으로 종, 자물쇠, 황동제품 등을 닦는 작업을 말

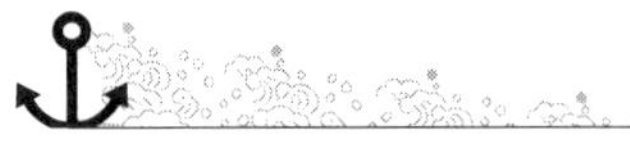

한다.

Broach to : (바람, 파도) 등을 옆에서 받다.

Broad picture : 일반 현황 "He gave us the broad picture of the entire operation."

Broadside : (수면 위의) 현측, 뱃전.

Broadside to : ~에 뱃전을 돌리다.

Brow : 배와 부두를 연결시키는 건널 판.

Brown-Bagger : 결혼한 승조원들. 별칭은 '카키색 바다매.'

Brown Water : 천해 또는 흘수. 특별히 깊은 수심과 심해 전투에는 어울리지 않는 함정이나 해군.

Brown Water Ops : 천해에서 해군작전. 보통 100패덤이나 그 이하에서 행해진다.

Bulkhead : 함내의 격실을 막는 격벽. 건물에서의 벽(wall)에 해당.

Bulkheading : 동료 장교를 크게 비판하고 호통 치는 사람. 고참 소위를 일컫기도 한다.

Bull dog : 하푼 미사일의 발사를 위한 호출부호.

Bull engine : 항공기를 탑재한 함정에서 사용되는 고성능 기관.

Bumboat : 물건을 팔기 위해 가까이 접근한 상선.

Bunk : 벽이나 격벽에 붙어 있거나 갑판 상에 있는 침대.

Buoy : 항해나 물표의 위치를 표시하게 위해서 사용되는 부유물, 부표.

Burma Road : 캐나다 구축함에서의 주 통로.

Butt end : 가장 긴 끝단.

By and large : '대부분'(for the most part)을 의미하는 구어용어. 이 말은 함정이 'by'(바람에 가깝고)와 'large'(넓거나 바람 앞에)가 되어 항해한다면 더욱 가치 있을 것이라고 여긴 데서 나왔다.

C

Cabin : 장교용 침실. 함장실은 Captain's cabin.

Cake hole : 입. snack hole이라고도 한다.

Call for fire : 사격 지원 요청.

Camel : 얕은 곳을 지날 때 배를 뜨게 하는 장치. 부함.

Can buoy : 원통형 항해용 부표. 바다 쪽에서 수로의 좌측을 표시한다.

Cannon cocker : 포 전문가. "We'll have the cannon cockers prepare the position."

Capsize : 뒤집다.

Captain : 라틴어에서 caput는 '최상급자' '지휘관'을 의미하는 말이다. 1862년까지 captain은 미 해군에서 가장 높은 계급으로 불렸다.

Captain's Mast : 비사법적 징계 절차로서, 단위 부대 지휘관에 의해 판결된다.

Carry away : (바람, 바닷물로) 배에서 휩쓸려가거나 잃게 되다.

Carry on : 계속하다. "After the briefing, each section carried on with its work."

Carry out : 수행하다. "A good staff officer insures that orders are carried out."

Chafing gear : (홋줄 따위) 마찰방지 장치.

Charlie time : 항모의 항공기가 착륙하기로 예정된 시간.

Chart : 수로도, 해도.

Chart house : 해도실.

Check : ~을 줄이다. 조사하다.

Check(up) on : 점검하다. "Good staff officers check up on orders to insure they are being carried out correctly."

Cheng : 기관장. Chief of Engineering Officers의 준말. 'Chang'으로 발음한다.

Chewing the Fat : 장기 보존 가능한 소금절이 된 소고기를 씹던 관행에서 나온 말.

Chicken of the Sea : 탄도탄 장착 잠수함이나 그 승조원. 이들의 임무는 어떤 가용한 수단을 강구해서라도 탐지되지 않게 하는 것이다.

Chip : 페인트를 칠하기 전에 날카로운 물체로 배의 바닥을 긁어내는 행동.

Chock : 쐐기.

Chock-a-block : 가득 채우다.

Chop : 보급 장교.

Chopper : 헬기. "The chopper is above our heads."

Chow : 함내에서 항상 제공되는 음식.

Chow-down : 식사 준비가 끝난. "Chow down for all hands."

Chuck : 바다.

Cinderella Liberty : 자정까지는 함정에 귀대해야 하는 곳에서 하는 상륙.

Clean : 함정 장식(dress)의 형태를 다른 것으로 바꾸다.

Clean up(out) : 진압하다, 끝내다. "Our company spent two days cleaning out pockets of resistance."

Clear : 방해받는 것이 없이 자유롭게 하다.

Clear Datum : (잠수함) 탐지되었던 장소로부터 떠나다.

Clobber : 격파하다. "Our gun will clobber the enemy."

Clock-and-dagger : 은밀한 정보수집 활동.

CO : Commanding Officer. 부대의 최고 지휘관. CO는 부대의 작전, 행정 및 부대 내에서 일어나는 모든 일에 책임을 진다.

COB : 단정장이나 잠수함에 승함한 부사관으로서 부장과 병사들의 연락 임무를 맡은 사람.

Collision bulkhead : 함정의 앞쪽에 보통보다 강하게 만든 격벽.

Colors : 국기 게양식.

Come out : 결과. "All regiments came out of this operation in good shape."

Commission : 함정이나 기지를 운용하기 위해 장교에게 계급이나 권한을 부여하는 문서화된 명령.

Commissioned Pennant : 장기.

CommO : 통신장교. "Lt. Gebhard is our CommO."

Companionway : (갑판에서) 선실로 통하는 승강구.

Compartment : (서로 마주 보도록 되어 있는) 함정의 격실.

Compass : 나침의.

Complete deck : 함수에서 함미까지 배의 길이나 좌현에서 우현까지 폭에 걸쳐 죽 연결되어 있는 완전갑판.

Conn : 배를 조종하는 것과 관련된 모든 일에 종종 사용된다. 장교가 조함을 한다든가 잠수함 구조물인 'conning tower'에도 사용되며, 조함명령을 내리는 장소를 의미하기도 한다.

Conning : 조함권. 함정의 기동작전을 위해 내리는 명령.

Conning Tower : 함교탑.

Continental Shelf : 대륙붕. 육지에 인접한 지역으로 해저의 기울기가 완만하다.

Cook up : 준비(계획)하다. "Try to cook up something new to surprise enemy."

Course : 침로.

Cover : 보호하다.

Cox : (영국) Coxswain, 키잡이. 구축함, 호위함 또는 작은 함정에서 군기를 책임지는 선임하사.

CPA : 자함과 상대함이 가장 가까이 접근하는 지점의 거리와 각도.

Crashed : 잠자는 선원을 지칭.

Crest : 파도의 가장 높은 점.

Cross-decking : 인원이나 장비를 한 배에서 다른 배로 이송하는 훈련.

Crow's nest : (선박의 꼭대기에 있는) 돛대 위에 설치된 견시대. 초기 범선시대에 저시정일 때 까마귀(crow)가 항해 계기로도 쓰인 데서 유래.

Crunchie : 보병(infantry). "The crunchies had a hard time."

Cumshaw : 선물이나 팁.

Curve ball : 속임수, 까다로운 문제. "There are no curve ball in this examination."

Cut and Run : 정박해 있는 배를 닻줄을 끊고 급하게 출범시키는 것.

Cut off : 포위, 고립되다. "In the defense of an extended front, some units may be cut off for a while."

D

Darken ship : 외부로 통하는 모든 빛이나 전등을 끈 배.

Datum : 최종적으로 알려진 잠수함의 위치.

Davits : 보트나 닻 따위를 오르내리는 데 사용되는 현측의 쇠기둥.

Davy Jones' Locker : 해저, 바다의 묘지.

Dead ahead : 정면으로, 상대방위 000도의 방향으로.

Dead astern : 상대방위 180도의 방향으로.

Dead Marine : 빈 음료수 병이나 캔.

Dead Men : 위에 걸린 로프의 끝단.

Deck : 갑판, 때려눕히다. "He decked him to the floor."

Deck seamanship : 모든 갑판의 장비를 유지하고 작동하는 것.

Decontaminate : 독가스, 방사능 위험 물질을 제거하다.

Deep Six : 원래는 수심이 6 패덤 이상 7 이하일 때 뜻하는 측심원이 하는 말이었다. 배 밖으로 물건을 던질 때 넌지시 둘러서 표현하는 말. 수장.

Deeps : (영국해군) 잠수함의 승조원.

Derelict : 버려졌지만 떠 있는 배.

Devil to Pay : 누군가가 해서는 안 되는 행동을 함으로써 불쾌한 결과로 나타났을 때를 표현할 때 자주 사용되는 말. "Devil" 은 목조선의 가장 긴 이음매.

Dinger : 사격선수. "He has been a dinger for 3 years."

Dinghy : 범선 내에 있는 소형 배.

Dink : Delinquent In Qual에서 온 말이다. PQS 자격 테스트준비를 게을리 하는 사람을 일컫는다.

Dip : hovering 하고 있는 헬기에서 물속에 수중음파탐지 변환장치를 내리기.

Dipped : 계급이 전도되다.

Ditch : 항공기의 해상 비상 착륙. "The pilot ditched near the carrier."

Division : 2척의 함으로 구성된 함조직, 함정조직에서 장교 및 사병에게 목적 달성을 위해 구성된 '분대'를 일컫는다. 육군에서는 '사단'을 일컫는 용어로도 사용한다.

Dixie cup : 미 해군수병의 하얀 모자. 'white hat'이라고도 한다.

Do or die : 최선을 다하다. "It's do or die for us now."

Dobie Dust : 세탁용 비누.

Dock : (선거, 부두 하역 장비가 있는) 항만의 일부나 전체.

Dog watch : 1600~1800, 1800~2000시 사이의 당직. 일반적으로 두 시간 정도의 짧은 당직. 식사시간을 보장하고 당직 직수 순환을 가능하게 한다.

Dope(Hot dope) : 정보. “The battalion commander put out the dope to his assembled staff.”

Double up : 정박 시 특별한 힘을 주기 위한 두 개의 정박홋줄.

Dowse : 전등이나 불을 끄다.

Draft : 흘수. 선박의 최하부와 수면의 수직거리(선체가 물에 잠기는 깊이).

Drag : 복구하기 위해서 육상 근처로 끌어올리다.

Draw : 물품을 보급받다. “Draw extra ammunition before the attack.”

Dress it up : 장식하다. “They dressed it up for display.”

Dress ship : 함식. 행사나 사람에 대한 축하나 경의의 표시로 함정에 깃발을 장식하기.

Drift : 해류의 속도.

Drilling holes in the water (or ocean) : 중요하지 않은 잠수함의 수중작전. 특별한 이유 없이 한 지점에서 다른 지점으로 항해하는 것을 지칭.

Drip : 불평하다.

Drogue : 양동이형의 바다 닻.

Droplights : RAMP 아래에 수직적으로 배열된 적색의 등화. 중심선에 가깝고 항모의 함미상에 위치하며 야간 착륙 시 시각 구별을 가능케 한다.

Drown : 젖거나 적시다.

Dry dock : (배의 수리나 칠을 위해 사용하는) 건선거.

Duff : 디저트

E

Ease : 휴식을 취하다.

Easy : 조심스럽게 혹은 천천히.

Ebb : 썰물.

Eight o'clock Reports : 2000시 이전에 각 부서장이 부장에게, 부장은 그것을 함장에게 전하는 보고. 내용은 통상 장비보고, 위치보고, 그 날의 특이사항이나 앞으로의 특별한 일 등으로 구성되어 있다.

End for end : 반대 위치

Ensign : 국기. 장교 계급으로 해군 소위를 일컫는다.

EOOW : 기관 당직사관. “ee-ow”로 발음된다.

Essence : 멋지거나, 즐겁거나 혹은 매력적인.

Executive officer : 부장. XO로 부른다.

Eye on : 면밀히 관찰하다. “Keep a close eye on enemy platoon activities to our right flank.”

Eyeball to eyeball : 총검술 거리에서. “Our men fought in the enemy trenches eyeball to

eyeball."
Eyes : 갑판의 가장 앞부분.

F

FAG : 전투 공격기 조종사, F/A-18기의 파일럿.
Fairwater : 잠수함 전망탑을 지칭하는 최신 용어.
Fake : 줄이나 밧줄을 사리다.
Fan out : 배치하다, 전개하다. "The leading battalion fanned out to cover our advance."
Fancy Dinns : 해상에서 스테이크와 와인을 즐기는 밤. 보통 여러 부서가 주관한다.
Fantail : 오리 부리 모양으로 노천갑판의 최후방으로 함미 바로 윗부분.
Fast Attack : 해상교통로의 통제, 대수상함전, 대잠전, 첩보작전을 위한 잠수함의 주요 임무.
Fathom : '껴안다'라는 의미의 'faetm'이라는 앵글로색슨계 언어에서 유래된 말로, 원래 땅을 측정하는 단위로 쓰였다. 1 fathom은 남자의 양팔을 펼쳐서 손가락 끝에서 끝까지의 평균적인 거리이며, 대략 6피트(1m 83cm) 정도이다.
Faux pas : 실수, 잘못된 행동. "I can see that recommending him for a promotion was a faux pas."
Feeling Blue : 항해 중 동료를 잃었을 경우, 선원들은 모항으로 귀항할 때 파란색 깃발을 달거나 선체 전체를 따라 파란색 띠를 둘렀던 전통에서 유래. 슬픔에 잠길 때 자신을 "feeling blue"라고 묘사한다.
Fender : 방현물.
Field Day : 점검에 대비한 함정이나 기지에서의 대청소 날. 지저분한 것을 제거하거나 함정의 격실을 청소하는 것. 보통 부장이나 COB가 군기 상태가 불량하다고 판단할 때 지시한다.
Fill the bill : 요구를 충족하다. "That's just what I need to fill the bill."
Fine tooth comb : 극히 정밀한 수색. "Search through there with a fine tooth comb."
Fire main : 소화전이 연결되어 있는 파이프의 체계.
First Lieutenant : (미해군) 함정의 갑판부서 장교, 혹은 보통 함정의 조함이나 갑판상 작업을 책임지는 갑판사관. 계급이 아닌 직책 용어이다.
First rate : 아주 좋은, 뛰어난. "He did a first rate job."
First watch : 2000~2400시 사이의 당직.
Flag Officer : 해군 제독. (함대, 전대의) 사령관. 장성급 장교를 일컫는 용어.
Flag Salute : 대함경례. 해상에서 두 배가 서로 근거리로 통과할 때 국기를 반양하여 예의를 표하는 것.

Flag staff : 투묘나 정박 시 국기가 게양되는 함미의 깃대.

Flap : 위기, 군사적 행동. "Once a flap starts. there is no substitute for trained and speedy action."

Flare up : 다시 시작하다. "Sporadic firing flared up in the middle of the night."

Flattop : 항공모함. "The aircraft will rendezvous with the flattop at 1700."

Fleet : 주요 작전을 수행하기 위해 사령관 예하의 병력이나 함정 등으로 조직된 함대.

Flight deck : 항공모함에서 항공기가 이착륙하는 비행갑판.

Flood : 밀물, 만조.

Flyboy : 비행사, 조종사. "A flyboy can be distinguished by the wings he wears."

Follow up : 계속 감독하거나 확인하다. "Staff officers follow through on all plans and orders issued."

Force (one's) hand : 계획을 알아내다. "This reconnaissance may force the enemy's hand."

Fore and aft : 전체에 걸쳐서, 함수에서 함미까지.

Forecastle deck : 갑판의 앞쪽 부분, 함수갑판. '폭슬덱'으로 발음.

Foremast : 앞 돛대.

Forenoon Watch : 0800~1200시 사이의 당직.

Forepeak : 함정의 최 앞단에 위치한 격실.

Forward : 함수 방향.

Foul : (밧줄, 쇠사슬이) 엉킨, 방해가 되는.

Founder : 가라앉다.

Freeze : 제한하다, 현 위치에서 머무르다. "If there is no time to evacuate them, civilians near the main line of resistance must be frozen in places."

Fresh new blood : 증원, 교체. "The enemy was waiting for fresh blood before making a new attack."

Full Dressing : 만함식. 특별한 행사를 기념하거나 축하하기 위하여 기류 등을 이용하여 함정을 장식하는 것.

G

Gaff : 세로돛의 윗단에 뻗은 둥근 재목.

Galley : 배에서 음식을 준비하는 공간. 취사실.

Gangway : 현문, 부두와 후갑판을 연결하는 임시 통행로.

Gash : 쓰레기 혹은 잡동사니. 여성을 천박하게 부르는 용어.

Geedunk, Gedunk : 후식/스낵류의 간단한 식품이나 사탕 등과 같은 것들을 살 수 있는 장소. 가벼운 식사. 쉬운 근무.

Get ahead : 전진하다. "Don't let 2nd Battalion get ahead too far."

Get it made : 성공을 확신하다. "If the surprise attack comes off all right, we've got it made."

Gig : 함정에 탑재된 작은 배. 과실이나 똑같은 것을 받아들이는 행위.

Give Way : 선원들에게 노를 젓기 시작하라는 명령.

Go along with : 동의하다. "I won't to go along with your recommendation."

Go boiling : 신속히 돌파하다. "Our armored division went boiling through the enemy's position."

Go for record : 평가를 받다. "The Division Commander told the staff that they went shooting for record."

Goat Locker : 부사관 구역과 식당. 목선시대에 배 위에서 방장들이 염소의 우유를 조달하는 책임을 맡았던 데서 유래되었다.

Golden Shellback : 날짜변경선상에서 적도를 통과한 자.

Grand Slam : 라디오가 대공 표적의 성공적인 격추(파괴)를 알리는 것. "Grand Slam with birds." 는 미사일로 격추시켰음을 의미한다.

Grease the skids : 사전 정보를 제공하다. "He greased the skids in order to expedite a signature on the operation."

Ground rule : 통상적 절차나 규칙. "There is a ground rule here against such actions."

Ground tackle : 투묘나 정박에 사용되는 장구, 기구.

Gundeck : 정비나 PMS 점검에서 실제 확인하지 않고 다 된 것으로 표시하는 것.

Gunner : 항모비행단에서 대공발사를 책임진 무기 담당 장교. 수상함에서 포술장이나 무기 전문가.

H

Hail and Farewell : 곧 전출 갈 장교와 전입하는 장교를 위한 모임.

Half deck : 상갑판 아래에 위치한 부분 갑판.

Halyard : 돛이나 기를 올리고 내리는 데 사용되는 밧줄.

Hand : 배의 승무원.

Hand-in-glove : 밀접한, 호흡이 잘 맞는. "The two commanders worked hand-in-glove."

Hands are tied : 어찌할 수 없는. "My hands are tied. I cannot disobey my superior's orders."

Handsomely : 꾸준하게, 주의 깊게, 그러나 느리지 않게.

Handy billy : 일반적으로 사용할 수 있는 작은 이동식 펌프.

Hard over : 타각이 최대한으로 돌아간 상태.

Hatch : 배의 갑판에서 열거나 닫을 수 있는 곳. 때때로 격벽에 수직으로 설치된 수밀문으로 잘못 쓰이고 있다.

Haul : 손으로 줄을 잡아당기다.

Haul off : 다른 배와 떨어지기 위해서 침로를 바꾸다.

Haul taut : 단단하게 당기다.

Have it made : 확실한. "By cutting off the enemy route of retreat, we have it made for victory."

Have one's hands full : 아주 바쁜. "Go see my assistant, I have my hands full right now."

Hawser : 끌거나 정박에 사용되는 무거운 밧줄.

Heading : 함수가 가리키는 방향.

Heads : 함수 부분에 있는 승조원의 화장실(toilet).

Heads up : 경계하다. "Keep your heads up during your watch."

Heave : 던지다.

Heave around : windlass나 capstan 혹은 인력으로 줄이나 선, 앵커 체인 등을 끌어당기게 하는 명령.

Heave in : 케이블이나 줄을 감다.

Heave out and trice up : 총기상 후 선원들이 침대에서 나와 침대를 말아 올리고 그것들을 밧줄로 배의 격벽에 매달아 올리기.

Heave to : 함수를 풍상 쪽으로 향하게 하고 타효를 가질 수 있는 최소의 속력으로 전진하는 황천돌파 조함 방법.

Heaving line : 굵은 홋줄을 건네기 위해 먼저 던지는 가는 줄.

Helm : 타를 움직이기 위한 기계적인 장치.

Helmsman : 타수.

High speed, low drag : 열정적인 행위자. 주변에 대해 신경 쓰지 않고 자신의 일을 묵묵히 하는 사람.

Highline : 사람이나 물건을 옮기기 위해 함정 사이에 걸쳐 있는 홋줄.

Hit or miss : 별것 아닌. "Do this over. It looks like a hit or miss."

Hit the beach : 상륙주정이 상륙하다. "They hit the beach at 'H-hour'."

Hitch : 둥근, 원통형의 물체에 밧줄을 옭아매다.

Hogging : 파장이 배의 중앙부에 왔을 때 전 · 후부의 부력이 감소하고 중량이 증가하여 중앙부에서는 부력이 대단히 증가하며 배 전체는 중앙부에서 유지되고 전후가 만곡되는 상태. "새깅"(Sagging)은 반대되는 말.

Hold : 넓은 화물 저장고.

Hold up : 지연되다. "Our forward elements were held up by enemy fire, so the regiment deployed."

Holiday : 공간이나 여백, 페인트를 칠하지 않은 표면 공간.

Hook : 닻과 유사한 용어. 갈고리.

Hookup with : 통신망에 합류하다. "Our flank platoon hooked up with those of the adjacent division."

Hot line : 직통선. "Forward observers have hot lines back to the fire direction center."

Hot potato : 이러지도 저러지도 못하는 어려운 문제. "That question is a hot potato. Do you have any ideas on it?"

Hot Run : 발사를 했으나 발사관 안에 박히거나, 발사하지 않았는데 자체적으로 작동되는 어뢰.

Hot Runner : 일관되게 행동을 잘하는 자.

Hot, Straight, and Normal : (잠수함에서) 소나 작동수가 어뢰가 발사되었고 빠른 속도로 항해하고 있으며 정상작동으로 소음이 나지 않는다는 보고.

Hot water : 곤경에 처한. "If that bridge goes out, we'll be in plenty of hot water."

Hull : 용골에서 갑판까지의 선박에서 가장 큰 부분. 선체.

Hull down : 배의 상부구조물, 선구가 보이는 수평선상에 있는 배.

Hunter-killer : 주 임무가 대잠전인 전투단대. 공격형 잠수함.

I

In charge of : 지휘하다. "Are you in charge of these man?"

In the air : 떠도는 불확실한 소문. "It's in the air, but not yet confirmed."

In the bag : 확실한. "After we take that last defile, it's in the bag."

Inboard : 배의 중심 가까운.

Inlet : 육지로 뻗어 있는 바다의 좁은 입구.

Inshore : 해안으로.

Inspector's eye : 함장에게 함운영 전반에 대해 점검할 수 있는 능력을 부여하는 제도.

Internal Waters : 내수. 영해의 기선(기준선) 이내에 있는 모든 수역.

Island : (항공모함의) 함교, 포대, 연통 등을 총칭.

It strikes me that : 믿다, 그렇게 생각하다. "It strikes me that we may need air resupply, just to be safe."

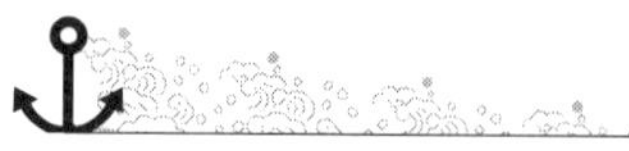

J

Jack : 정박한 미해군 함정이 뱃머리에 계양하는 작은 함수기. 영국 해군수병의 별칭.

Jackstaff : 뱃머리의 깃대.

Jacob's ladder : 줄사다리.

Jetty : 방파제.

Jimmy : 부장.

Jolly Roger : 해적기.

Jonah : 불운을 가져오는 자.

Jump ahead of : 미리 계획하다. "I'm one jump ahead of you. I have that already arranged."

Jump ship : 배를 포기하다, 배에서 뛰어내리다.

Jump to the conclusion : 너무 성급히 결정하다. "He must not jump to conclusions. Indications count and not intent."

Junk : 오래된 밧줄.

K

Keep clear of : 피하다. "Warn your men to keep clear of that mine field that near you."

Keep hammering at : 계속하다. "Keep hammering at them in that area until we make a breakthrough."

Kick-off : 개시하다. "The attack kicked off at 0600."

Knock off : 일을 멈추다, 정지하다.

Knot : 해상, 수중 및 공중에서 사용하는 속도단위로서 매시간 1nm(1,853m)에 해당하는 속도단위.

Know-how : 능력, 기술. "With all his past experience, he has the know-how to be a good officer."

Kye : 뜨거운 초콜릿 음료.

L

Ladder : 함정에서의 사닥다리, 계단을 말한다.

Land Lubber : 풋내기. 선원이면서 항해 경험이 없는 자. 무디거나 솜씨가 없고, 선부르며 억세고 게으른 이들을 다소 무시하는 의미로 붙여 주는 이름이다.

Landfall : 항해 중 처음 육지를 보기.

Landing craft : 상륙용 주정.
Landing ship : 해안에 직접 상륙군이나 장비를 운반하도록 만들어진 배, 상륙함.
Lanyard : 어떤 장비를 작동하기 위한 수단으로, 손잡이의 짧은 끈.
Lash : 선이나 밧줄로 감아서 물체를 보호하기 위한 것.
Last resort : 최후의 수단. "The service elements of the division are used in combat only as a last resort."
Launch : 30피트 이상의 배를 진수시키다.
Lay : 어떤 위치에 자리 잡다, 줄이 꼬인 방향.
Lay up : 함정을 퇴역시키다.
Lee : 바람이 불어오는 데서 반대쪽. 바람으로 보호받는 지역.
Leeward : 바람이 불어오는 방향.
Liberty : 상륙. 배에서 공식적인 부재 권한. 보통 24시간 내에 귀대해야 한다.
Life buoy : 바다에서 사람의 부유를 위해 만들어진 장치.
Life jacket : 바다에서 사람의 부유를 위해 만들어진 외투.
Lifeline : 갑판의 모서리에 쳐진 와이어로 구명 색으로 부른다.
Light ship : 기계의 기능 정지 경고를 없애다. 기계를 고치다.
Lighten ship : 무게를 줄임으로써 배를 더욱 가볍게 만들다.
Line : 전선줄을 제외한 모든 홋줄.
Line officer : 병과장교. 보급관, 군의관 등과 같은 특화된 직위와 달리 해군장교의 다양한 유형의 권위를 나타낸다. 정복 양 소매 끝단과 계급장 위에 금별로 표시한다. 카키색 제복에는 특과 장교와 달리 양쪽 옷깃에 계급장을 부착한다.
List : 함의 좌우 경사.
Log : 배의 속도 측정기. 당직 중에 기록된 사건을 기록한 책이나 문서.
Log book : 항박일지. 함정에 탑승하여 일어난 모든 결과를 당직장교가 기록한다. 포함되는 사항은 시간, 함위, 침로, 속도, 당직사관의 이름과 조함권자 등.
Look alive : 경고하는 뜻의 훈계나 더 빨리 움직이라는 것을 의미.
Lookout : 들리는 소리나 보이는 물체를 당직사관에게 보고하는 견시 당직자.
Lubber's Line : 배의 침로를 표시하는 수직표시.
Lucky bag : 함내 유실품 보관실.

M

Magazine : 탄약을 적재하는 격실.
Main deck : 함수에서 함미까지 이어진 갑판 중 가장 위의 갑판.

Main Space : 기관실 또는 보일러실, 또는 둘 다.

Mainmast : 뱃머리로부터 고물 쪽으로 위치한 두 번째 돛대.

Make fast : 안전하게 하다.

Man : 위치를 추정한다. “to man a gun”이라는 관점에서.

Man-o-war : 전투함을 보다.

Marlinespike : 꼬여 있는 선 가닥을 풀기 위해 사용되는 뾰족한 금속 도구.

Marlinespike seamanship : 모든 종류의 홋줄과 와이어를 다루고 보관하는 기술.

Master-at-arms : 함내 치안을 담당하는 요원. 보통 갑판사나 병기사가 함정의 영창의 행정을 맡고 있다.

Masthead light : 배의 앞부분에 위치한 20개 방위를 나타내는 하얀색의 움직이는 등. 앞 돛대나 지정된 곳에 있다.

Mate : 같은 배를 타는 동료. 다른 선원.

Mayday : 조난을 알리는 공식 음성무선 호출부호.

Mess : 음식, 함정의 식당, 같이 음식을 먹는 집단(예 : officers' mess)

Mess Deck : 사병식당

Mess Trap : 부엌용품

Messenger : 공간을 가로지르는 무거운 끈을 당기는 데 사용되는 가는 줄. 메시지를 전하는 사람.

Midwatch : 0000시에 시작하여 0400시에 끝나는 당직.

Military Time : 오전 · 오후 시간대 인식에서 있을 수 있는 혼란을 피하기 위해 민간의 12시간 주기 대신 24시간 주기를 사용하는 시간 지정 체계. 자정은 0000(0시 그리고 0분)로 부르는 출발점이다. 자정 이후 1분은 0001, 오후 1시 1분은 1301로 표시한다.

Moor : 두 개의 닻으로 고정시키기. 정박시키는 buoy에 단단하게 고정시키는 것. 부두나 다른 선박에 단단히 고정시키는 것.

Mooring buoy : 닻으로 고정된 배를 계류시키는 큰 부표.

Mooring Line : 계류색. 함정을 부두에, 혹은 타함정에 묶을 때 이용된다. 계류색은 함수 쪽에서 함미 쪽으로 번호를 부여한다.

Morning watch : 0400시부터 0800시까지의 당직.

Motor whaleboat : 앞뒤가 없는 파워보트.

MPA : 주기실장. 함의 주추진기의 작동과 유지를 담당하는 분대의 분대장.

MSL : Mean Sea Level, 평균 해수면 수준.

Mustang : 사병 출신의 해군 장교.

Muster : 점호, 집합하다.

Muster on stations : 작업이나 훈련을 하면서 점호하는 것.

Mutiny : 전 선원의 의도하에 선장의 권위에 반하여 배를 전복하려는 폭동이나 반란.

N

Nautical Mile : 해리. 지구적도상에서 경도 1분 변화에 상응하는 해면상에서 호의 길이. 적도상에서 지구 둘레는 40,000km로 정하고 있으므로, 1nm은 1,852m에 해당한다.

Navigator : 항해장. 함상에서 항해부의 부서장이며 함정의 안전 항해에 대한 책임을 지고 있는 장교로, 보통 함 조직에 있어서 부장이 겸한다.

Navy Shower : 물을 가장 적게 사용하면서 깨끗하게 목욕하기 위한 물 절약 방법. 기본적으로, 몸에 물을 뿌려 축인 후, 물을 잠그고, 비누거품 칠을 한 후 다시 물을 틀어 씻어낸다.

Negat : "negative(부정의)"를 단축한 형태.

Nest : 둘 혹은 더 많은 수의 배가 각각 같이 계류하기.

Night Order Book : (함장) 야간지시록.

No Joy : 라디오 접촉이 없는. 가끔은 "it didn't work"의 의미.

Nonskid : 보통 함정이나 모든 노천갑판상에 이용되는 것으로, 발과 바퀴의 마찰을 증가시키기 위한 에폭시의 합성물.

NQP : 잠수함에서 아직 '돌고래' 자격증을 받지 못한 사람. 꼭 알아야 하는 것을 몰라 실수로 엉망이 되게 하여 잠수함 장교의 가치를 떨어뜨린다는 의미로 사용.

Nun buoy : 항해용으로 사용되는 부이. 원뿔형이고 빨간색이며 짝수이다. 바다를 향한 수로의 오른쪽에 있다.

O

O's : Officers, 장교들. 'Ohs'로 발음.

Oakum : 낡은 밧줄 따위를 풀어서 만들어 물이 새지 않도록 선재의 틈에 메워 넣는 것.

Oar : 배를 저어 나아가기 위해, 한 쌍으로 사용하는 손잡이가 있는 긴 노.

OBA : 산소호흡장치, 화재 진압 시 산소 발생과 호흡을 돕는 장치. 목선의 갈라진 틈을 메우는 데 사용되는 소나무 재료.

Occulting : (부이나 등대) 등이 꺼진 뒤에도 빛이 오래 남는 항해등.

OCS : Officer Candidate School. 대학 졸업자를 대상으로 교육 훈련하여 장교로 임관시키는 프로그램. "90-Day Wonder"라는 말로 표현하기도 한다.

Officer of the deck : 당직사관. 요약하여 OOD라고 하는데, 함장의 권한을 대신하여 일정 시간 동안 함내 일과를 집행하고 책임지는 자이며 항해 시 조함을 한다.

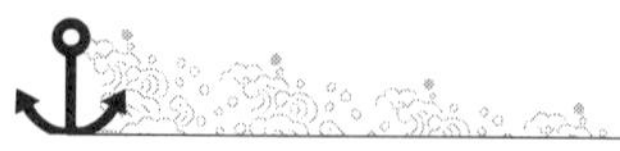

Officer's Country : 장교가 주로 거주하는 배 앞부분의 구역(사관구역). 일반적으로 사병들이 당직 중이거나 특정한 심부름 목적이 아니면 출입이 금지된다.

Offshore : 해안으로부터 약간 떨어진 위치.

Oh Dark Thirty : 매우 늦은 야간시간 혹은 매우 이른 아침시간. 별칭은 'Zero Dark Thirty'.

Oil King : 재고 목록을 작성하고, 시험하고, 다용도의 석유제품을 함정에 적재하는 역할을 담당하는 (해군)요원.

Oilskins : 석유류 등의 침투에 내성이 있게 제작된 의류.

On speed : 해군 비행술 항공기의 착륙을 위한 마지막 접근이 가능한 속력. 이 속력은 연료와 무장의 양이나, 외부 장착물에 따라 달라진다.

On station : 항공기가 현재 있는 장소, 함정에 할당된 장소.

On the beach : 해군에서 의무복무기간을 마친 사람이나 실업자나 퇴직한 사람.

Opposite Number : (영국해군) 아군. 다른 배나 다른 직수와 비교될 만한 대등한 당직.

Orange Force : 워게임 훈련에서 상대병력.

Order of the Blue Nose : 배에서 북극권을 통과한 사람.

Order of the Red Nose : 배에서 대서양을 통과한 사람.

Oscar brothers : 함장과 부장. CO와 XO에서 공통적으로 'O'가 나타남.

Outboard : 중심선으로부터 멀리 떨어진.

Overhaul : 함정을 검사 및 수리하거나 재정비하다. 다른 선박을 따라 잡다.

Overhead : 건물의 ceiling에 해당하는 함정의 천장.

P

Party : 현재 할당된 일을 하거나 공동의 활동에 종사하는 선원그룹.

Passageway : 함 내부에서 수평으로 이동하는 통로.

Paybob : (영해군) 보급 장교. 특히 경리 분야의 책임을 맡은 장교.

Paygrade : 문자, 숫자 겸용의 지정부호로 계급(장교) 혹은 등급(사병)을 명시하기 위하여 사용. 예를 들어 O-1을 소위로, E-1은 훈병으로 나타낸다.

Pecker Checker : 해군 군의관 혹은 위생병. 별칭은 Dick Doc.

Peeping Tom : F-14톰캣에 알맞은 전술정찰코드. 정찰 톰캣.

Pelican Hook : 빠르게 풀리는 섀클을 망치로 쳐서 푸는 장치. 혹을 떨어뜨릴 때 고정재를 푸는 데 사용.

Petty Officer : 다른 사람의 지휘를 받는 하위자로 임관하지 않은 부사관.

PI : Personnel Inspection. 인원 점검.

Pier : 선박의 계류를 위해 설치된 육지에서 바다까지 길게 뻗은 구조물.

Pier head : 부두의 끝 부분으로 바다를 향한 부분.

Pig of the port : 정박기간 중 함정에 데리고 온 가장 매력 없는 이성을 의미.

Pigeon : 항공기 조종사.

Pigeons, Pigeon Steer : 본기지까지의 방위 거리.

Pigstick : 장기를 게양하는 끝 부분의 짧은 막대.

Pilot : 항구에서 수로와 조류, 바람 그리고 부두에 출입항 할 때 당면하는 다른 종류의 위협들에 대해 전문적인 지식을 가진 자.

Pilot Chart : 항해안내도. 예상되는 바람, 해류 및 천기 등을 월별로 표시한 해도.

Pilot house : 주 키를 제어하는 함교에 있는 조타실.

Piloting : 수면 위에 보이는 물체나 들리는 소리로 위치를 정하는 항해의 일종.

Ping : 능동 소나로 소리나 신호를 전달하거나 사람이나 사물을 인식하기. 목적 없이 튀거나 떠돌기.

Pipe : 갑판장이 가진 파이프로 소리를 내어 특별한 요청을 한다는 의미.

Pipe down : 정숙을 기하라는 의미의 명령어. 항해 중 이 말은 부족한 수면보충을 위해 오후에 자유 시간을 갖는다는 것을 의미한다.

Pitch : 흐르는 파도에 의해 생기는 선수의 수직적인 상승과 하강.

Plane guard : 사격이나 복구 작전 동안 승조원을 구출하는 임무를 띤 구축함이나 헬기.

Plank owner : 임관한 이후 배에 쭉 있어 왔던 사람.

Plastic Bug : F/A-18을 일컫는 용어로서, 제작에 많은 양의 인조 물질이 들어간 데서 유래되었다.

PMS : Planned Maintenance System. 과학적이고 체계적인 '계획정비 제도'.

POD : Plan of the Day. 일일과업계획. 함정이나 부두활동을 위해 세운 하루의 일과나 과업계획을 말한다. 일일 과업은 부장이 계획하며, 항해나 정박 중에는 매일 POD가 나온다.

Pogy Bait : 미숙하거나 경험이 없는 선원.

Police : 집어서 깨끗하게 하다.

Polish : 옷감이나 다른 물품으로 문질러서 부드럽게 하거나 광을 내는 것.

Pollywog : 노련한 선원이 되기 위한 통과의례를 거치지 않은 자. 즉, 배를 타고 적도를 한 번도 통과해보지 않은 자.

Port : 좌현 전방을 향했을 때 함정의 중앙선의 왼쪽. 함 측의 개구부. 반) Starboard.

Port and starboard : 좌우현 6시간(혹은 4시간, 8시간) 동안 당직을 서다가, 같은 시간 동안 쉬고 다시 당직을 서는 것.

POW : Plan of the Week. 주간 과업 계획.

PQS : 개인자격부여제도(Personal Qualification System). 'Qual System'이라고도 한다. 초

급장교들에게 담당직무에 관한 지식과 실기능력을 평가하여 개인자격의 구비능력 및 직무수행 능력을 향상하기 위한 제도.

Pressure hull : 잠수함에서 방수 처리되고 수중 압력을 견딜 수 있게 설계된 구조물.

Pro word : 무선 통신언어로서, 교신을 유지하고 표준화하는 데 사용된다. 일례로 Over(이상), Roger(수신 완료), Out(교신 끝) 등이 있다.

Puzzle palace : 미 국무성(Pentagon), 일반적으로는 모든 본부(headquarter)를 지칭한다.

Q

Quarters : 함정의 기동작전을 담당하는 부서.

Quarterdeck : 함장에 의해 예식을 올리기 위한 장소로 지정된 갑판.

Quay : 짐을 싣거나 부리기 위해 사용되는 둑을 따라 만들어진 고체의 구조물.

R

R & R : 휴식과 회복.

Rabbit : (영국해군) 선물. 허가되지 않은 일.

Rack : 침대. 특히 사병침실에 있는 조합 침대(combination bed) 및 사물함.

Rack time : 잠자기.

Radar : 물체를 탐지하기 위해 반사된 라디오 파장을 사용하는 장치.

Raghat : 하급 선원, E-6 계급 이하.

Rain Locker : 우의 보관함.

Ramp : 비행갑판 후미 가장자리. 약 45도의 각도로 바다를 향한 경사.

Range : 관측자로부터 물체까지의 거리. 두 개의 물체가 일렬로 항해할 수 있도록 돕는 수단. 특별한 목적을 위해 지정된 구역. 사격 구역.

Range light : 돛대 꼭대기에 일렬로 설치된 흰색 등으로 다른 선박에게 배의 방위를 알린다.

Rank and File : 지휘계통상의 일반인. 대열에서 rank는 열을, file은 종대를 의미한다.

Rat guard : 쥐마개. 쥐가 밧줄을 타고 배 안으로 들어오는 것을 막기 위해 계류색에 고정된 원형 혹은 원뿔형의 금속 판.

Rate : 같은 등급 내의 사병들이 갖는 상대적인 권한이나 단계.

Rate Grabber : 지위에 걸맞지 않게 권한을 행사하려고 하는 자.

Rating : (미해군) 사병. (영국해군) 입대한 자. 갑판장, 조타수, 전자장 등 사병의 직별.

Reef : 바다의 바닥으로부터 돌연히 솟은 해저의 암붕.

Refit : 수리하다.

Relief : 다른 사람과 당직을 교대할 사람.

Relieve : 다른 사람의 일을 떠맡다, 당직교대하다, 팽팽한 선을 느슨하게 하다.

Reveille : 해군의 기상 시간. 함내에서는 갑판장이 휘슬을 분 후 "기상, 기상(리벨리 라고 발음), 전 승조원 갑판상 집합! 함수에서 함미까지 갑판청소 실시하라."는 육성 방송을 한다.

Ride : (배가) 정박하고 있다는 의미.

Riding light : 정박 중인 선박으로부터 보이는 등.

Rig : 장치나 장비를 설치한다는 의미.

Rig for Angels and Dangles : 잠수함의 정교하고 신속한 잠수와 부상.

Rig for Red : 잠수함 내부의 조명을 붉은색으로 하고, 낮은 명도를 유지하는 것.

Rigging : 배의 돛을 지지하는 홋줄, 물건을 끌어올리거나 장비를 움직이게 하는 홋줄.

Ring Knocker : 미 해사 졸업생.

Rogue Gun (or Salute) : 군법회의의 개시를 알리는 단독의 예포 발사.

Roll : 횡동요. 함정이나 항공기가 갑판의 횡축을 중심으로 좌우 측면으로 흔들리는 역동적인 운동을 말한다. 인간이 서서 버틸 수 있는 최대 횡동요 각은 14° 정도로 알려져 있다.

Rope : 천연 혹은 합성으로 짜거나 땋거나 꼬아진 것이 로프이며, 이를 일부분으로 풀기나 잘라낸 것이 라인(line)이다.

Ropeyarn Sunday : 개인적인 용무를 볼 수 있는 날로 휴일로 간주되는 날.

Roundly : 빠르거나 신속한.

Rowboat : 노에 의해 추진되는 작은 선박.

Royal Marine : 영국 해병, 여왕폐하의 왕실 해병.

Rudder : 배의 항해 방향을 제어하기 위해 함미 쪽에 부착된 장치.

Rules of the Road : 해상충돌예방규칙. 해상이나 하천에서 충돌을 피하기 위해 각종 등화 신호 및 취해야 할 행동 등에 관한 규칙.

Run down : 우연하거나 의도적으로 부딪히다.

Running Light : 항해등. 일몰시부터 일출시까지의 항해 중인 선박이나 비행 중인 항공기가 켜야 할 등.

S

Sack : 침상(침대). bunk라고도 한다.

Sagging : 함정의 함수와 함미가 파도에 의해 떠받쳐지고 있는 상태, 중간 부분은 파도의 지지가 약한 상태.

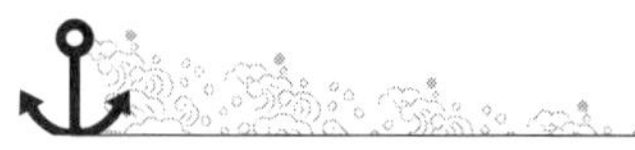

Sailing signal : 항해신호. 해군선박 통제장교가 선단이나 각 선박에게 무선이나 시각으로 보내는 신호.

Scope : 앵커 체인의 길이. 'Increasing the scope'는 앵커 체인을 늘이라는 말이다.

Scotchman : chafe를 방지하기 위해 사용하는 물질.

Screw : 선박을 추진하기 위해 수중 함미에 위치한 회전하는 날개형 추진 장치.

Scrubber : (미해군) 잠수함에서 공기 중 이산화탄소(CO_2)를 제거하는 것.

Scuttle : 격벽이나 승강구에 있는 둥근 수밀 개구부. 고의적으로 배나 물건을 가라앉히기. 물건에 구멍 뚫기.

Scuttlebutt : 원래는 선원들이 마실 물을 담는 통이었으나 현재는 소문의 근원지(선원들이 물을 마시러 왔다가 얘기를 나누는 장소였다)를 의미한다. '헛소문' 또는 '험담.'

Sea Anchor : 배의 선수로부터 나와서 바다에서 배를 고정시키기 위한 장치.

Sea Chicken : 나토의 Sea Sparrow 대공 미사일을 조롱하는 표현.

Sea Daddy : 경험이 적은 선원을 자신의 보호 아래 두고 교육하는 사람.

Sea Lawyer : 규칙이나 법령에 대한 중요한 지식을 가지고 있다고 내세우는 자. 이 지식은 주로 개인적인 이득을 위해서나 불평하는 데 사용된다.

Sea legs : 함정이 좌우로 요동할 때 균형을 유지하기 위한 능력.

Sea state : 파도의 상태와 너울의 높이.

Sea Story : 항행에서 불굴의 용기에 관련된 이야기. 보통 '옛날에'로 시작하는 이야기와 달리, 바다 이야기는 "거기서 나는……"이나 "거짓말 없이……"로 시작한다.

Seamanship : 함정을 다루는 기술, 함정을 다루는 데 있어서 밧줄과 로프를 보호하고 사용하는 등의 갑판장비 운용 기술.

Seaworthy : 보통의 험한 날씨를 견디어 낼만 한 선박.

Second deck : 주갑판 바로 밑의 완전하게 이어진 첫 번째 갑판.

Secure : 밧줄걸이에서 밧줄을 고정시키다, 단단히 하다, 화재훈련에서 안전하게 하다, 일을 끝내다.

Service force : 전투 부대원들에게 병참의 원조를 제공하기 위한 조직.

Set and Drift : 바람과 조류의 영향하에 있는 배의 행동을 언급한 것으로 두 요인은 함을 예상침로로부터 편향시킨다.

Sewer pipe : 잠수함.

Sextant : 육분의. 항해사나 그의 조수가 천문항해 시, 천체(해, 달, 별)의 정확한 고도와 각도를 측정하여 배의 위치를 예측하는 데 사용되는 수동식 작업 도구이다.

Shake a leg : 더 빨리 움직이라는 명령.

Shake down : 배를 운용하기 위해 요구되는 신병들의 훈련.

Shellback : 적도를 통과해본 선원. 종종 신용할 수 있는 사람(trusty)으로 사용된다.

Shellback Ceremony : 적도제.

Ship : 장거리 항해 및 독립작전이 가능한 넓은 선박.

Ship over : 해군에 재입대하는 것을 의미.

Ship's company : 함정이나 기지에 소속된 장병.

Shipping articles : 입대한 사람이 날인하는 입대계약서.

Shipshape : 선원의 외모처럼 배가 깔끔하고 청결하게 완전히 정비된 상태.

Shitting : 어떤 사람에게 거짓말하거나 반대하다. "Are you shitting me?"

Shoal : 암초와 비슷하나, 바다의 바닥으로부터 서서히 솟아올라 있는 물체.

Shooter : 포술 장교. 함정을 발진시키는 장치나 화기, 대포.

Shore : 육지. 일반적으로 바다에 인접한 부분. 사고를 막는 차원에서 칸막이나 갑판을 받치기 위해서 사용된 목재.

Shore patrol : SP. 전 승무원의 상륙에 관해 합법적인 조처를 하는 임무가 부여된 자. 주로 선원들이 모여 술주정이나 싸움이 일어날 가능성이 있는 장소를 순찰한다.

Shot Line : 투색총에서 발사되어진 밧줄, 더 무거운 로프를 수급함이나 부두에 넘겨 묶을 수 있도록 도와주는 작은 직경의 밧줄.

Show a leg : 아침기상 점호. 이것은 여성이 함정에 승조가 가능해지면서 아침 점호 시 여성은 자신의 침대 안에서 다리를 내밀어 보여주면 식섭 나올 필요가 없었던 데서 유래되었다.

Sick bay : 함내 의무실.

Side boy : 영송병 방문 장교를 안내하기 위한 행사의 일부로서 통로에서 두 줄을 형성하여서 있는 일단의 선원의 그룹. 원래 방문자가 현문사다리를 이용하여 승함할 수 있도록 도와주는 보조원에서 유래가 되었다.

Side Light : 현등. 함수 방향으로 장치한 우현 쪽의 녹색등과 좌현 쪽의 홍색등을 말한다.

Side Number : 기수에 표시된 기종과 소속편대를 식별할 수 있는 숫자. 1XX와 2XX는 전투기, 7XX는 대잠전 편대(S-2 바이킹)이다.

Side port : 선박의 옆쪽에 있는 방수가 되는 통로. 출입구로 쓰인다.

Sight : 처음으로 본다는 의미. 수평선에서 배를 보거나 천체를 관찰하는 것.

Silent hours : 취침 신호 이후부터 다시 승조원을 소집하기 전까지의 시간. 비상 신호 외에는 소리내기가 허용되지 않는다.

Sin Bos'n : 목사나 신부.

Sippers : (영국해군) 알코올을 포함하는 음료.

Sister ships : 동급의 함정.

Situational Awareness : 전투에서 주위의 사물, 환경, 전술적 상황에 대한 인식.

Skate : 실수, 사고뭉치. (캐나다 해군) 작업을 피하는 사람.

Skimmer : 수상함 혹은 수상함 장교. 승조원.

Skipper : 소형선박의 선장. 네덜란드어 "Schipper"에서 유래했으며 본래 뜻은 "배에 승선한 사람."

Skosh : 일본어 "스코쉬"에서 유래한 문자 그대로 '작다'나 '빠르다'의 의미. 오랫동안 F-5가 Skosh Tiger로 알려졌다.

Skunk : 수상레이더 접촉물에 대한 이름 표식. 그 날의 최초 수상접촉물을 "Skunk Alpha"라고 부른다. 두 번째 것은 "Skunk Bravo."

Skylark : 무책임하고 야단법석 떠는 것.

Slack : 밧줄이 돌아다니는 것을 그냥 놔두는, 규율이 없는. "slack ship"

Sleeping dictionary : 선원들에게 특정 지역의 언어를 가르치는 그 지역 사람.

Sliders : 매우 기름져서 미끄러지는 햄버거. (영국 해군) 작업에서 일찍 열외하는 부서나 개인.

SLOC : Sea Lines(Lane) of Communications. 해상교통로. 국가의 생존과 전쟁수행상 필히 확보해야 할 해상 연락 교통로.

Small stores : 개인의 사소한 물건. 예를 들면 옷가지들.

Smart : 팔팔한, 선원다운, 깔끔하고 배가 완전히 정비된.

Smoking tamp : 선원이 담배를 피울 수 있도록 허가된 기간 또는 상태.

Snug : 적합하게 보존하는, 단단한.

Sound : 해수의 깊이를 결정하는 요소. 본토와 큰 해안섬 사이의 해수.

Spar buoy : 동그랗게 생긴 부이. 일반적으로 특별한 지역을 가리킨다. 예를 들면 격리된 부이는 노란색, 보통 부이는 흰색이다. 해협을 가리키기도 한다(붉거나 검게 칠해진다).

Special sea detail : 휴가 때나 입항 때 특별당직으로 지정받은 승조원.

Spindrift : 파도에서 날리는 분무.

Splice : 줄을 한데 감아서 묶다.

Squadron : 2개 분대 이상의 함정이나 항공기의 조직.

Square away : 물건들을 적당한 위치에 놓다, 물건들을 단정하게 정리하다.

Square knot : 두 가닥의 선을 한데 구부리거나 그 선을 구부리기 위해 사용되는 단순한 매듭.

Stack : 선박의 연통.

Stanchions : 갑판을 지지하기 위한 수직기둥, 라이프라인, 천막을 지지하기 위한 작고 단순한 기둥.

Stand by : 무엇을 할 '준비가 되어 있다'거나 '기다리라'는 명령어.

Standing lights : 배의 내부로부터 비치는 붉은 야간등.

Starboard : 배가 정면을 보고 있을 때 중앙선의 오른쪽 방향.

State room : 장교들의 생활공간.

Station : 개별적으로 당직을 서는 장소, 진형을 이룬 배의 위치, 그리고 특별한 목적을 위한 선원들이나 장비들의 위치. "사격통제부서". 부서를 추정하라는 명령.

Stay : 배를 의장하는 데만 제공되는 지지.

Stem : 활처럼 앞으로 뻗은 선수재.

Stern : 선미, 선박의 맨 뒷부분.

Stern light : (총 12방위 혹은 135도 중에서) 고물 쪽에서 6방위까지 보이는 하얀 항해등.

Stern Tube : (잠수함) 선미에 위치한 어뢰 발사관.

Stevedore : 선박의 짐을 나르기 위해 고용된 인부.

Stow : 공간에 짐을 저장하거나 쌓다.

Structural bulkhead : 물과 경계를 이루는 횡단의 칸막이.

Sullage : 젖은 쓰레기.

Superstructure : 선박의 주갑판 위에 있는 구조물.

Swab : 자루걸레(mop). 항해자. 종종 'Swabbing(물걸레질)'을 잘못 이해해서 'Soaping'으로 잘못 쓰는 경우가 있다.

Swain : (영해군) 배의 키잡이. 미해군의 COB와 비슷하다.

Sweeper : 청소 책임자.

Swing the lead : (게을러) 작업을 피하다.

T

Tarpaulin : 덮개로 쓰이는 캔버스.

Taut : 고도로 숙련되고 효과적인, 단단한. "a taut ship"

Tender : 예방 차원에서 복무하는 사람. 다른 선박에 대한 지원함.

Tiddley : 깨끗한, 스마트한.

Tiffy : 원래는 기술자였지만 현재는 함내 의료진을 지칭.

Tincan : 통상 구축함의 별칭. 1,2차 세계대전 시 선원들이 구축함의 선체를 캔에 빗대어 얇게 만들었다고 하여 생긴 용어.

Tomachicken : 토마호크 크루즈 미사일의 별칭.

Top Gun : 전투기 전술 학위 과정의 해군 전투기 조종 학교.

Topside : 노천갑판. 갑판 위에 있는 것을 의미.

Trice up : 침대를 체인으로 걸어서 떨어지는 것을 막다. 총기상.

Trim : 함정이 함수에서 함미까지 갑판이 수평이 아닌 위치에 놓여 있는 상태. 함수가 너무 낮은 상태에 있는 경우 'Trim the bow'라고 한다.

Truck : 돛대의 맨 끝 부분.

Turn Count : 소나를 통해 추진기의 rpm을 셈하여 선박의 속도를 계산하는 것.

Turn in : 잠자리에 들다. 재촉하다.

Turn out : 잠에서 깨어나다. 같은 업무를 맡은 일행이나 다른 그룹에게 명령하다. "turn out the guard."

Turn to : 일을 시작하다. "Get to work!" 혹은 'Well done'을 의미한다.

U

Under way : "Under weigh"로도 보여진다. 투묘나 계류하지 않아 육지와 외부적으로 단절된 함정을 말한다.

Up all hammocks : 총기상 후에도 수면을 취할 수 있는 승조원.

Upper deck : 중갑판.

USMC : 미 해병대(United States Marine Corps). 냉소적으로 교육을 잘 받지 못한 아이를 지칭하기도 한다.

V

Vampire : 대함 순항미사일을 위한 무선 암어.

VC : 베트콩(남베트남 민족 해방 전선), 복합전대(항공기의 복합적인 유형의 비행단).

Void : 비어 있는 탱크.

Vulture's Row : 독수리의 열-항공모함의 함교나 포대를 따라 탑승자들은 항공작전을 감시하기 위하여 주로 집합한다.

W

Waist : 주갑판의 중앙 부분.

Wake : 배나 다른 물체가 물살을 가르고 지나간 후 생기는 흔적, 물결.

Wardroom : 사관실. 장교들이 옷을 보관하던 wardrobe가 변해서 된 말.

Watch : 보통 하루를 4시간씩 7개의 시간대로 나누어 서는 당직. "life buoy watch"는 침몰한 물체의 위치를 가리키는 것을 의미(부이나 다른 물체를 이용하여).

Water Buffalo : SeaBee선에 사용되는 물탱크. 음료수 운반 병력, 물을 낭비하는 자.

Watertight integrity : 방수되는 정도.

Weather deck : 외부 기상(비나 눈)에 노출되어 있는 모든 노천갑판, 함정 외부갑판.

Weighing an Anchor : 양묘. 바닥의 앵커를 끌어올리다.

WEPS : 포술 장교.

Wets : (영해군) 음료수.

Wharf : quay와 비슷하나 pier(부두)처럼 만들어진 구조물.

Whipping : 엉키는 것을 막기 위해 선이나 로프의 끝을 묶다.

Whitehat : 사병(E-1에서 E−6까지).

WILCO : "명령에 따르겠다(WILL COmply)"의 준말. 함장, 기장 등과 같은 단위부대 지휘관에 의해서만 사용되는 용어.

Windward : (바람의 방향에서) 풍상 쪽.

Winger : (개나디 해군) 동료, 친구, 혹은 단짝.

Wire : 민간인들이 부르는 'cable(밧줄)'이나 'wire rope(쇠줄)'에 해당하는 해군용어.

Work up : 함 승조원들이 맡은 임무를 교육시키다.

WTD : 수밀문.

X

XO : 부장, 계급에 관계없이 함정 내의 지휘계통상 두 번째 서열에 있는 장교.

X-ray : 피해 정도를 나타냄(최소 상태).

Y

Yardarm : 위 돛대를 가로질러서 설치된 원재(돛대와 비슷함)의 절반인 좌현과 우현.

Yaw : 함미에서 받는 맹렬한 파도와 같은 힘에 의한 함정의 요동.

Yeoman : 선박의 상급 신호수.

Z

Zero : 장교를 낮춰서 부르는 용어. 호봉표시의(O−1, O−2…)의 'O'에서 유래됨.

Ziplip : 무선 침묵 상태에서 행해지는 함재기의 작전.

Zoomie : 공군요원. (미해군) Elmo Zumwalt 제독의 별명. 70년대에는 CNO를 의미.

ZULU Time : 그리니치 천문대를 기준으로 하는 세계 표준시(GMT).

II. 해군 무기체계와 작전 용어 (각 주제별 알파벳순)

함정 영문 명칭

AALC(Amphibious Assault Landing Craft) : 상륙돌격함
AE(Ammunition Ship) : 탄약운반함
AGR(Radar Picket Ship) : 레이더 감시함
AH(Hospital Ship) : 병원선
AK(Cargo Ship) : 수송선
AO(Oiler) : 유조함
AOC(Gasoline Tanker) : 유조선
AOE(Combat Support Ship) : 군수지원함
AOR(Replenishment Oiler) : 유류지원함
APD(High Speed Transportation Ship) : 고속호위수송함
APO/DE(Escort) : 호위함
AR(Repair Ship) : 수리함
ARL(Repair Ship, Small) : 소형 수리함
ARS(Salvage and Rescue Ship) : 수상함 구조함
AS(Submarine Tender) : 잠수함 모함
ASR(Submarine Rescue Ship) : 잠수함 구조함
ATA(Ocean Tug) : 예인함
ATF(Fleet Ocean Tug) : 예인함
AVM(Guided Missile Ship) : 유도탄함
BB(Battleship) : 전함

CA(Heavy Cruiser) : 중 순양함
CAG(Guided Missile Cruiser) : 유도탄 순양함(중)
CG(Cruiser• /Guided Missile Cruiser): 순양함/유도탄 순양함
CGN(Guided Missile Cruiser, Nuclear Propulsion) : 핵추진 유도탄 순양함
CL(Light Cruiser) : 경 순양함
CLG(Cruiser Light Guided Missile) : 유도탄 경 순양함
CV(Carrier/Aircraft Carrier) : 항공모함
CVA(Attack Aircraft Carrier) : 공격 항공모함
CVAN(Nuclear Powered Attack Aircraft Carrier) : 핵추진 공격 항공모함
DD(Destroyer) : 구축함
DDG(Guided Missile Destroyer) : 유도탄 구축함
DDH(Destroyer Helicopter) : 헬기 구축함
DE(Destroyer Escorts) : 호위 구축함
DL(Destroyer Leader) : 향도 구축함
DLG(Guided Missile Destroyer Leaders) : 유도탄 향도 구축함
FF(Frigate) : 호위함
FFG(Guided Missile Frigate) : 유도탄 호위함
FFK(Frigate Korea) : 한국형 구축함
FFL(Light Frigate) : 경 구축함
IBS(Inflatable Boat, Small) : 공기주입식 소형 보트
LCAC(Landing Craft, Air Cushion) : 공기 부양정
LCC(Amphibious Command Ship) : 상륙 지휘함
LCM(Landing Craft Mechanized) : 상륙주정
LCPF(Small Armored Group Carrier) : 소형 장갑차 운반함
LCPL(Landing Craft, Personnel, Large) : 대형 상륙정
LCPP(Small Armored Troop Carrier) : 고속 상륙정
LCU(Utility Landing Craft) : 상륙지원정
LCVP(Landing Craft, Vehicle, Personnel) : 차량 및 인원 상륙정
LHA(Helicopter, Attack Landing) : 상륙 공격함(일반목적 강습)
LKA(Amphibious Cargo Ship) : 상륙 수송함
LOPR(Landing Craft, Personnel, Ramped) : 상륙정

• Cruiser : 수상전투함 분류상 전함(Battleship)과 구축함(Destroyer)의 중간급이라고 할 수 있는 다목적 전투함으로, 순항거리가 길고 고속을 낸다.

LPA(Amphibious Transport) : 상륙 수송함
LPD(Amphibious Transport Dock) : 상륙 수송 선거함
LPH(Amphibious Assault Ship, Helicopter) : 헬기 탑재 상륙함
LPSS(Amphibious Transport Submarine) : 상륙 수송 잠수함
LSD(Landing Ship Dock) : 상륙 선거함
LSF(Landing Ship Fast) : 고속 상륙정
LSM(Landing Ship, Medium) : 중형 상륙함
LST(Landing Ship Tank) : 대형 상륙함
LVT(Landing Vehicle, Tracked) : 상륙용 장갑차
MCM(Mine Countermeasures Vehicles) : 대기뢰전함
MHC(Mine Hunter Coastal) : 기뢰 탐색함
MLS(Mine Laying Ship) : 기뢰 부설함
MSC(Mine Sweeper Coastal) : 연안 소해함
MSH(Mine Sweeper and Hunter) : 고속 소해함
MSO(Mine Sweeper, Ocean(Non-magnetic)) : 소해함(비자성)
MSSC(Medium SEAL Support Craft) : 중형 특수부대 지원정
MTB(Motor Torpedo Boat) : 쾌속 어뢰정
PC(Patrol Coastal) : 연안 초계함
PC(Patrol Craft) : 초계함
PC(Submarine Chaser) : 구잠함
PCC(Combat Patrol Corrette) : 초계함
PCE(Patrol Craft Escort) : 경비정
PF(Patrol Frigate) : 초계함
PGG(Patrol Combatant, Guided Missile) : 유도탄 적재 경비함
PGM(Patrol Gunboat Missile) : 유도탄 고속함
PGM/PKM(Patrol) : 초계정
PGMS(Fast Fire Support Boat) : 고속 화력 지원정
PK(Patrol Boat) : 초계정
PKM(Patrol Boat Killer Medium) : 고속정
PKMM(Patrol Boat Killer Medium Missile) : 유도탄 고속정
PT(Motor Torpedo Boat) : 어뢰정
PTF(Fast Patrol Craft) : 고속 경비함
PTFS(Fast Fire Support Boat) : 상륙 화력지원정
SC(Submarine Chaser) : 구잠함

SML(Submarine Mine Layer) : 기뢰 부설 잠수함
SSBN(Nuclear-Powered Ballistic Missile Submarine) : 탄도유도탄장착 핵 잠수함
SSG(Guided Missile Submarine) : 유도탄장착 잠수함
SSM(Midget Submarine) : 잠수정
SSN(Submarine, Nuclear-Powered) : 핵추진 공격잠수함
SSR(Radar Picket Submarine) : 레이더 초계 잠수함
SWCL(Special Warfare Craft, Medium) : 중형 특수전함
YCG(Gasoline Barge) : 유류 바지선
YO(Fuel Oil Barge) : 유류 바지선
YTL(Small Harbor Tug) : 소형 항만 예인정
YW(Water Barge) : 청수 바지선

기능별 함정 표기

- Convoy : 호송선단. 차량이나 함선으로 부대, 차량 혹은 함선을 통제, 안전하게 이동할 수 있게 안내한다. (cf. High Speed Convoy : 고속선단. 17kts 이상의 함선으로 구성).
- Delivery Ship : 공급함. 해상보급에서 보급품을 공급하는 함정. 장구를 보내는 함정.
- Flag Ship : 기함

잠수함 관련 빈출 용어

Acoustic Intelligence/ signature : 음향 정보/신호
Active/passive sonar : 능동소나
Batch : 일단, 한 묶음
Bus : 모선
Certain Submarine : 확인 잠수함
Commissioned : 취역하다
Complement : 정원
Delivery vehicle : 운반 잠수정
Diving Message : 잠항 전보
Diving planes : 잠항타
First of class submarine : 동급 최초의 잠수함
Fuel cell : 연료전지
Heavyweight torpedo : 중 어뢰

Homing torpedo : 호밍/추적 어뢰
Hull-mounted sonar : 선체 부착 소나(음탐기)
Inertial Navigation : 관성항법
Mini-sub 유인 소형 잠수정
Nomenclature : 품명
Nuclear reactor : 핵 원자로
Operating depth : 작전심도
Peris-cope depth range : 잠망경 심도 거리
Ping : 발신
Power plant : 동력장치
Propulsion system : 추진기 계통
SDV(SEAL Delivery Vehicle) : 특전팀 이송정
SEAL Delivery Vehicle : SEAL 착출운송수단
Sensor : 감지기, 센서
SSM(Submarine midget) : 잠수정
Submarine apparatus : 잠수기
Submarine barrier : 잠수함 방책
Submarine evasive devices : 잠수함 회피장치
Submarine havens : 잠수함 안전구역
Submarine pen : 잠수함 대피소
Submarine Rescue Chamber : 잠수함 구조챔버
Submarine striking forces : 잠수함 강습부대
Submariner : 잠수함 승무원
Submerged approach area : 잠항접근해역
Surveillance&Reconnaissance : 감시 및 정찰
Tactical ballistic missile : 전술탄도미사일
Tactical data system : 전술자료체계
Torpedo tube : 어뢰 발사관
Unattended Ground Sensor : 무인지상센서
Underwater maneuverability : 수중기동성
Unmanned Undersea Vehicle : 무인잠수정

함 제원 표시 용어

수상함 제원	잠수함 제원
Type 함형 : ______	Class 급 : ______
Crew 승조원 : ______명	Builder 제조사 : ______
*Displacement 배수톤수 : __tonnes(tons)	Displacement 배수톤수 : tonnes(tons)
(Overall) Length 전장 : __m (ft)	Length 전장 : __m(ft)
Beam 폭 : m (ft)	Beam 폭 : __m(ft)
Draught(draft) 흘수 : __m (ft)	*Speed 속력 : __Knots
*Speed 속력 : __knots	Operation Depth 작전심도 : __m(ft)
Range 작전가능거리 : __km(miles)	Maximum Depth 최대잠항심도 : __m(ft)
Missile 미사일 : ______	Crew 승조원 : ______
Guns 포 : ___×___mm	Number 선체번호 : ______
Torpedoes 어뢰 : ______	Nuclear Weapon 핵무기 : ______
Helicopter 헬기 : ____	Conventional Weapons 재래식무기 : ____
Aircraft 항공기 : ______	Sonar 음탐기 : ______
Air Search Radar 대공탐색레이더 : _____	Navigation 항해기기 : _____
Surface Radar 대함레이더 : ______	Mission 임무 : ______
Fire Control Radar 사통레이더 : ______	Date Commissioned 취역 일자 : ______
*Propulsion System 추진계통 : __shp	Power Plant 발전기 : __shp

* Weight Tonnage : 중량톤수, GT : Gross Tonnage : 총톤수
* Cruising Speed : 순항속력, Maximum Speed : 최대속력, Tactical Speed : 전술속력
* Shp : Shaft horse power. 축마력

무기체계 관련 빈출 용어

ABM(Anti-Ballistic Missile) : 탄도탄 요격미사일

Anti-sweep Mine : 소해대항기뢰

ASROC(Anti-submarine Rocket) : 대잠 로켓

ASTOR(Anti-Submarine Torpedo) : 대잠어뢰

ASWACS(Anti-Submarine Warfare Air Control Ship) : 대잠전 공중통제함

Barrage : 탄막
CIWS(Close-in Weapon System)• : 근접 방어 무기체계
Close Supporting Fire : 근접지원사격
CM(Cruise Missile) : 순항미사일
Conventional Weapons : 재래식 무기
D/C(Depth Charge) : 폭뢰
Decoy : 유인체
Effective Range : 유효사거리
Fire Support : 화력지원
Flare•• : 섬광탄
GPS(Global Positioning System) : 위성 위치수신 장치
GPS(Global Positioning System) : 위성항법장비
H/H(Hedge Hog) : 전방 투척기('고슴도치'의 뜻)
Homing Guidance : 호밍유도
ICBM(Inter-continental Ballistic Missile) : 대륙간탄도미사일
Incendiary Bomb : 소이탄
Infrared Homing Guidance : 적외선 호밍유도
Infrared Track : 적외선 추적
IRBM(Intermediate-Range Ballistic Missile) : 중거리 탄도 미사일(2,500~5,499Km)
Low Altitude Acquisition Radar : 저고도 탐지레이더
Mobile Ballistic-missile Launcher : 이동식 탄도 미사일 발사기
MPA(Maritime Patrol Aircraft) : 해상초계기
Naval Gunfire Liaison Officer : 함포연락장교
Navigation Satellite••• : 항법위성
Neutron Bomb, Enhanced Radiation Weapon : 중성자탄
NSFS(Naval Surface Fire Support) : 수상함 사격지원
Parrot : 적아식별기
Rotor Craft : 회전익항공기

• CIWS : 대함미사일 방어무기체계로서, 공격해 오는 대함미사일을 1,000m 이내의 근거리에서 20~40mm 사이의 소구경포로 격추시키는 고발사율의 무기체계. 짧은 사거리의 미사일 점 방어 시스템으로 보통 레이더 체계와 회전식 기관총으로 구성된다.

•• Flare : 적외선 유도무기체계를 기만하기 위한 유인체(Decoy)의 일종.

••• Navigation Satellite : 항해 중의 함정, 항공기 등이 자기 위치를 측정할 수 있게 하는 위성.

SAM(Surface to Air Missile) : 대공 미사일
SATCOM(Satellite Communication) : 위성통신
Semi-Active Radar : 반능동 레이더
SLCM(Ship Launched Cruise Missile) : 수상/잠수함 발사 순항 미사일
SONAR(Sound, Navigation & Ranging) : 소나, 수중 음파 탐지기
SRBM(Short Range Ballistic Missile)• : 단거리 탄도탄
SSM(Surface to Surface Missile) : 대함 미사일
Submarine Launched Ballistic Missile(SLBM) : 잠수함 발사 탄도 미사일
SUB-ROC(Submarine Rocket) : 대잠수함탄
TACAN(Tactical Air Navigation)•• : 무선통신 항법보조장치
TACTAS(Tactical Towed Array Sonar) : 예인식 전술소나
Target range : 목표사거리
TASS(Towed Array Sonar System) : 예인 음탐기
Theater Missile Defense : 전역 미사일 방위
TLAM(Tomahawk Land Attack Missiles) : 토마호크 지상 공격 미사일
VLS(Vertical Launching System) : 미사일 수직발사 장치
Warhead : 탄두
WMD(Weapons of Mass Destruction) : 대량살상무기

국방백서 빈출 두문자어

ACDU(Active Duty) : 현역
ADZ(Area Defense Zone) : 지역방어구역
ASSW(Anti-Surface Ship Warfare) : 대수상함전(AAW : 대공전, ASW : 대잠전)
ASWACS(Acoustic Counter Counter Measuare) : 대음향 대항책
AWACS(Airborne Warning and Control Systems) : 조기경보체제
C4I(Command, Control, Communication, Computer & Intelligence) : 지휘/통제/통신/전산/정보
CBG(Carrier Battle Group) : 항공모함 전투단

• SRBM : 600nm(1,000km)까지 사거리를 가진 탄도미사일.
•• TACAN : 항공모함에 방위, 거리 정보를 제공해 주는 무선통신 항법보조장치.

CBR(Chemical, Biological, Radiological) : 화생방
CBT(Computer Based Training) : 컴퓨터 보조교육
CFC(ROK/US Combined Forces Command) : 한 · 미 연합군 사령부
CHOP(Change of Operational Control) : 작전통제권 이양
CIC(Combat Informaion Center) : 전투 정보 상황실
CMO(Civil-Military Operation) : 민군작전
CPU(Central Processing Unit) : 중앙전산 처리장치
CWC(Composite War Commander) : 복합전 지휘관
EBO(Effect Based Operations) : 효과중심작전
EEZ(Exclusive Economic Zone) : 배타적 경제수역
ESM(Electronic Support Measure) : 전자 지원책
FMS(Foreign Military Sales) : 대외 군사 판매
GD(N)P[(Gross Domestic(National) Product] : 국내(민) 총생산
IAEA(International Atomic Energy Agency) : 국제 원자력기구
JTIDS(Joint Tactical Information Distribution System) : 합동전술정보 분배체계
KFP(Korea Fighter Plan) : 차기 전투기 사업
KIDA(Korean Institute for Defense Analyses) : 한국국방 연구원
KIST(Korean Institute of Science and Technology) : 한국과학기술원
KJCCS • (Korean Joint Command and Control System) : 한국군 합동지휘통제체계
LAN(Local Area Network) : 지역전산 통신망
MAG(Maritime Action Group) : 해상 기동 전투단
MCM •• (Military Committee Meeting ROK/US) : 한 · 미 군사위원회
MDL(Military Demarcation Line) : 군사분계선
MDT ••• (Mutual Defense Treaty ROK/US) : 한 · 미 상호방위조약
MPA(Maritime Patrol Aircraft) : 대잠초계기

• KJCCS : 작전사급 이상 부대에 전 · 평 시 합동전장상황을 실시간으로 제공하여 전장상황을 가시화하고 관련 부대 간 전장 상황을 공유함으로써 상황판단과 지휘결심을 효율적으로 지원하며, 또한 평시에 부대의 지휘소 합동연습을 지원하는 체계.

•• MCM : 1978년 제11차 한 · 미 안보협의회에서 합의된 군사위원회 및 한 · 미 연합군사령부 권한위임사항에 따라 설치되어 대한민국 방위를 위하여 한미 양국 합참에서 상호 발전시킨 전략지시 및 작전지침을 연합사령관에게 제공하는 위원회로서 대한민국과 미국의 국가통수 및 군사지휘기구.

••• MDT : 1953. 10. 1. 정식으로 체결된 한 · 미 간의 상호방위조약으로서, 한국 대표 변영태 외무장관과 미 대표 존 포스터 델레스 간에 합의 서명되었으며, 공동의 결의를 정식으로 선언한 것이다.

NATO(North-Atlantic Treaty Organization) : 북대서양 조약기구
NCW(Network Centric Warfare) : 네트워크 중심전
NLL(North Limit Line) : 북방 한계선
NPT(Nuclear Non-Proliferation Treaty) : 핵확산금지조약
NTDS(Naval Tactical Data System) : 해군전술자료체계
OPORD(Operation Order) : 작전명령
OTC(Officer in Tactical Command) : 전술지휘관
PKO(Peace-Keeping Operation) : 평화유지작전
SCM • (The ROK/U.S. Security Consultative Meeting) : 한 미 안보협의회의
SDF(Self Defense Forces) : (일본)자위대
SLOCs(Sea Lines of Communications) : 해상교통로
SOFA •• (Status of Forces Agreement in Korea) : 한미행정협정
SOP(Standing Operating Procedure) : 예규
START-I, II(Strategic Arms Reduction Treaty-I, II) : (미, 러) 1, 2차 전략무기감축협정
TACOM(Tactical Command) : 전술지휘
TADL(Tactical Data Link) : 전술데이터링크
UNC(United Nations Command) : 유엔사
USFK(US Forces Koreaq) : 주한 미군
WAN(Wide Area Network) : 광역전산망

영문 직책명칭
ADDRESSING COMMANDER (FLT, FLOT, SQUADRON, TF, CWC)

AAWC(ANTI-AIR WARFARE COMMANDER) : 대공전지휘관
ASUWC(ANTI-SURFACE WARFARE COMMANDER) : 대수상함전지휘관
ASWC(ANTI-SUBMARINE WARFARE COMMANDER) : 대잠전지휘관

• SCM : 한국의 방위를 위하여 한 · 미 간 안보에 관련된 공통관심사를 토의 및 협의하기 위한 연례회의로서, 양국의 국방부장관과 합참의장이 참가하여 매년 1회 윤번제로 한 · 미 양국에서 개최한다. 한 · 미 안보 협의회의 직전에 MCM을 개최한다.

•• SOFA : 1950년 7월 12일 대전에서 체결된 '재한 미국군대의 관할권에 대한 대한민국과 미합중국간의 협정'에 대체하여 1966년 7월 9일 서울에서 한국 외무장관과 미 국무장관 간에 조인되고 1967년 2월 9일에 발효된 협정이다. 정식명칭은 '대한민국과 미합중국간의 상호방위조약에 의한 시설과 구역 및 대한민국에서의 군대의 지위에 관한 협정'이다.

CINCROKFLT(COMMANDER IN CHIEF, ROK FLEET) : 해군작전사령관
COMBATFLOT(COMMANDER, BATTLE FLOTILLA) : 전투전단장
COMCOFLOT(COMMANDER, COMPOSITE WARFARE FLOTLLA) : 성분전단장
COMCORVETRON(COMMANDER, CORVET SQUADRON) : 초계함전대장
COMDEFRON(COMMANDER, DEFENSE SQUADRON) : 방어전대장
COMDESRON(COMMANDER, DESTROYER SQUADRON) : 구축함전단장
COMFIRSTFLT(COMMANDER, FIRST FLEET) : 1함대사령관
COMPTBRON(COMMANDER, PATROL BOAT SQUADRON) : 고속정전대장
CTE(COMMANDER, TASK ELEMENT) : 기동단대사령관
CTF(COMMANDER, TASK FORCE) : 기동부대사령관
CTG(COMMANDER, TASK GROUP) : 기동전대사령관
CTU(COMMANDER, TASK UNIT) : 기동분대사령관
CWC(COMPOSITE WARFARE COMMANDER) : 복합전지휘관
EWC(ELECTRONIC WARFARE COMMANDER) : 전자전지휘관
SC(SCREEN COMMANDER) : 경제진지휘관
STWC(STRIKE WARFARE COMMANDER) : 강습전지휘관

함 준비태세 및 검열 명칭

ADMAT(ADMINISTRATIVE-MATERIAL INSPECTION) : 행정정비검열
ADMINSP(ADMININSTRATIVE INSPECTION : 정행검열
CMDINSP(COMMAND INSPECTION) : 지휘검열
MA(MISCELLANEOUS AT ANCHOR ALONGSIDE) : 정박 중 기타업무
MATINSP(MATERIAL INSPECTION) : 정비검열
ORI(OPERATIONAL READINESS INSPECTION) : 전비검열
OVHL(OVERHAUL) : 정기 수리
RAV(RESTRICTED AVAILABILITY) : 임시 수리
RFS(READY FOR SEA) : 출동 대기
UPK(UPKEEP) : 자체 수리

작전/훈련 명칭(OPERATION)

AAW(Anti-Air Warfare/Operation)• : 대공전(작전)
Amphibious Assault•• : 상륙돌격
Amphibious Demonstration••• : 상륙양동
Amphibious Operation• : 상륙작전
Amphibious Raid••: 상륙기습
Amphibious Reconnaissance••• : 상륙수색
Anti-Submarine Strike Operation : 대잠강습작전
ASUW(Anti-Surface Warfare)• : 대수상함전
Component Operation••: 성분작전
CW(Composite Warfare) : 복합전
Emergency drill••• : 비상소집 훈련

• AAW : 적의 공중 위협을 저지하거나 그 위험수준을 감소시키는 데 필요한 작전행동으로서 요격기, 폭격기, 곡사포, 지대공/함대공/공대공 유도탄 그리고 전자대항책을 활용하여 적의 위협체가 발사되기 전후에 저지시키는 모든 조치를 포함한다.

•• Amphibious Assault : 적 해안 또는 잠재적인 적 해안에 대해 부대의 설치가 수반되는 상륙작전의 기본형태로, 상륙기동부대가 상륙구역에 도착함으로써 실시되는 상륙작전의 한 국면이며 상륙군이 해안에 교두보를 확보함으로써 종료된다.

••• Amphibious Demonstration : 적으로 하여금 불리한 방책을 취하도록 유인하기 위한 무력의 시위로서, 적을 기만하기 위하여 실시하는 상륙작전의 한 형태이다.

• Amphibious Operation : 함선 또는 항공기에 탑승한 해군 및 상륙군이 바다로부터 육상에 군사력을 투사하는 군사작전을 말하며, 계획수립(Planning), 탑재(embarkation), 연습(Rehearsal)의 3단계를 거치며 행해진다.

•• Amphibious Raid : 제한된 상륙작전의 한 형태로서, 해상 또는 육상 발진기지로부터 적 해안에 상륙하여 목표 지역의 신속한 습격 또는 일시 점령 후 해상 또는 지상으로 계획된 철수를 실시하는 작전.

••• Amphibious Reconnaissance : (1) 상륙목표지역과 적에 관한 첩보를 수집하기 위하여 해상으로부터 특정한 수단으로 상륙하는 인원이 실시하는 수색. (2) 소규모 부대가 바다로부터 적 해안에 상륙하여 실시하는 정찰이며 계획된 철수가 뒤따른다.

• ASUW : 적 수상세력 및 상선의 위협을 거부하기 위하여 이를 파괴시키거나 무력화시키는 작전. 이는 해양통제권을 확보 또는 유지하고, 적의 해양사용을 거부하기 위하여 아측의 다양한 전력에 의하여 수행된다.

•• Component Operation : 해군작전을 구성하는 전투 환경 특성에 따라 해군전을 수행하는 작전.

••• Emergency drill : 비상시를 대비한 함정 승무원의 사전연습.

EMI(Extra Military Instruction)• : 추가적 군사 훈련
FAS(Fueling at Sea) : 해상연료공급
GQ(General quarters)•• : 전투배치
Inshore Operations : 연안작전
Joint Operation••• : 합동작전
Littoral/open-water operations : 천해/외해작전
Maritime expeditionary warfare : 원정군 작전
Multi-Dimensional Warfare : 입체전
Naval Operation• : 해군작전
PASSEX(Passing Exercise) : 기회 훈련
Philbraid•• : 상륙기습(목표물 일시 점령 후 계획된 철수 작전)
RAS(Replenishment at Sea) : 해상보급
RFT(Refresher Training) : 환기훈련
SAR(Search and Rescue) : 탐색 및 구조
STRL(Sea Trial) : 해상 시운전
SW(Special Warfare) : 특수전
Unconventional Warfare : 비정규전

해군작전 관련 용어

Active Homing••• : 능동 유도장치
Air Defense Early Warning : 방공조기경보
Aircraft Anti Submarine Attack : 항공 대잠공격

• EMI : 함요원의 군사적 지식을 향상시키기 위해 벌칙으로 부여된 임무. 함정의 간행물에 대한 재고조사는 EMI이지만, 페인트 벗기는 작업 등은 EMI에 해당되지 않는다.

•• GQ(General Quarters) : 승조원 모두를 전투위치에 배치하기 위한 구령. 종종 승조원들이 혹시 있을지 모를 긴급 상황에 대비케 하기 위해 행하는 훈련.

••• Joint Operation : 합동작전. 육 · 해 · 공군 중 2개군 이상이 합동으로 실시하는 작전.

• Naval Operation : 해군작전. 전략, 작전술, 전술, 군수 또는 훈련을 포함하는 해군의 행동이나 해군임무의 수행을 말한다.

•• Philbraid : 목표물을 일시 점령 후 계획된 철수 작전을 하는 것.

••• Active Homing : 미사일이 자체의 신호(특유한 레이더나 소나)를 전달하고 표적에 반사된 에너지로 유도하는 장치.

Armed Provocation : 무력도발
ARW(Air Raid Warning) : 공습경보
Asymmetric Threat : 비대칭위협
Blockade : 봉쇄
CAP(Combat Air Patrol) : (방어 개념의) 전투기 초계
CEC(Cooperative Engagement Capability) : 협동교전능력
Civil Defense : 민방위
Collision Course : 충돌침로
Combined Force• : 연합군
Command Authority : 지휘권
Command of the Sea : 제해권
Counter-Offensive : 반격
D-Day : 공격개시일. 특정작전을 개시하는 일자 또는 예정일자
Dead Reckoning : 추측항법
Detection & Distinguish : 탐지 및 식별
Diving Signal : 잠항신호
Division•• : 분대
Emergency Call : 비상소집
Estimate Situation : 상황판단
Evasion Steering••• : 회피항행
Fast Attack• : 강습
Formation•• : 편대
Geographical Navigation : 지문항법
Hard Kill : ASW에서의 물리적 파괴

• Combined Force : 2개 혹은 그 이상의 동맹국의 병력으로 구성된 군대.
•• Division : 각 군에서 division에 대한 개념은 다음과 같다.
1. 지상군의 분대(Squad)는 반 또는 소대 예하 최소 전술단위.
2. 해군의 분대(Division)는 2척 이상 함정의 행정 또는 전술조직.
3. 공군의 분대(Element)는 2기의 항공기로 구성.
••• Evasion Steering : 적 잠수함의 공격을 회피하기 위해 실시되는 기능으로서 지렁이 항행, 파상항행 및 방직항행을 총칭한다.
• Fast Attack : 잠수함의 최우선의 임무를 해양 교통로 통제, 대함작전, 대잠전, 정보수집 등의 임무를 수행.
•• Formation : 2척(대) 이상 고속정(항공기)으로 구성된 기본적인 전술단위.

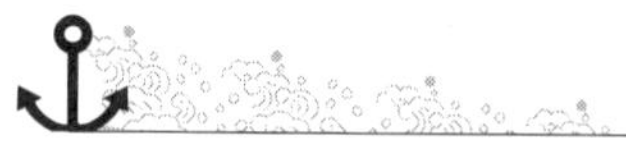

Hold down• : 대잠 접촉유지
Illuminate, Illumination•• : 조명.
Intelligence Estimate : 정보판단
Intercept Search : 차단수색
IO(Information Operations) : 정보작전
LORAN(Long Range Navigation) : 장거리 전자항법
Maneuvering Speed : 기동속력
Maximum Sonar Speed : 최대음탐속력
MBT(Main Ballast Tank) : 주 부력탱크
Military Command : 군령
Military Discipline : 군기
Mine Countermeasures : 기뢰대항책
Mine Hunting : 기뢰탐색
National Defense Policy : 국방정책
NBC(Nuclear/Biological/Chemical) Warfare : 화생방전
Neutralization : 무력화
Nonaggression Treaty : 불가침조약
Operation Depth : 작전가능 심도
Periscope Depth Range : 잠망경 심도거리
Point Defense Zone : 국지 방어구역
Radio Silence : 무선침묵
ROD(Rules of Engagement) : 교전규칙
Salvo Fire : 일제사격
Semi-Active Radar••• : 반능동 레이더
Ship Orders : 함내 명령
Simulation : 모의시험
Skeleton Screen : 복합경계진

• Hold down : 대잠전에서 적 잠수함 접촉 상태를 유지하여 잠수함이 배터리 소모나 산소의 부족 등으로 수상으로 나오도록 강요한다.

•• Illuminate, Illumination : 특별히 무기를 유도하기 위한 목적으로 레이더에 의해 물표를 조준하기. 조명으로 일정 지역을 밝혀 주는 것으로, 종종 'Illum'으로 표시한다.

••• Semi-Active Radar : 레이더 발사대에서 전파를 송신하고 목표물에서 반사된 에너지를 따라 미사일이 유도되는 레이더의 한 분류.

Soft Kill : ASW에서 기능마비를 목표로 하는 작전
Sonar Range : 음탐거리
Standard Tactical Diameter : 표준전술회전경
State of Emergency : 비상사태
Steering Wheel : 타륜
STOL(Short range Take Off and Landing) : 단거리 이 · 착륙
Tactical Counter Measure : 전술 대항책
Tactical Diameter• : 전술선회경
Task Group : 기동전대
Task Unit : 기동분대
Test Depth•• : 시험심도
Torpedo Countermeasures : 어뢰대항책
TOT(Time of Target/Time Over Target)••• : 포지원 사격개시 시간
Uncertain Threat : 불특정 위협
Unidentified Ship : 미식별 선박
Urgent Attack• : 긴급 공격
Vertical Envelopment : 헬기에 의해서 병력을 육상에 상륙시키기
Warning Red(Yellow, White)•• : 적색경보
Zigzagging : 지렁이 항행

FAC 통제 구문

Along side : 바로 옆에 있다.
Ammo plus : 남은 탄약 반 이상

• Tactical Diameter : 배가 회전함에 따라 최초로 그려지는 동심원의 직경. 전술 선회경은 배의 타력 때문에 최종선회경보다 더 크다.
•• Test Depth : 잠수함이 손상 없이 일상적으로 운행할 수 있는 최대 깊이.
••• TOT : 포 지원사격 시 목표물에 대한 사격 개시 시간.
• Urgent Attack : 즉각 위협을 줄 수 있다고 생각되는 위치에 있는 적 잠수함에 대해 최대로 신속히 실시하는 공격.
•• Warning Red(Yellow, White) : 위협 상태의 보고. '적색'은 임박한 공격을 의미하고, '황색'은 공격 가능성이 있음을 의미하나 '백색'은 공격 가능성이 없음을 나타낸다.

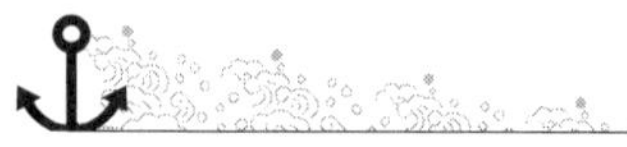

Ammo zero : 남은 탄약 없음.

Anchored : 일정한 지점에서 선회

Angels : 1,000ft 단위 고도

Attack heading : 공격 방향

Base : 모기지

Bingo : 나는 모기지로 도달할 최소한의 연료에 도달했다.

Bogey : 미식별이나 적으로 간주되는 항공기

Break off heading 360° : 공격 후 이탈 방향

Ceiling : 운고

Check in/out bound : 통제구역에 진입하여 통제를 받게/벗어나게 됨.

Check port/stbd : 탐색을 위하여 좌/우로 선회하였다가 원래 침로로 복귀 비행하라.

Chicks : 우군 항공기

Clear hot : 실재 공격인가?

Clear to go : 장애물 없으니 공격해도 좋음.

Come closer : 가까이 오라.

Descend and maintain angel 4 : 고도를 낮추어 4,000피트를 유지하라.

Drop now, now, NOW. : 무기 또는 조명탄 투하 지시 (마지막 Now에 투하)

Gate : 가능한 최대 지속속력으로 비행하라.

Go ahead : 말을 계속하라.

Hit my smoke : 연막 상공을 공격하라.

I have insight : 보인다.

In and dry/hot : 가상/실재 공격 개시

Make attack : 공격하라.

Over head : 우군 함정 정상공

Pigeon : 현재 너의 위치로부터 모기지까지 방위와 거리

Random attack : 매 공격 시 공격방향을 바꾸어 공격

Read back : 복창하라.

Ready to copy : 기록 준비되었음.

Rendezvous : 상봉하다.

Rock your wing : 날개를 흔들어 달라.(식별 목적)

Salvo : 곧 공격하겠음.

Steady 120 : 지시된 120°로 비행하라.

Steep turn : 급선회

Steer_____ : _____방향으로 비행하라.

Take spacing : 거리를 유지하라.

That's charlie : 정확하다.

Throttle back 80kts : 속력을 80노트로 낮추라.

Tighten up your pattern : 공격 간격을 줄여라.

TOT(Time On Target) : 표적 상공 도착시간

Unknown : 미식별 목표물

Vector : 지시된 방위로 변침하라.

What's state : 남은 연료와 탄약의 양을 보고하라.

What's up : 무슨 일인가?

Will co : 지시대로 이행하겠음.

WX : 기상보고

보고서/전보 약어

ALCON(ALL CONCERNED) : 모든 관계 부서

APL(ALLOWANCE PART LIST) : 허용 부품 목록

ARR(ARRIVAL) : 도착

ASAP(AS SOON AS POSSIBLE) : 가능한 빨리

ASSOC(ASSOCIATED) : 관련된

AUTOVON(AUTOMATIC VOICE NETWORK) : 자동무선전화 통신망

BYDIR(BY DIRECTION) : 지시 의거

CASCOR(CASUALTY CORRECTION REPORT) : 수리 완료 보고

CASREP(CASUALTY REPORT) : 장비 손상 보고

CHOP(CHANGE OF OPERATIONAL CONTROL) : 작전통제권 변경

CMD(COMMAND) : 지휘

CMIO(COMSEC MATERIAL ISSUING OFFICE) : 통신보안 자재 불출 사무소

CNX(CANCEL) : 취소

CON(CONFERENCE) : 회의

COSAL(CONSOLIDATED SHIPS ALLOWANCE LIST) : 함정 정수표

CSE(COURSE) : 침로

DECL(DECLASSIFIED, DECLASSIFY) : 평문화, 등급 저하

DECOMM(DECOMMISSIONED) : 퇴역

DET(DETACHING) : 파견

DOC(DOCUMENT) : 문서
DTG(DATE TIME GROUP) : 일시군
EMPSKD(EMPLOYED SCHEDULE) : 함정 행동 계획
ENR(ENROUTE) : 이동
ETA(ESTIMATED TIME OF ARRIVAL) : 도착 예정시간
ETC(ESTIMATED TIME OF COMPLETION) : 완료 예정
ETD(ESTIMATED TIME OF DEPARTURE) : 출발 예정시간
FMS(FOREIGN MILITARY SALES) : 대외군사 판매
FY(FISCAL YEAR) : 회계연도
IAW(IN ACCORDANCE WITH) : ~에 따라서
ICO(IN CASE OF) : ~인 경우에
ID(IDENTIFICATION) : 확인
IOT(IN ORDER TO) : ~하기 위하여
IPT(IN PORT) : 입항
IRT(IN RELATION TO) : ~에 관하여
LIMDIS(LIMITED DISTRIBUTION) : 배포 제한
LOC(LOCAL OPERATIONS) : 지역 작전
LOGREQ(LOGISTIC REQUIREMENT) : 군수소요
MOVREP(MOVEMENT REPORT) : 행동보고
MSG(MESSAGE) : 전보
MTG(MEETING) : 회의
NET(NOT EARLIER THAN : ~ 이후에
NLT(NO LATER THAN) : ~ 이전에
NOTAL(NOT ADDRESSED TO OR NEEDED BY ALL) : 해당자에게만 필요
OADR(ORIGINATING AGENCY DECLASSIFYING REQUIRED) : 수신처 재분류
OIC(OFFICER IN CHARGE) : 담당관
OPGEN(A FORMATTED GENERAL OPERATIONAL MESSAGE) : 양식화된 일반작전 전보
ORIG(ORIGINATOR) : 발신자
POC(POINT OF CONTACT) : 연락처, 담당자
PTL(PATROL) : 초계
RDV(RENDEZVOUS) : 상봉
SUP(SUPPORT) : 지원
SVC(SERVICE) : 지원제정

TBD(TO BE DETERMINED) : 추후 결정
UNK(UNKNOWN) : 알 수 없음
UNODIR(UNLESS OTHERWISE DIRECTED) : 별도 지시 없는 한
VIC(VICINITY) : 근해, 근처
VTC(VIDEO TELECONFERENCE) : 화상회의
WXOBS(WEATHER OBSERVATION) : 기상관측
XMIT(TRANSMIT) : 송신

참고문헌

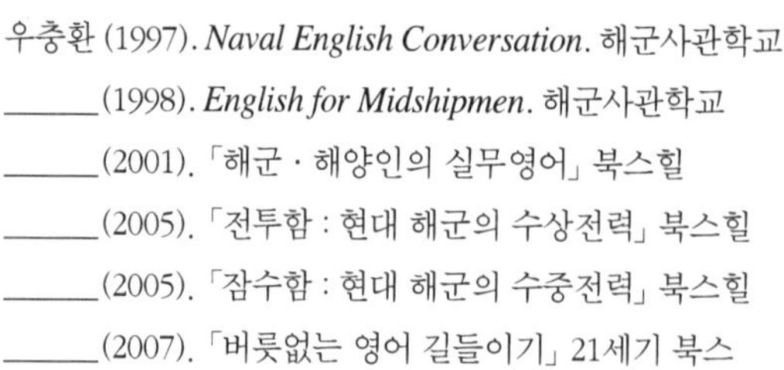
우충환 (1997). *Naval English Conversation*. 해군사관학교

______(1998). *English for Midshipmen*. 해군사관학교

______(2001). 「해군 · 해양인의 실무영어」 북스힐

______(2005). 「전투함 : 현대 해군의 수상전력」 북스힐

______(2005). 「잠수함 : 현대 해군의 수중전력」 북스힐

______(2007). 「버릇없는 영어 길들이기」 21세기 북스

Bearden, Bill. (1990). *The blue jackets' manual*. Annapolis, Maryland: United States Naval Institute.

Character Development Division. (1998) *Reef Points* 1997-1998. The Annual Handbook of the Brigade of Midshipmen. Annapolis, MA.: US Naval Academy.

Chief of Naval Education and Training (1996) *Navy Leader Planning Guide*. Pensacola, FL

Combined Forces Command. (1999) *Practical English*. Seoul: CFC.

Defense Language Institute. (1990) *American Language Course 9600* Ⅰ · Ⅱ

Montor, Karel. (1987), *Naval Leadership*. Annapolis, MA: Naval Institute Press.

NAVEDTRA 12043. (1992). *Basic Military Requirements*. Washington, D.C.: U.S Government Printing Office.

NAVEDTRA 12966. (1991). *Naval Orientation*. Naval Education and Training Program Management Support Activity, Pensacola, Fla.

Noel, J. V. & Stavridis, J. (2004). *Division Officer's Guide*. Annapolis, Maryland: Naval Institute Press.

Shenik, R.E. (2008). *Guide to Naval Writing*. Annapolis, MA : Naval Institute Press.

Woo, Choong-whan. (1995). *Rules of Speaking*: Conversational Politeness in an ESL Classroom. Unpublished PhD. dissertation. UMI.

Practical Naval English
실용군사영어

지은이 | 우충환
발행인 | 조승식
발행처 | (주)도서출판 북스힐
등록번호 | 제22-457
주소 | 142-877 서울시 강북구 한천로 153길 17
홈페이지 | www.bookshill.com
전자우편 | bookswin@unitel.com
전화 | 02-994-0071(代)
팩스 | 02-994-0073

2015년 2월 5일 인쇄
2015년 2월 10일 발행

값 19,000원

ISBN 978-89-5526-526-2

• 잘못된 책은 바꾸어 드립니다 •